AF533610

Hoffmann-Bäuml

Qualitäts- und Umweltmanagement

Ihr Plus – digitale Zusatzinhalte!

Auf unserem Download-Portal finden Sie zu diesem Titel kostenloses Zusatzmaterial. Geben Sie dazu einfach diesen Code ein:

plus-i22h5-a5p5n

plus.hanser-fachbuch.de

Lisa Hoffmann-Bäuml

Qualitäts- und Umweltmanagement

Schritt für Schritt zur Zertifizierungsreife
nach ISO 9001
Mit Fokus auf Umweltstandards nach ISO 14001

HANSER

Print-ISBN: 978-3-446-47862-6
E-Book-ISBN: 978-3-446-47880-0
ePub-ISBN: 978-3-446-48118-3

Bibliografische Information der Deutschen Nationalbibliothek:
Die Deutsche Nationalbibliothek verzeichnet diese Publikation in der Deutschen Nationalbibliografie; detaillierte bibliografische Daten sind im Internet unter http://dnb.d-nb.de abrufbar.

www.hanser-fachbuch.de
Copy Editing/Lektorat: Sophia Zschache
Herstellung: Carolin Benedix
Covergestaltung: Max Kostopoulos
Titelmotiv: © Max Kostopoulos, unter Verwendung von Grafiken von © http://openai.com/dall-e-2
Satz: Eberl & Koesel Studio, Kempten
Druck: CPI Books GmbH, Leck
Printed in Germany

Inhalt

Gewidmet Herrn Prof. Dr. Gerd F. Kamiske,
dem großen Förderer des Qualitätsmanagements!

In jeder Hinsicht gewinnbringend!

Die DIN EN ISO 9001:2015 (ISO 9001) ist die wichtigste Norm für den Qualitätsbereich und legt die Anforderungen an ein Qualitätsmanagementsystem (QMS) fest. Viele Unternehmen verlangen von ihren Lieferanten, Dienstleistern oder sonstigen Partnern die Umsetzung eines QMS nach ISO 9001, bevor sie eine Partnerschaft eingehen oder Aufträge vergeben. Aber die ISO 9001 gibt auch Orientierung, zeigt, worauf ein Unternehmen achten sollte, schafft Struktur und eröffnet breiten Raum für Verbesserungsmöglichkeiten. Im Zentrum stehen die Kunden: ihre Erwartungen sollen nicht nur erfüllt, sondern Kunden sollen begeistert werden!

Kundenerwartungen verändern sich. Immer wichtiger wird der Nachhaltigkeitsaspekt. Ob in Bezug auf Kundenerwartungen, in Bezug auf Klimaschutz generell oder in Bezug auf die Nachhaltigkeitsberichterstattung: Kein Unternehmen kommt mehr am Thema „Nachhaltigkeit“ bzw. „Umweltschutz“ vorbei! Mithilfe eines Umweltmanagementsystems (UMS) nach DIN EN ISO 14001:2015 (ISO 14001) können dieser wichtige Themenkomplex systematisch angegangen und entsprechende Anforderungen erfolgreich erfüllt werden.

Die ISO 9001 und die ISO 14001 verfügen über die gleiche Struktur („Harmonized Structure“) und können sehr gut miteinander kombiniert werden. Daher haben wir die Normabschnitte der ISO 9001 mit Umsetzungshinweisen zur ISO 14001 ergänzt, so dass Sie bei der Umsetzung der ISO 9001 die Anforderungen der ISO 14001 gleich miterfüllen können – und so die zwei für jedes Unternehmen zentralen Aspekte, Qualität und Umwelt, unter einen Hut bringen.

Dieses Werk liefert die Basis für eine erfolgreiche Zertifizierung nach ISO 9001. Es führt Schritt für Schritt durch die Norm, erklärt diese in verständlicher Sprache, gibt konkrete Hinweise zur Umsetzung und liefert direkt einsetzbare Arbeitshilfen zum Download auf *plus.hanser-fachbuch.de*. Ergänzende Hinweise zur ISO 14001 ermöglichen dabei die kombinierte Umsetzung dieser beiden international anerkannten Normen.

1 Was Sie wissen sollten

Die DIN EN ISO 9001:2015 (ISO 9001) ist eine internationale Norm und legt die Anforderungen an ein Qualitätsmanagementsystem (QMS) fest. Diese Norm ist ein Rahmenwerk, an dem sich Organisationen bei der Umsetzung ihres QMS orientieren können und zum Teil orientieren müssen. Die Aspekte, die in der Norm erwähnt werden, müssen auch bei der Umsetzung des QMS berücksichtigt werden (es sei denn, sie werden begründend ausgeschlossen).

Im Sinne der ISO 9001 müssen Ihr QMS für Ihr Unternehmen angemessen und Ihre Prozesse für Ihr Unternehmen geeignet sein. Das bedeutet, dass ein Unternehmen mit zehn Beschäftigten kein ausgeklügeltes Prozessmanagementsystem oder 17 Ordner mit Verfahrensanweisungen braucht.

Die Dokumentation einschließlich der Prozessvisualisierung muss so sein, dass es für das jeweilige Unternehmen passt, die Prozesse wie geplant umgesetzt werden können und die Konformität gesichert ist. Die in der ISO 9001 festgelegten Anforderungen an ein QMS ergänzen die sonstigen Anforderungen an Produkte und Dienstleistungen. Qualitätsmanagement (QM) ist dabei kein Selbstzweck, sondern es sollte immer darum gehen, die Leistung zu verbessern und die Wirksamkeit zu erhöhen. Ein QMS ist dann wirksam, wenn die gewünschten Ziele erreicht werden.

Häufig verwendete Abkürzungen:

- ISO 9001: DIN EN ISO 9001:2015
- ISO 9000: DIN EN ISO 9000:2015
- QM: Qualitätsmanagement

- QMS: Qualitätsmanagementsystem
- PDCA: Plan, Do, Check, Act (auch Deming-Zyklus genannt)
- UMS: Umweltmanagementsystem

Im Mittelpunkt stehen Prozesse und ihre Wechselwirkungen. Zentral dabei sind der PDCA-Zyklus (Plan, Do, Check, Act) sowie ein risikobasiertes Denken:

- Beim PDCA-Zyklus (Bild 1.1) geht es darum, dass die vorhandenen Ressourcen zu den Prozessen passen, die Prozesse gesteuert und Chancen zur Verbesserung erkannt und umgesetzt werden. Und zwar ohne zu einem wirklichen Ende zu kommen.
- Risikobasiertes Denken bedeutet, dass Risiken erkannt und Chancen genutzt werden. Das beinhaltet, dass diejenigen Faktoren bestimmt werden, die einen Einfluss darauf haben könnten, dass die gewünschten Ergebnisse nicht erreicht werden, die ein Risiko bilden (beispielsweise Engpässe bei den Zulieferern). Zu diesen Risikofaktoren sollten Maßnahmen definiert werden, die die negativen Auswirkungen minimieren oder verhindern. Zugleich sollten auch die Chancen, einschließlich des größtmöglich zu erreichenden Nutzen daraus, ermittelt werden.

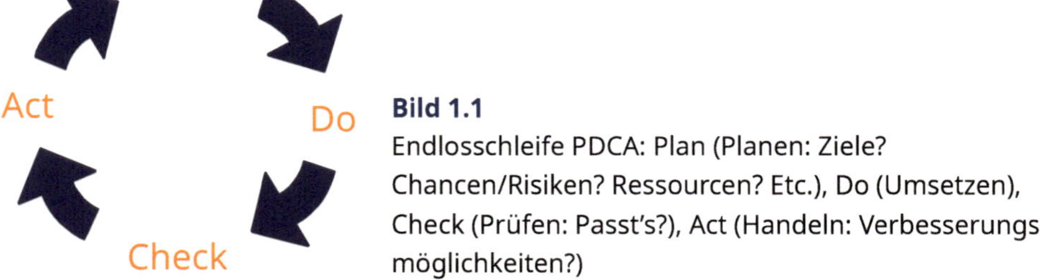

Bild 1.1
Endlosschleife PDCA: Plan (Planen: Ziele? Chancen/Risiken? Ressourcen? Etc.), Do (Umsetzen), Check (Prüfen: Passt's?), Act (Handeln: Verbesserungsmöglichkeiten?)

Das Ziel beim PDCA-Zyklus ist, immer besser zu werden. Basis der ISO 9001 bilden die Grundsätze des Qualitätsmanagements (ISO 9000; Bild 1.2):

- **Kundenorientierung**

  Jedes Unternehmen braucht Kunden. Zentral bei diesem Punkt ist, dass die Wünsche (Anforderungen) der Kunden verstanden werden. Und dass angestrebt werden sollte, die Kundenerwartungen nicht nur zu erfüllen, sondern auch zu übertreffen.

- **Führung**

  Es ist Aufgabe der Führungskräfte, dass die Ziele erreicht werden können. Dazu müssen sie die notwendigen Rahmenbedingungen schaffen (notwendige Ressourcen bereitstellen, Motivation der Mitarbeitenden fördern etc.).

- **Einbeziehung von Personen**

  Ein QMS muss „gelebt“ werden, d.h., es braucht für die Umsetzung kompetente und engagierte Personen auf allen Ebenen und allen Hierarchiestufen der Organisation.

- **Prozessorientierter Ansatz**

  Es muss eine Prozessorientierung erfolgen und alle Tätigkeiten müssen im Zusammenhang betrachtet werden.

- **Verbesserung**

  Ziel muss sein, immer besser zu werden. Stillstand darf es nicht geben.

- **Faktengestützte Entscheidungsfindung**

  Es sollten in erster Linie Fakten, also Daten und Informationen sein, die zu Entscheidungen führen. Es sollten also Kennzahlen erhoben und ausgewertet werden. Qualität muss messbar gemacht werden.

- **Beziehungsmanagement**

  Bei diesem Punkt geht es um die Beziehungen zu den Interessensgruppen (Stakeholder, interessierte Parteien). Dazu gehören beispielsweise die Zulieferer, die Gesellschaft, Belegschaft, Anteilseigner etc. Diese Beziehungen sollten so gestaltet werden, dass für alle ein Nutzen daraus entspringt.

Bild 1.2 Grundsätze des Qualitätsmanagements; werden in der ISO 9000 definiert und bilden die Basis der ISO 9001

Bei der Umsetzung Ihres QMS müssen Sie bei allen Aspekten immer die Grundsätze des QM einschließlich des risikobasierten Denkens im Hinterkopf behalten (Bild 1.2). Diese Aspekte bilden die Basis und bringen Ihr Unternehmen voran!

Die ISO 9001 kombiniert die sieben Grundsätze des QM mit dem PDCA-Zyklus. Bild 1.3 zeigt, wie die ISO 9001 strukturiert ist und wie sich diese Abschnitte dem PDCA-Zyklus zuordnen lassen.

Bild 1.3 Struktur der ISO 9001

Der PDCA-Zyklus bildet die Basis der ISO 9001 (Bild 1.4). Zentral ist die Rolle des Kunden: Die ISO 9001 beginnt beim Kunden und endet beim Kunden. Die Anforderungen des Kunden bestimmen die Produkte oder Dienstleistungen, die Steigerung der Kundenzufriedenheit wiederum wirkt sich im Verbesserungszyklus auf die Anforderungen aus.

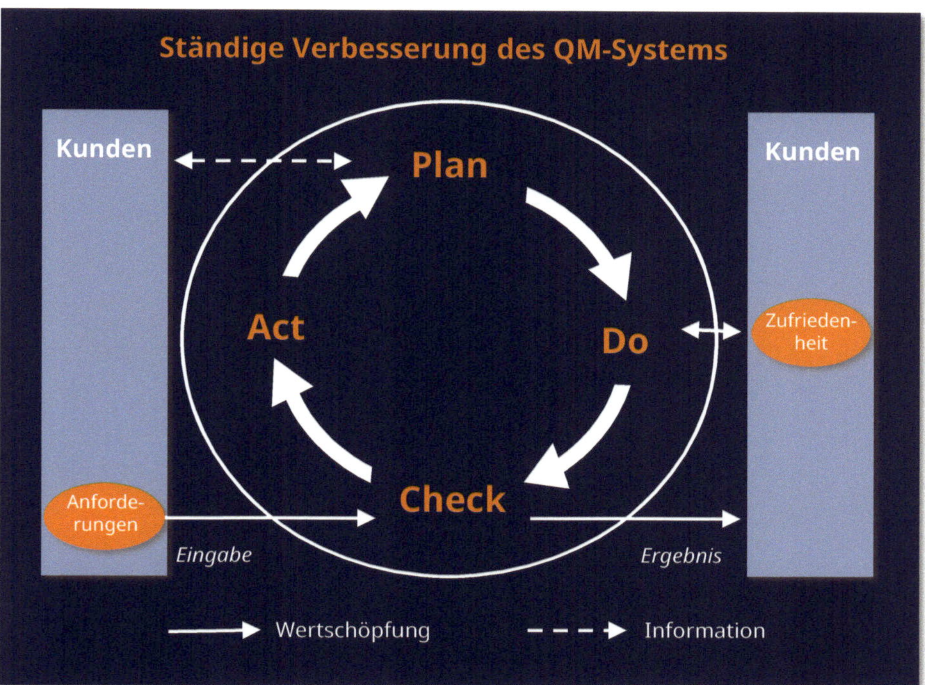

Bild 1.4 PDCA und die Rolle des Kunden

Die einzelnen Normabschnitte können nicht losgelöst voneinander betrachtet werden (Bild 1.5). Sie sind eng miteinander verknüpft und bedingen sich gegenseitig. Das Modell wirkt erstmal etwas abstrakt, aber wenn Sie die Abschnitte der ISO durchgearbeitet haben, dann werden Sie merken, welches Potenzial für Ihr Unternehmen hinter dieser systematischen Vorgehensweise steckt.

Die ISO 9001 fordert kein QM-Handbuch, sondern eine „dokumentierte Information". Es müssen dokumentiert werden:

- Anwendungsbereich
- Prozesse (im erforderlichen Umfang)
- Qualitätspolitik
- Merkmale der Produkte und Dienstleistungen
- Die zu erzielenden Ergebnisse

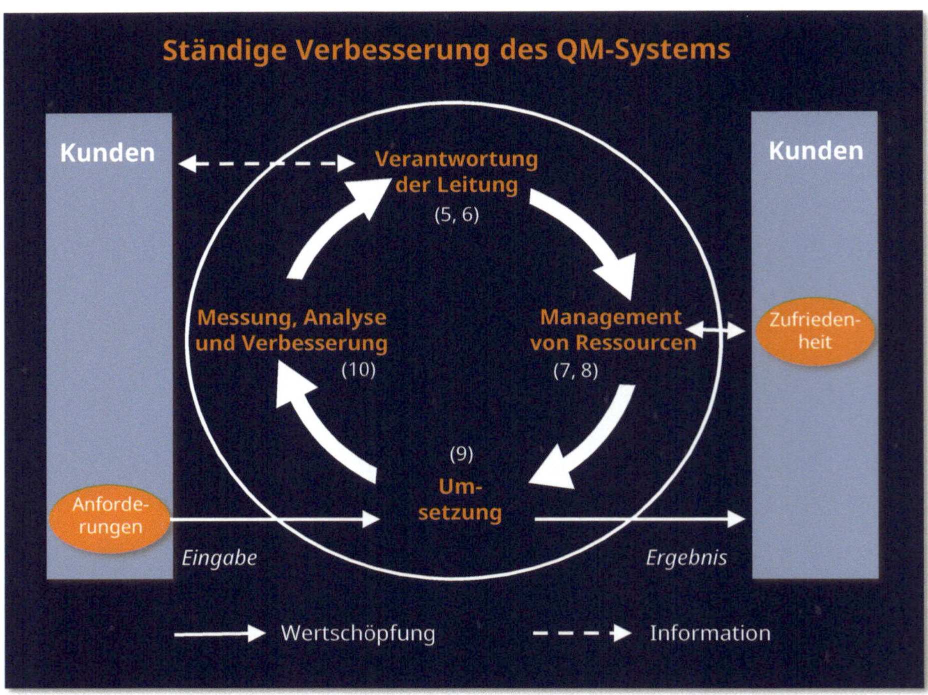

Bild 1.5 ISO 9001 und PDCA – Ein prozessorientiertes und zyklisches System

Dieses Buch ist wie die ISO 9001 aufgebaut (bis auf die ergänzenden Abschnitte zur ISO 14001). Die Nummerierung suggeriert zwar einen linearen Prozess, die Umsetzung und der Betrieb erfolgen allerdings zyklisch. Viele Normabschnitte sind eng miteinander verknüpft, überschneiden sich zum Teil. Alle Aspekte müssen überwacht, immer wieder überprüft und ggf. angepasst werden (PDCA-Zyklus). Dennoch liefert diese Gliederungsstruktur viele Vorteile:

- Sie liefert Orientierung, schließt alle Bereiche und Aspekte mit ein, verhindert, dass etwas vergessen wird.
- Bei einer Zertifizierung ist sofort klar, um was es geht. Jeder Auditor kennt die Struktur und kann damit arbeiten.
- Alle Managementsystemnormen verfügen über die gleiche Struktur („Harmonized Structure"). Dadurch können diese Normen relativ einfach miteinander kombiniert werden. Die Anmerkungen zur ISO 14001 lassen sich dadurch auch nahtlos einfügen.

Eine Organisation muss zwar ihre Aktivitäten nicht nach den Anforderungen der Norm ausrichten und sie muss auch nicht das eigene QMS nach den Kapiteln der Norm strukturieren oder die Reihenfolge der Abschnitte einhalten. Auch die Verwendung der ISO 9000er-Terminologie oder eine „Auditorensprache" werden nicht vorgeschrieben. Allerdings empfehlen wir, sich dennoch an der Struktur der ISO 9001 zu orientieren. Diese Struktur liefert ein durchdachtes und in der Praxis erprobtes Rahmenwerk, und Sie wissen stets, was zu tun ist.

Starten Sie die Einführung idealerweise als Projekt. Machen Sie dabei die Betroffenen zu Beteiligten, und zwar indem Sie alle so weit wie möglich einbinden. Die Person, die bisher einen Prozess umgesetzt hat, kennt diesen Prozess am besten. Wertschätzen Sie das Bisherige und vermitteln Sie unbedingt den Sinn und den Nutzen der Einführung.

Anwendungsbereich: Wann gilt die ISO 9001?

Die ISO 9001 kann von jedem Unternehmen, unabhängig von Branche und Größe, der produzierten Produkte, angebotenen Dienstleistungen oder sonstigen Kategorisierungen angewendet werden. Sinnvoll oder notwendig ist die ISO 9001 dann, wenn ein Unternehmen

- nachweisen muss/will, dass beständig Produkte und Dienstleistungen bereitgestellt werden können, die den Kundenanforderungen entsprechen, und/oder
- die Kundenzufriedenheit erhöhen und Prozessorientierung implementieren will.

Dabei müssen auch die gesetzlichen (rechtlichen) sowie behördlichen Anforderungen erfüllt werden.

Der Kunde ist zentral! Die angebotenen Produkte und Dienstleistungen müssen für einen Kunden sein, wobei auch der eigene Vertrieb etc. als Kunde definiert werden kann.

„In erster Linie ein Werkzeug zur Prävention“ (ISO 14001)

Sie finden am Ende jedes Normabschnitts zur ISO 9001 jeweils einen Abschnitt zur DIN EN ISO 14001 (ISO 14001:2015). Werden die Anforderungen der ISO 14001 erfüllt, dann ist die Basis geschaffen für einen soliden Nachhaltigkeitsbericht. Mit der Umsetzung der ISO 14001 decken Sie die ökologischen Aspekte ab.

Die ISO 14001 hat die gleiche Struktur (Harmonized Structure) wie die ISO 9001, daher lassen sich beide Normen sehr gut kombinieren.

Ebenso wie die ISO 9001 kann die ISO 14001 auf alle Branchen, Bereiche und Unternehmensgrößen angewendet werden. Wie komplex oder detailliert die Umsetzung erfolgen muss, ist vom Umfeld des Unternehmens, vom Anwendungsbereich, den „bindenden Verpflichtungen“ (u. a. gesetzliche Vorgaben), der Art der Tätigkeiten, der Art der Produkte und/oder Dienstleistungen „einschließlich ihrer Umweltaspekte und verbundenen Umweltauswirkungen“ abhängig. Zu betrachten ist dabei der gesamte Lebenszyklus der Produkte und Dienstleistungen (ISO 14001).

Sinnvoll oder notwendig ist die ISO 14001 dann, wenn ein Unternehmen

- die Umweltleistung verbessern,
- bindende Verpflichtungen erfüllen und
- Umweltziele erreichen will.

Gesetzliche und behördliche Anforderungen müssen auch bei der ISO 14001 stets erfüllt werden.

Die Normentexte sind beim Beuth-Verlag (*www.beuth.de*) erhältlich:

- DIN EN ISO 9001:2015-11 Qualitätsmanagementsysteme – Anforderungen (ISO 9001:2015). Deutsche und Englische Fassung EN ISO 9001:2015. November 2015
- DIN EN ISO 14001:2015-11 Umweltmanagementsysteme – Anforderungen mit Anleitung zur Anwendung (ISO 14001:2015). Deutsche und Englische Fassung EN ISO 14001:2015. November 2015

2 Normative Verweisungen: Welche Normen sind noch wichtig?

Hier verweist die ISO 9001 auf die ISO 9000:2015 (ISO 9000:2015, Qualitätsmanagement – Grundlagen und Begriffe). Das bedeutet, dass die ISO 9001 nur erfolgreich umgesetzt werden kann, wenn die ISO 9000 mitberücksichtigt wird.

ISO 9001 ist Teil einer umfangreichen Normenfamilie. Dazu gehören:

- ISO 9000 definiert die Grundlagen und Begriffe für das Qualitätsmanagement.
- ISO 9004 ist ein Leitfaden zur Weiterentwicklung des QMS, d. h. eine Art Selbstbewertungsnorm (nach der also nicht direkt zertifiziert werden kann).
- ISO 19011 legt die Auditprinzipien fest, leitet also an, nach welchen Vorgehensweisen ein QMS zu prüfen ist.

Bei der ISO 14001 liegen keine normativen Verweisungen vor. Die begriffliche Klärung übernimmt die ISO 14001 sozusagen selbst, da bei allen zentralen Begriffen eine Definition inkludiert ist.

3 Begriffe

3.1 Begriffswelt der ISO 9001

Die ISO 9000er-Welt hat eine eigene Terminologie, die nicht immer leicht zu verstehen ist. Das Ziel dabei ist, möglichst alle Bereiche abzudecken und keine Unklarheiten zuzulassen. Basis der verwendeten Begriffe in der ISO 9001 bildet die ISO 9000. Die Norm schreibt allerdings nicht vor, dass diese Begriffe verwendet werden müssen.

Unabhängig davon, ob Sie nun die Terminologie verwenden oder nicht, sollten Sie immer klären, ob alle das Gleiche verstehen (Kommunikation).

Nachfolgend einige zentrale Begriffe der Norm (ISO 9000):

- **Anforderung:** Erfordernis, Erwartung, Wunsch; im Sinne der Norm wird eine Anforderung üblicherweise vorausgesetzt oder ist verpflichtend (Anforderung: „Erfordernis oder Erwartung, das oder die festgelegt, üblicherweise vorausgesetzt oder verpflichtend ist"). In Kapitel 12 finden Sie diesen Begriff etwas ausführlicher erläutert.
- **Audit:** Systematischer, unabhängiger und dokumentierter Prozess, mittels dem bestimmt wird, inwieweit die Auditkriterien erfüllt werden. Der Begriff „überprüfen" wird in der ISO-Terminologie vermieden, aber frei übersetzt ist ein Audit eine Überprüfung, ob alles so ist, wie es sein soll. Ein Audit kann intern oder extern durchgeführt werden.
- **Auditkriterien:** Politiken, Verfahren oder Anforderungen, die als Bezugsgrundlage (Referenz) verwendet werden, anhand derer ein Vergleich mit dem Auditnachweis erfolgt.

- **Auditnachweis:** Aufzeichnungen, Tatsachenfeststellungen oder andere Informationen, die für die Auditkriterien zutreffen und verifizierbar sind.
- **Dokumentierte Information:** Notwendige Dokumentation (früher QM-Handbuch).
- **Fortlaufende Verbesserung:** Wiederkehrende Tätigkeit zum Steigern der Leistung (PDCA-Zyklus).
- **Inhärente Merkmale:** Dem „Objekt innewohnend“ (z. B. Gewicht, Größe, Konsistenz). Zugeordnete Merkmale (z. B. Preisgestaltung) sind im Sinne der Norm nicht zu berücksichtigen. „Zugeordnet“ sind Merkmale, die verändert werden können, ohne dass das Produkt oder die Dienstleistung beeinflusst wird.
- **Interessierte Parteien:** Stakeholder, Interessensgruppen; das Ziel der ISO 9001 ist die Erfüllung der Kundenanforderungen, ansonsten müssen nur diejenigen Anforderungen der Stakeholder berücksichtigt werden, die Einfluss auf die Produkte und Dienstleistungen haben könnten.
- **Konformität:** Entspricht das IST dem SOLL? Ist das Produkt oder die Dienstleistung so wie geplant? Ist die Konformität in Bezug auf das QMS und die ISO 9001 sichergestellt? In Kapitel 12 finden Sie diesen Begriff etwas ausführlicher erläutert.
- **Korrekturmaßnahme:** Maßnahme zum Beseitigen der Ursache einer Nichtkonformität (Fehler) und zum Verhindern des erneuten Auftretens der Nichtkonformität.
- **Leistung:** Messbares Ergebnis.
- **Maßnahmen:** Aktivitäten, mit denen eine Anforderung umgesetzt werden kann (Aufgaben können als Aufteilung einer Maßnahme interpretiert werden; Aufgabe: konkrete Umsetzung mit Verantwortlichkeiten und Terminvorgabe). In Kapitel 12 finden Sie diesen Begriff etwas ausführlicher erläutert.
- **Messbarkeit:** Alle Maßnahmen oder Ziele, die Sie formulieren, müssen messbar sein. Sie müssen klar bewerten können, ob sie die gewünschten Ergebnisse erreicht haben oder nicht. Dazu gehört, dass Sie hierfür klare Indikatoren definieren (z. B. physikalische Größen oder qualitative Größen wie ja/nein).
- **Oberste Leitung:** „Person oder Personengruppe, die eine Organisation auf der obersten Ebene führt und steuert“. Bei kleineren und mittleren Unternehmensgrößen handelt es sich im Regelfall um die Geschäftsführung.
- **Organisation:** „Person oder Personengruppe, die eigene Funktionen mit Verantwortlichkeiten, Befugnissen und Beziehungen hat, um ihre Ziele zu erreichen“. Damit kann es sich im Sinne der Norm um die zweite Führungsebene handeln, da diese Ebene von der obersten Leitung geführt und gesteuert wird. Wichtig ist, dass alle Personen mit Verantwortlichkeiten in Bezug auf das QMS eingebunden werden.

- **Produkt und Dienstleistung:** Ein Produkt gelangt erst im fertigen Zustand zum Kunden, eine Dienstleistung hingegen wird mit oder am Kunden erbracht. Ist die Unterscheidung unklar, ist ausschlaggebend, welche Merkmale überwiegen.
- **Qualität:** „Grad, in dem ein Satz inhärenter Merkmale eines Objekts Anforderungen erfüllt“: Inhärente Qualitätsmerkmale der Produkte und Dienstleistungen, Erwartungen der Kunden, zutreffende gesetzliche und behördliche Anforderungen.
- **Qualitätsmanagementsystem (QMS):** Teil des Managementsystems der Organisation, welches sich mit Qualität befasst. Ein Managementsystem kann grob übersetzt werden als eine Checkliste, die alle relevanten Punkte eines Unternehmens zusammenhängend darstellt.
- **Qualitätspolitik:** Teil der Unternehmenspolitik, der sich mit Qualität beschäftigt.
- **Risikobasiertes Denken:** Vorausschauend denken; Chancen erkennen, analysieren und nutzen sowie Risiken erkennen, analysieren und negative Auswirkungen vermindern oder ganz verhindern. In Kapitel 12 finden Sie diesen Begriff etwas ausführlicher erläutert.
- **Wirksamkeit:** Effektivität (Werden die gewünschten Ergebnisse erreicht?). In Kapitel 12 finden Sie diesen Begriff etwas ausführlicher erläutert.

In Kapitel 12 dieses Buches finden Sie die folgenden zentralen Begriffe etwas ausführlicher erläutert:

- Anforderung
- Angemessenheit
- Dokumentierte Information
- Konformität
- Kundenzufriedenheit
- Leistungsindikatoren
- Maßnahmen
- Risikobasiertes Denken
- Überwachen und Messen
- Wirksamkeit und Leistung
- Zutreffend und nicht zutreffend

3.2 Begriffswelt der ISO 14001

Die ISO 14001 liefert direkt eine Definition der verwendeten Begriffe. Auch diese Norm schreibt nicht vor, dass diese Begriffe verwendet werden müssen. Nachfolgend einige zentrale Begriffe der ISO 14001:

- **Beabsichtigtes Ergebnis:** Das, was mit der Umsetzung des UMS erreicht werden soll. Die ISO 14001 nennt dazu „Verbesserung der Umweltleistung, Erfüllung von bindenden Verpflichtungen und Erreichen von Umweltzielen". Wie bei der ISO 9001 können hier zudem unternehmensspezifische Aspekte definiert werden.
- **Bindende Verpflichtungen:** Rechtliche Verpflichtungen, z.B. Gesetze und Vorschriften, sowie Anforderungen, für die sich ein Unternehmen entscheidet, diese zu erfüllen wie Branchenstandards, Freiwilliges in Bezug auf Nachhaltigkeit, besondere vertragliche Vereinbarungen, Vereinbarungen mit der Kommune etc. Diese erstmal freiwilligen Aspekte werden im Rahmen des UMS zu bindenden Verpflichtungen, die dann erfüllt werden müssen.
- **Lebensweg:** Aufeinanderfolgende und miteinander verknüpfte Phasen eines Produkts oder einer Dienstleistung (einschließlich Beschaffung und endgültige Beseitigung).
- **Umwelt:** Umgebung des Unternehmens. Umgebung kann sich dabei direkt auf das Unternehmen beziehen, aber auch globale Aspekte umfassen und mit „Begriffen wie Biodiversität, Ökosysteme, Klima oder anderen Merkmalen beschrieben werden".
- **Umweltaspekt:** „Bestandteil der Tätigkeiten, Produkte oder Dienstleistungen einer Organisation, der in Wechselwirkung mit der Umwelt tritt oder treten kann." Ein Umweltaspekt wirkt sich „bedeutend" auf die Umwelt aus und wird durch das Unternehmen anhand eines oder mehrerer definierter Kriterien bestimmt.
- **Umweltauswirkung:** Veränderung der Umwelt, die durch die Umweltaspekte bewirkt wird. Diese Auswirkung kann positiv oder negativ sein.
- **Umweltleistung:** Messbare Ergebnisse des Managements eines Unternehmens in Bezug auf Umweltaspekte („Ergebnisse in Bezug auf Umweltpolitik (...), Umweltziele (...) oder weitere Kriterien mit Kennzahlen").
- **Umweltmanagementsystem (UMS):** Teil des Managementsystems, mit dem erfolgreich Umweltaspekte gehandhabt, bindende Verpflichtungen erfüllt sowie mit Risiken und Chancen umgegangen werden soll.
- **Umweltpolitik:** Absichten und Ausrichtung eines Unternehmens in Bezug auf die Umweltleistung.
- **Umweltziel:** In Übereinstimmung mit der Umweltpolitik festgelegtes Ziel.

- **Umweltzustand:** Status oder Merkmal der Umwelt zu einem bestimmten Zeitpunkt.
- **Verhindern von Umweltbelastungen:** Alle Maßnahmen, mit denen „die Entstehung, Emission oder Freisetzung jeglicher Art von umweltbelastendem Stoff oder Abfall" vermieden, reduziert oder überwacht wird. Das Ziel dabei ist, negative Auswirkungen auf die Umwelt zu verringern oder zu verhindern, z. B. „Reduzierung oder Beseitigung an der Quelle, Prozess-, Produkt- oder Dienstleistungsänderungen, effiziente Nutzung von Ressourcen, Material- und Energiesubstitution, Wiederverwendung, Rückgewinnung, Recycling, Sanierung oder Behandlung".

Die ISO 14001 unterscheidet zwischen „angemessen" und „zutreffend" sowie zwischen „fortlaufend" und „kontinuierlich":

> *„‚Angemessen' bedeutet geeignet (für, zu) und impliziert einen gewissen Ermessensspielraum, während ‚erforderlich/zutreffend' relevant oder anzuwenden möglich bedeutet und impliziert, dass, wenn etwas getan werden kann, es getan werden muss. (...)*
> *‚Fortlaufend' bezeichnet die Dauer über einen Zeitraum hinweg, jedoch mit Unterbrechungsintervallen (im Gegensatz zu ‚kontinuierlich', womit eine Dauer ohne Unterbrechung bezeichnet wird). ‚Fortlaufend' ist folglich das angemessene Wort zur Verwendung im Zusammenhang mit Verbesserung."*

4 Kontext der Organisation: Die Rahmenbedingungen klären und Prozessmanagement implementieren

Jedes Unternehmen, jede Organisation muss wissen, welcher Zweck verfolgt wird, braucht eine Strategie, muss Ziele und gewünschte Ergebnisse definieren: Ein Bauunternehmen will beispielsweise Häuser für Familien bauen (Zweck), dabei vielleicht der ideale Partner für ökologische Bauweisen sein (Strategie), nur nachhaltige Materialien verwenden und wirtschaftlichen Erfolg haben (Ziele).

Beeinflusst wird dies durch das Umfeld (externe Themen): Nur wenn es beispielsweise Familien gibt, die ökologisch bauen wollen, ist das Angebot sinnvoll. Auch die eigenen Fähigkeiten sind zentral (interne Themen): Nur wenn das für die ökologische Bauweise notwendige Wissen vorhanden ist, kann diese Art des Bauens angeboten werden. Die ISO 9001 nennt diesen Punkt „Kontext der Organisation" (Bild 4.1). Im Sinne der Norm geht es um die wirtschaftlichen Rahmenbedingungen, um alle Aspekte, die die Strategie betreffen und sich auf Produkte, Stakeholder (Interessensgruppen) etc. auswirken, um die Festlegung des Anwendungsbereichs und um die prozessorientierte Umsetzung des QMS.

Das QMS nach ISO 9001 sollte nicht von der allgemeinen Unternehmensstrategie losgelöst sein, sondern direkt daran anknüpfen.

Die zentralen Fragen in diesem Normabschnitt lauten:

- Welche Themen sind für die Strategie des Unternehmens relevant und wie wirken sie sich auf das QMS aus?
- Wer sind die Stakeholder (Interessensgruppen, interessierte Parteien) und welche Anforderungen haben diese?
- Was ist der Anwendungsbereich des QMS? Welche Bereiche, Aspekte sind von dem QMS betroffen bzw. sollten einbezogen werden? Welche Anforderungen der Stakeholder, welche Themen, welche Produkte und Dienstleistungen?

- Welche Prozesse gibt es? Sind die Wechselwirkungen klar? Können die Prozesse ohne Probleme umgesetzt werden? Wenn nein, wo hakt es? Gibt es entsprechende Messkriterien? Wird darauf geachtet, dass Fehler minimiert und die Leistung optimiert werden? Welche Chancen und Risiken sind mit den Prozessen verbunden?
- Wie wird gewährleistet, dass diese Aspekte laufend überwacht, überprüft und ggf. angepasst werden?

Bei einem Audit (Überprüfung) müssen Sie diese Fragen beantworten können. Es gibt keinen standardisierten Fragenkatalog, der bei allen Audits (intern und extern) eingesetzt wird. Jedes Unternehmen, das ISO 9001- bzw. ISO 14001-Zertifikate erteilt, nutzt ein eigenes Einschätzungs- und Bewertungssystem. Die Basis bildet bei allen entsprechenden Zertifizierungen die ISO 9001 bzw. die ISO 14001. Die Fragestellung ist bei Audits offen. Ein gutes Audit hat zur Folge, dass das Unternehmen lernt und besser wird.

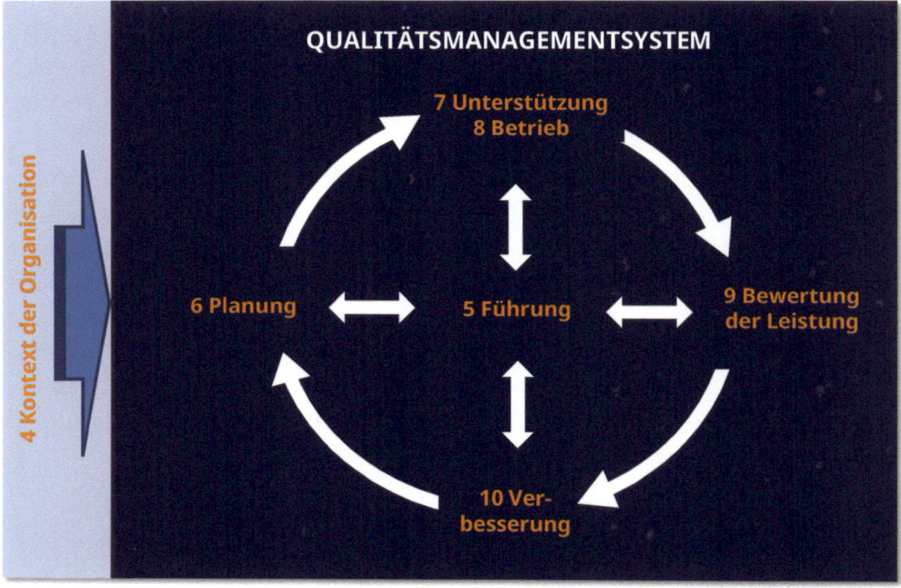

Bild 4.1 Die ISO 9001 im Überblick

4.1 Organisation und Kontext verstehen

Bei diesem Normabschnitt (Bild 4.2) geht es darum, dass Sie Ihr eigenes Unternehmen (eigene Stärken, Schwächen, Möglichkeiten etc.) und das Umfeld Ihres Unternehmens (Wettbewerb, Gesellschaft etc.) kennen.

Es stehen folgende Fragen im Zentrum:

> Welche Themen (externe oder interne) sind für die Strategie des Unternehmens wichtig? Wirken sich diese Themen auf das QMS aus? Wenn ja, wie sieht diese Auswirkung aus? Wie kann die Überwachung und Überprüfung sichergestellt werden?

Für das Bauunternehmen sind dies beispielsweise externe Themen wie staatliche Bauförderungen, Lieferengpässe, neue energetische Bestimmungen, die Einhaltung von Gesetzen oder Fachkräftemangel. Interne Themen sind beispielsweise die eigene Unternehmenskultur, die technologische Ausstattung oder die Belegschaft.

Bild 4.2 Der Abschnitt 4.1 der ISO 9001 im Überblick

Sie müssen klären, welche Aspekte des Umfelds (externe Themen) und welche unternehmensspezifischen Aspekte (interne Themen) sich wie auf das QMS auswirken. Auch wenn es sich um sehr kleine Unternehmen handelt, es muss immer klar sein, wie sich das Umfeld auf das eigene Geschäftsmodell auswirkt, beispielsweise was steigende Energiepreise bedeuten oder ob Lieferengpässe entstehen könnten. Bei internen Themen geht es darum, ob beispielsweise Schulungen nötig sind, ob es eine Softwareunterstützung braucht, ob für geänderte Anforderungen die entsprechende Kompetenz vorhanden ist etc.

Die ermittelten internen und externen Einflussfaktoren müssen dabei überwacht werden, um so rechtzeitig auf Veränderungen reagieren zu können. Verändern sich die notwendigen Ressourcen, gehen Schlüsselpersonen in den Ruhestand? Etc.

Es bietet sich an, diese Analysen nicht nur in Bezug auf Ihr QMS durchzuführen, sondern die QMS-Aspekte in Ihre Planungen zur Unternehmensstrategie zu integrieren.

Unterstützende Werkzeuge (Auswahl)

- Unternehmenskulturanalyse
- Kompetenzanalysen
- SWOT-Analyse (SWOT: Strengths (Stärken), Weaknesses (Schwächen), Opportunities (Chancen) und Threats (Risiken))
- Umfeldanalysen
- Szenarioanalysen
- Benchmarking
- STEP-Analysen (STEP: Sociological (soziokulturell), Technological (technologisch), Economic (ökonomisch) und Political (politisch))
- Portfolio- oder Produktlebenszyklus-Analysen
- Analysen der strategischen Geschäftsfelder

Tabelle 4.1 fasst die wichtigen Aspekte zu diesem Normabschnitt zusammen.

Tabelle 4.1 Themen bestimmen – Normabschnitt 4.1 umsetzen

Leitfragen
▪ Welche Themen (Einflussfaktoren) sind für unsere strategische Ausrichtung wichtig? Wie wirken sich diese Themen auf unser QMS aus? ▪ Was sind unsere wichtigen internen Themen (Kultur, Leistung, Werte, Wissen)? ▪ Was sind unsere wichtigen externen Themen (Gesetze, Kultur/Gesellschaft, Markt, soziale und wirtschaftliche Faktoren, Technik, Wettbewerb)?
Ziel: Verstehen des Umfelds, Erkennen der eigenen Fähigkeiten
Umsetzungshinweis Die ISO 9001 unterscheidet zwischen Themen, die sich aus dem „gesetzlichen, technischen, wettbewerblichen, marktbezogenen, kulturellen, sozialen oder wirtschaftlichen Umfeld ergeben." Sie sollten diese Bereiche berücksichtigen. Sie können beispielsweise sozial und kulturell zusammenfassen oder um weitere, für Sie relevante Bereiche ergänzen. Viele der externen Themen sind eng mit Ihren Stakeholdern verknüpft und ergeben sich auch aus der Stakeholderanalyse. In sehr kleinen Organisationen oder in Organisationen mit wenig Komplexität lassen sich die Themen im Team mittels Brainstorming ermitteln, Chancen und Risiken ableiten, mit einer einfachen Punktebewertung priorisieren und mittels einer Tabelle dokumentieren.

Bestimmen Sie im ersten Schritt Ihre Themen: Kombinieren Sie die Bestimmung Ihrer internen Themen mit einer SWOT-Analyse und organisationsspezifischen Analysen. Kombinieren Sie Ihre externen Themen mit Umfeld-/Umweltanalysen.
Nach der ISO ist die Reihenfolge zwar erst Themen, dann interessierte Parteien, aber Sie können erst interessierte Parteien, dann Themen oder beide gleichzeitig ermitteln. Zudem ist es nicht sinnvoll, nur für das QMS alleine eine Stakeholder- und Themenbestimmung zu machen. Aussagekräftige Ergebnisse bekommen Sie erst, wenn das gesamte Unternehmen mit allen Abteilungen, Produkten, Dienstleistungen etc. berücksichtigt wird.
Ermittelt werden können die externen und internen Themen auch im Rahmen des Managementreviews (Normabschnitt 9).

Mögliche Auditnachweise

Externe Themen:

- Liste der Gesetze
- Auflistung von Änderungen und geplanten Änderungen
- Auflistung der technischen Entwicklungen
- Marktanalysen
- Auflistung wirtschaftlicher Änderungen
- Strategiepapiere

Interne Themen:

- Leitbild
- Leistung, Kennzahlen
- Auflistung kultureller Themen (z. B. China) etc.

(Gietl/Lobinger 2022)

4.2 Erfordernisse und Erwartungen der Stakeholder verstehen

Bei diesem Normabschnitt geht es um die Erfordernisse, Erwartungen, Wünsche der „interessierten Parteien“ bzw. der Stakeholder (Bild 4.3). Diese müssen Sie verstehen und stets im Auge behalten.

Es stehen folgende Fragen im Zentrum:

> Wer sind die Stakeholder (Interessensgruppen, relevante interessierte Parteien), die unser QMS beeinflussen oder beeinflussen könnten? Welche Wünsche, Erwartungen (relevante Anforderungen) sind für das QMS bzw. Produkte und Dienstleistungen relevant? Wie kann die Überwachung und Überprüfung sichergestellt werden?

Stakeholder eines Unternehmens sind Personen, Gruppen, Organisationen, die das Unternehmen beeinflussen oder vom Unternehmen beeinflusst werden können. Zu den Stakeholdern des Bauunternehmens gehören beispielsweise die Menschen, die ein Haus bauen wollen, die Nachbarschaft, die erwartet, dass die Lärmschutzregeln eingehalten werden, die Kommune, die auf Gewerbesteuer hofft, die Belegschaft, die gut bezahlt werden und Entwicklungsmöglichkeiten haben möchte.

Erfordernisse und Erwartungen – Beispiele

Die ISO unterteilt Anforderungen in Erfordernisse und Erwartungen: **Erwartungen** sind beispielsweise, dass Umweltauflagen, rechtliche Vorschriften etc. eingehalten werden oder dass Mitarbeitende fair behandelt werden. **Erfordernisse** sind beispielsweise Schulungspläne, Dokumentationen, Angaben zu Schadstoffen etc.

Themen und Stakeholder sind im Regelfall eng miteinander verknüpft, beispielsweise handelt es sich bei der Belegschaft um Stakeholder, und Themen wie Unternehmenskultur oder Werte sind eng mit der Belegschaft verwoben. Die ISO 9001 spricht von „relevanten interessierten Parteien“. Eine Partei ist dann relevant, wenn sie QMS, Produkte oder Dienstleitungen beeinflussen kann oder selbst davon beeinflusst werden könnte und die Interessen (Anforderungen) dieser Partei von der Organisation als relevant eingestuft werden.

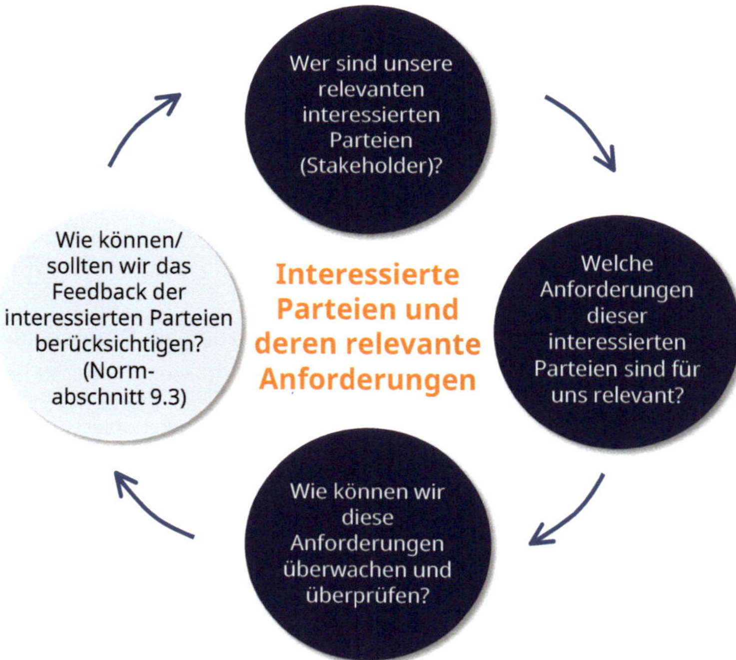

Bild 4.3 Der Abschnitt 4.2 der ISO 9001 im Überblick

Sie müssen wissen, welche Erwartungen Ihrer Stakeholder sich wie auf das QMS auswirken; nicht alle Erwartungen wirken sich aus. Die Erwartung einer regelmäßigen Dividende der Gesellschafter wirkt sich beispielsweise nicht unmittelbar auf das QMS aus, allerdings müssen Sie diese Erwartung der Gesellschafter in Ihren Plänen berücksichtigen.

Grundsätzlich ist es sehr zu empfehlen, dass Sie stets wissen, was Ihre relevanten Stakeholder, vor allem die Kunden wollen. Gibt es vielleicht Veränderungen der Wertesysteme Ihrer Kunden oder steigen die Ansprüche an die Usability? Je näher Sie Ihren Kunden sind, desto wahrscheinlicher ist es, dass Ihre Produkte/Ihre Dienstleistungen angenommen werden.

Unterstützende Werkzeuge (Auswahl)

- Stakeholderanalyse
- Trendanalysen
- Kundenbefragungen
- Mitarbeiterbefragungen

Tabelle 4.2 fasst die wichtigen Aspekte zu diesem Normabschnitt zusammen.

Tabelle 4.2 Erfordernisse und Erwartungen der interessierten Parteien verstehen – Normabschnitt 4.2 umsetzen

Leitfragen ▪ Welche Stakeholder (interessierte Parteien) sind für uns wichtig und welche Wünsche, Erwartungen oder Erfordernisse (Anforderungen) haben diese an uns? ▪ Wer sind unsere wichtigen Stakeholder (z. B. Kunden, Belegschaft)? ▪ Welche Anforderungen haben unsere wichtigen Stakeholder (z. B. Kunden wollen Produkte, die begeistern, Gesellschaft will Nachhaltigkeit, Kommune will Gewerbesteuer)?
Ziel: Verstehen, was die Stakeholder wünschen/erwarten/brauchen
Umsetzungshinweis Bestimmen Sie Ihre relevanten Stakeholder und leiten Sie deren Anforderungen ab. Hier unterstützt Sie die Methode Stakeholderanalyse. Es empfiehlt sich, Ihre Stakeholder auch direkt zu befragen.
Mögliche Auditnachweise ▪ Ergebnisse Stakeholderanalyse ▪ Auflistung der Stakeholder mit ihren Erwartungen (Anforderungen) Laut ISO müssen Sie sich „nur“ um diejenigen Stakeholder kümmern, die für das QMS relevant sind. Die wichtigsten Stakeholder sind die Kunden.

4.3 Anwendungsbereich festlegen

Bei diesem Normabschnitt geht es darum, den Anwendungsbereich des QMS festzulegen, also für welche Bereiche das QMS gilt (Bild 4.4).

Es stehen folgende Fragen im Mittelpunkt:

> Auf welche Bereiche soll das QMS angewendet werden? Und auf welche nicht? Welche Anforderungen der Norm treffen nicht zu? Und warum treffen diese Anforderungen nicht zu? Wie und wo wird dokumentiert und die Überprüfung/Überwachung sichergestellt?

Der Bauunternehmer hat vielleicht noch ein Architekturbüro, das vom QMS nicht berücksichtigt werden sollte. Oder es treffen bestimmte Normanforderungen nicht zu, wie es der Fall ist, wenn es beispielsweise außer dem Unternehmer selbst keine weiteren Führungskräfte gibt.

Die ISO 9001 verlangt, dass die Definition des Anwendungsbereichs an internen und externen Themen, an den Erwartungen/Anforderungen der Stakeholder sowie an den eigenen Produkten und Dienstleistungen ausgerichtet wird. Dieser Normenpunkt setzt also voraus, dass die relevanten Themen, die Stakeholder und die Anforderungen ermittelt wurden.

Dokumentierte Information

Der Anwendungsbereich muss schriftlich festgehalten werden. Wenn Anforderungen als „nicht zutreffend" deklariert werden, dann muss hierfür jeweils eine nachvollziehbare Begründung vorliegen. Mit dieser Begründung soll auch nachgewiesen werden, dass das QMS trotz der Ausschlüsse erfolgreich umgesetzt werden kann.

Bei der Festlegung des Anwendungsbereichs des QMS müssen die in Abschnitt 4.1 ermittelten externen Einflussfaktoren (externe Themen) sowie die unter Abschnitt 4.2 ermittelten Erwartungen der Stakeholder berücksichtigt werden.

Wenn beispielsweise der Wettbewerb Produkte mit höchsten Qualitätsansprüchen anbietet, dann wirkt sich dies unmittelbar auf die vergleichbaren Eigenprodukte aus und muss daher berücksichtigt werden. Oder ein Kunde könnte die Umsetzung der ISO 9001 für seine Zulieferteile verlangen, das bedeutet, dass der Anwendungsbereich die Produktion dieser Zulieferteile umfassen muss.

Auch die angebotenen Produkte bzw. Dienstleistungen müssen berücksichtigt werden.

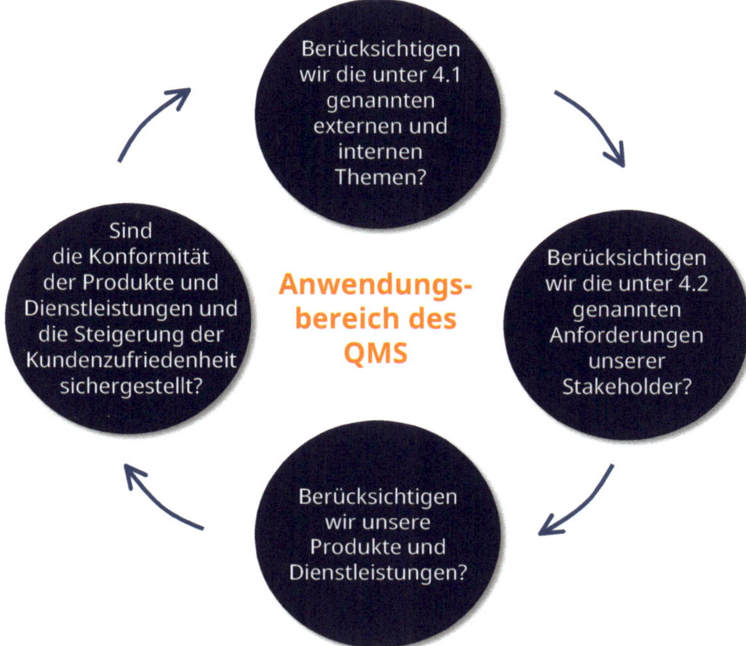

Bild 4.4 Der Abschnitt 4.3 der ISO 9001 im Überblick

Dokumentierte Information

Sie müssen bei der Definition des Anwendungsbereichs des QMS die davon betroffenen Produkte/Dienstleistungen nennen und als dokumentierte Information aufbewahren und zur Verfügung stellen („vorhalten").

Wenn Sie eine Anforderung der ISO 9001 als „nicht zutreffend" bezeichnen, dann müssen Sie dies nachvollziehbar begründen und diese Begründung als dokumentierte Information aufbewahren und zur Verfügung stellen („vorhalten").

Wenn Sie eine Anforderung der ISO 9001 als „nicht zutreffend" bezeichnen, dann muss sichergestellt sein, dass dadurch die Konformität nicht beeinträchtigt wird. Also dass gewährleistet ist, dass die Produkte bzw. Dienstleistungen so sind, wie sie sein sollen, und die definierten Anforderungen erfüllen. Ebenso muss sichergestellt sein, dass das Streben nach einer Erhöhung der Kundenzufriedenheit nicht beeinträchtigt wird.

Unterstützende Werkzeuge (Auswahl)

- Stakeholderanalyse
- Überprüfen der Prozesskette und/oder der möglichen Wechselwirkungen

Tabelle 4.3 fasst die wichtigen Aspekte zu diesem Normabschnitt zusammen.

Tabelle 4.3 Anwendungsbereich festlegen – Normabschnitt 4.3 umsetzen

Leitfragen
▪ Was ist der Anwendungsbereich des QMS?
▪ Für welche Bereiche sollte das QMS gelten? Unter Berücksichtigung
  ▪ der internen und externen Themen, die wir als wichtig eingestuft haben,
  ▪ der Anforderungen der Stakeholder und
  ▪ unserer Produkte und Dienstleistungen.
▪ Für welche Standorte, Bereiche, Produktlinien etc. sollte das QMS gelten?
▪ Welche Anforderungen müssen wir nicht umsetzen, sind „nicht zutreffend"?

Ziel: Festlegen des Anwendungsbereichs des QMS
Umsetzungshinweis Bestimmen Sie, für welchen Bereich das QMS gelten soll. Beim Anwendungsbereich werden auch die Anforderungen ausgeschlossen, die für Sie nicht relevant sind. Deklarieren Sie nicht zutreffende Anforderungen als „nicht zutreffend". Wichtig hierbei ist eine nachvollziehbare Begründung. Sie müssen den Anwendungsbereich schriftlich nachweisen und nachweisen, dass dieser aktuell gehalten wird, also dass er überwacht, überprüft und ggf. aktualisiert wird. Diese dokumentierte Information muss verfügbar sein.
Mögliche Auditnachweise ▪ Der Anwendungsbereich muss möglichst klar und präzise formuliert und schriftlich festgehalten werden. ▪ Für nicht zutreffende Anforderungen muss eine nachvollziehbare Begründung formuliert werden, warum diese nicht zutreffen.

4.4 QMS aufbauen, umsetzen und verbessern

Bei diesem Normabschnitt geht es darum, wie das QMS konkret im Unternehmen umgesetzt wird und sich in den Prozessen widerspiegelt (Bild 4.5). Die Prozesse müssen dabei mit ihren Wechselwirkungen erfasst (dokumentiert), umgesetzt, laufend aktualisiert und verbessert werden.

Beim Bauunternehmer könnte es sich beispielsweise um einen Prozess handeln, der den Umgang mit Beschwerden betrifft. Ist dieser dokumentiert? Halten sich alle an die Vorgaben? Wie wird dies überprüft und gibt es Konsequenzen bei Nichteinhaltung? Gibt es nach Beschwerden Folgeaufträge oder sind diese Kunden für immer „verschwunden"?

Es stehen folgende Fragen im Zentrum:

> Welche Prozesse umfasst das QMS? Was sind die Anforderungen an diese Prozesse? Was müssen die Prozesse „können" und was müssen die Prozesse als Ergebnis bringen? Werden die gewünschten Ergebnisse erreicht? Wie hängen die Prozesse zusammen und welche Wechselwirkung besteht zwischen ihnen? Wie lassen sich die Prozesse steuern und umsetzen (einschließlich Überwachung, Messung und Leistungsindikatoren)? Was sind die benötigten Ressourcen und wie werden diese sicher zur Verfügung gestellt? Sind die Verantwortlichkeiten und Befugnisse geklärt? Sind die Prozesse in Übereinstimmung mit den formulierten Chancen und Risiken (Normabschnitt 6.1 der ISO 9001) definiert? Tragen die Prozesse dazu bei, das QMS zu verbessern? Wie wird sichergestellt, dass die Prozesse fortlaufend überprüft, angepasst und verbessert werden?

Die ISO 9001 verlangt nicht, bei jedem einzelnen Prozess eine Risikoanalyse durchzuführen und entsprechende Maßnahmen einzuleiten. Der Weg ist andersrum, es werden die Chancen und Risiken bestimmt (Normabschnitt 6.1 der ISO 9001) und diese sollten dann bei den Prozessen berücksichtigt werden.

Dokumentierte Information

Sie müssen schriftlich nachweisen, dass alle nötigen Informationen vorliegen und für alle Beteiligten verfügbar sind, damit die Prozesse wie geplant umgesetzt werden können. Es müssen also entsprechende Vorgabe- und Nachweisdokumente formuliert vorliegen (z. B. Flussdiagramme, Prozessbeschreibungen).

Bild 4.5 Der Abschnitt 4.4 der ISO 9001 im Überblick

4.4.1 Prozessorientierung

Sie müssen im Sinne der Norm ein QMS „aufbauen, verwirklichen, aufrechterhalten und fortlaufend verbessern, einschließlich der benötigten Prozesse und ihrer Wechselwirkungen". Dazu müssen Sie die dafür notwendigen Prozesse bestimmen, beispielsweise einen Prozess definieren, wie mit Rückmeldungen von Kunden umgegangen wird. Und Sie müssen festlegen, wo diese Prozesse zur Anwendung kommen. Bild 4.6 fasst die zentralen Elemente zusammen.

Sie müssen alle Prozesse definieren und umsetzen, die es braucht, damit das QMS so läuft, wie es laufen soll. Sie müssen dabei sicherstellen, dass die Prozesse wie gewünscht umgesetzt werden können. Hierfür muss klar sein, wann dies der Fall ist. Beispielsweise könnte ein Kriterium für eine erfolgreiche Umsetzung eines Prozesses sein, dass die gewünschte Anzahl der Endprodukte erreicht wurde. Es braucht also klare Kriterien (Kennzahlen, Indikatoren).

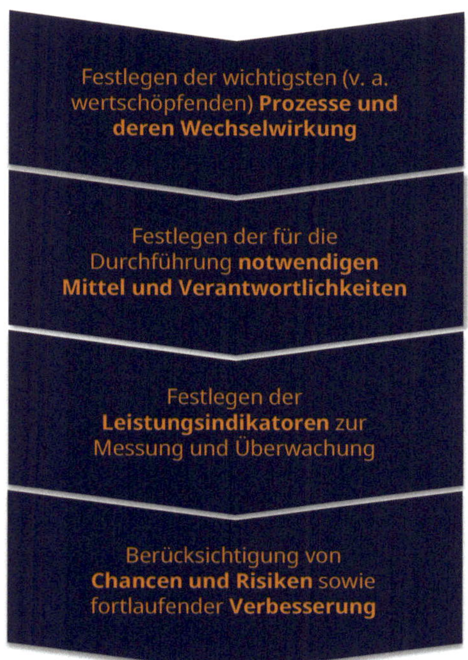

Bild 4.6 Der Aufbau eines QMS

Solche klaren Kriterien helfen auch bei der notwendigen Steuerung von Prozessen. Ein Kriterium könnte beispielsweise die für einen Prozess benötigte Zeit sein. Dauert ein Prozess plötzlich länger als geplant, muss nach Ursachen gesucht und entsprechend gegengesteuert werden. Diese Kriterien müssen eingehalten werden. Überprüfen Sie daher die Indikatoren, die Sie für die Prozesssteuerung definiert haben, beispielsweise durch ein regelmäßig stattfindendes Review mit Soll-Ist-Vergleich der Kennzahlen.

Im Sinne der ISO 9001 müssen Sie Methoden (Verfahren) definieren, die für die Prozessumsetzung und Prozesssteuerung nötig sind, und diese Methoden/Verfahren müssen eingesetzt werden. Es muss beispielsweise klar sein, welche Methoden beim Umgang mit Fehlern eingesetzt werden. Überprüft werden kann das Ganze beispielsweise durch das Vier-Augen-Prinzip oder anhand von Checklisten.

Zu definieren ist auch die Abfolge (Reihenfolge) der Prozesse. Dabei geht es um einzelne Prozessschritte sowie um die Prozesslandschaft als Ganzes, beispielsweise anhand einer Prozesslandschaft (Bild 4.7) und/oder mittels einer Verfahrensanweisung oder anhand einer Prozessvisualisierung.

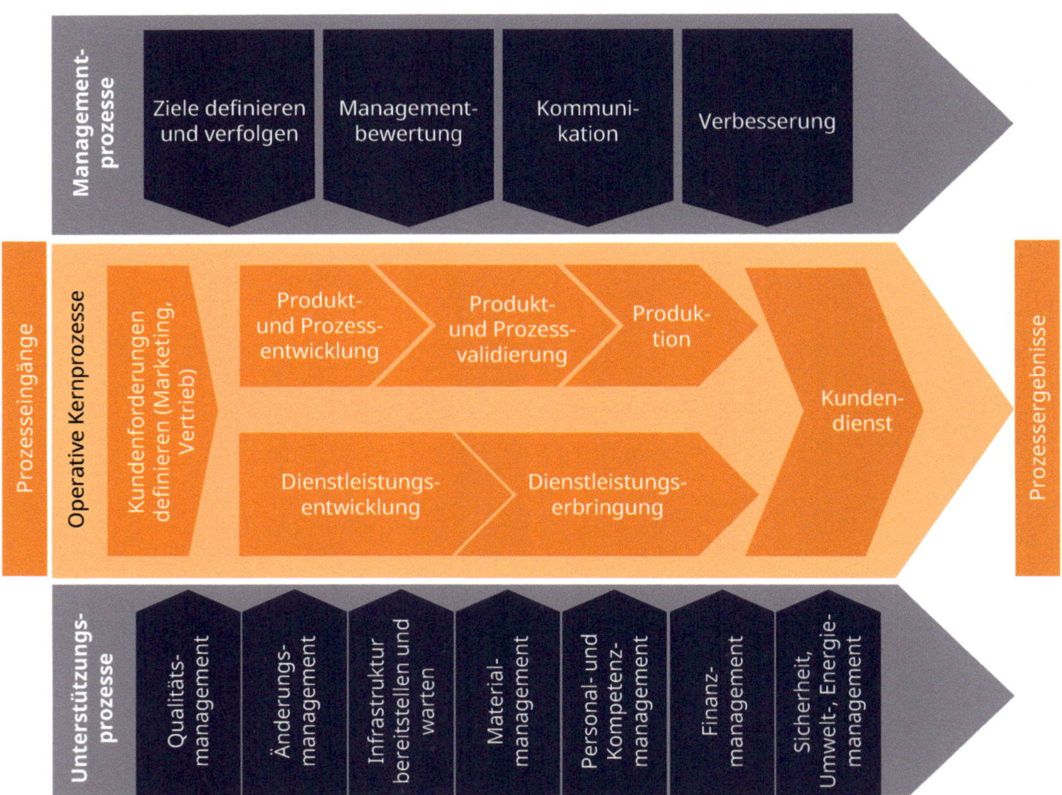

Bild 4.7 Beispiel einer Prozesslandschaft (Fritz 2022)

Prozesse beeinflussen sich gegenseitig. Wird beispielsweise definiert, dass die Wareneingangskontrolle nur stichpunktartig erfolgt, kann sich dadurch die Reklamationsquote erhöhen, was sich unmittelbar auf die Vertriebsprozesse auswirken würde. Solche möglichen Wechselwirkungen müssen Sie bei Ihrer Prozessdefinition berücksichtigen. Dokumentieren lassen sich die Wechselwirkungen beispielsweise anhand von Visualisierungen oder einer Matrix-Darstellung.

Es muss klar sein, welche Inputs (Eingaben) für die Prozessumsetzung nötig sind. Diese definierten Inputs müssen zur Verfügung stehen. Wenn beispielsweise bestimmte Rohstoffe, eine bestimmte Software oder bestimmte Kompetenzen für die Prozessumsetzung nötig sind, dann muss gewährleistet sein, dass diese zur Verfügung stehen. Unterstützen können hier beispielsweise Alarmsysteme, die bei Abweichung reagieren, verbindliche Vereinbarungen zwischen Abteilungen, Einführung von interdisziplinären Teams etc.

Es muss auch klar sein, welche Outputs (Ergebnisse) die Prozesse liefern sollen. Die Ergebnisse müssen dabei messbar sein (Kennzahlen).

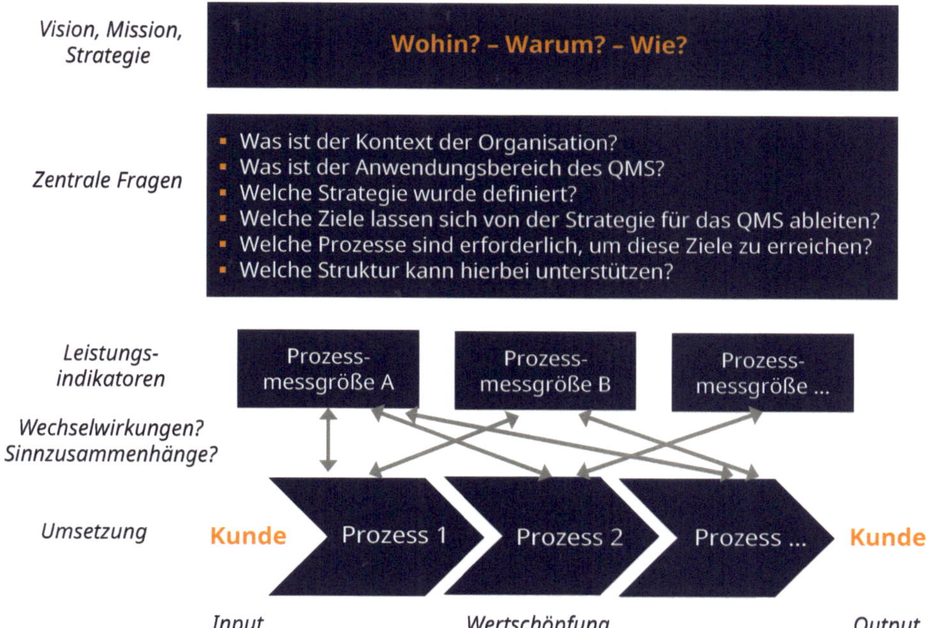

Bild 4.8 Zusammenhang zwischen Vision und Umsetzung

Auch die für die Umsetzung der Prozesse benötigten Ressourcen (z. B. Mitarbeitende, Werkzeuge, Material) müssen definiert werden und zur Verfügung stehen, beispielsweise anhand einer tabellarischen Auflistung, Einsatzpläne, Materialmanagement etc.

Ebenso müssen die Verantwortlichkeiten und die Befugnisse definiert werden. Also wer ist für was verantwortlich und wer darf was entscheiden?

Zudem müssen die in Abschnitt 6.1 der ISO 9001 definierten Risiken und Chancen bei der Prozessgestaltung berücksichtigt werden, beispielsweise durch das Definieren von Prozessen, wie mit Abweichungen oder Fehlern (Nichtkonformitäten) umgegangen wird oder durch das Ermöglichen von Flexibilität (agile Arbeitsweisen), dem Fördern von risikobasiertem Denken.

Bei der Prozessgestaltung muss ferner berücksichtigt werden, dass die Prozesse und damit auch das QMS fortlaufend verbessert werden, beispielsweise durch regelmäßig stattfindende Workshops zum Thema, die Einführung von Qualitätszirkeln, KVP etc.

Bild 4.8 zeigt den Zusammenhang der einzelnen Elemente.

Unterstützende Werkzeuge (Auswahl)

- Prozessmanagement
- Kontinuierlicher Verbesserungsprozess (KVP)
- 5S (Seiri (Selektieren), Seiton (Systematisieren), Seiso (Säuberung), Seiketsu (Standardisieren) und Shitsuke (Selbstdisziplin üben))
- Qualitätszirkel

4.4.2 Notwendige Dokumentation

Sie müssen „im erforderlichen Umfang" die Prozesse so dokumentieren, dass sie wie gewünscht umgesetzt werden können. Die Dokumentation muss aktuell sein und für die Beteiligten zur Verfügung stehen. Zu empfehlen ist, dass Sie zumindest Ihre wertschöpfenden Prozesse visualisieren und alle Beteiligten darauf Zugriff haben.

Die Prozesse müssen so dokumentiert werden, dass sie wie geplant umgesetzt werden können, beispielsweise anhand von Prozessvisualisierungen. Kann ein Prozess sicher ohne Dokumentation umgesetzt, gesteuert und verbessert werden, ist keine Dokumentation notwendig. Die Einschätzung, wann eine Dokumentation notwendig ist und wann nicht, ist nicht immer ganz einfach. Bei allen wichtigen Prozessen dürfte zumindest ein Mindestmaß an Dokumentation sinnvoll sein, beispielsweise bei den zentralen Produktions- und Dienstleistungsaktivitäten, wie mit Kundenreklamationen umgegangen wird, was zu tun ist, wenn ein Notfall eintritt etc. Treffen Sie diese Entscheidung am besten im Team. Auch hier hilft der PDCA-Zyklus.

Die dokumentierte Information muss so gepflegt (aufrechterhalten) werden, dass die Umsetzung der Prozesse unterstützt wird. Dazu gehört, dass sie aktuell und verständlich ist, beispielsweise durch eine gemeinsam erarbeitete Prozessmodellierung. Auch die Aufbewahrung der Dokumentation muss die gewünschte Prozessumsetzung unterstützen, und alle Beteiligten, die sie brauchen, müssen darauf zugreifen können, beispielsweise im Intranet oder mittels einer Datenbank.

Dokumentierte Information

Können Ihre Prozesse ohne Dokumentation umgesetzt werden, dann müssen Sie sie im Sinne der Norm nicht dokumentieren. Zu empfehlen ist, dass Sie zumindest Ihre Hauptprozesse (wertschöpfenden Prozesse) dokumentieren.

Tabelle 4.4 fasst die wichtigen Aspekte zu diesem Normabschnitt zusammen.

Tabelle 4.4 Prozessorientierung umsetzen und fortlaufenden Verbesserungsprozess sicherstellen – Normabschnitt 4.4 umsetzen

Leitfragen

- Arbeiten wir prozessorientiert? Unterstützen unsere Prozesse das QMS? Haben wir die Wechselwirkungen der Prozesse definiert? Bringen unsere Prozesse die gewünschten Ergebnisse? Ist ein Verbesserungsprozess implementiert? Erkennen wir die damit verbundenen Chancen und Risiken?
- Was sind unsere zentralen (wertschöpfenden) Prozesse und deren Wechselwirkungen?
- Was brauchen wir, damit die Prozesse durchgeführt werden können? Sind die Verantwortlichkeiten und Befugnisse geklärt?
- Haben wir Leistungsindikatoren definiert, die eine wirksame Durchführung unterstützen und mit denen wir messen und überwachen können?
- Welche Chancen und Risiken sind mit den Prozessen verbunden?
- Wie kann ein fortlaufender Verbesserungsprozess implementiert werden?
- Dokumentieren wir angemessen?

Ziel: Das QMS prozessorientiert umsetzen

Umsetzungshinweis

Beim Prozessmanagement geht's um die bewusste Gestaltung und Verbesserung von Arbeitsabläufen. Starten Sie das Ganze am besten als Projekt. Hier helfen z. B. die Methoden Projektmanagement oder Scrum.

Wenn es für Ihr Unternehmen nicht sinnvoll ist, ein umfassendes Prozessmanagement einzuführen, beispielsweise aufgrund der Größe, dann gilt die Normanforderung als erfüllt, wenn Sie für jeden Ihrer Kernprozesse (Hauptprozesse, wertschöpfenden Prozesse) beispielsweise eine „Prozess-Turtle“ erstellen.

Mögliche Auditnachweise

Die Prozesse müssen so dokumentiert werden, dass eine problemlose Umsetzung gewährleistet ist. Dazu gehören beispielsweise folgende Dokumentationen:

- Definition von Kern-, Management- und Unterstützungsprozessen
- Definition einer „Prozesslandschaft“
- Darstellung der Wechselwirkung mittels einer Matrix bzw. durch Verknüpfungen im Intranet oder Querverweise in den einzelnen Prozessbeschreibungen
- Prozessfestlegungen in Form von Prozessdatenblättern mit Input/Output/Verfahren/Kennzahlen/Ressourcen
- Liste der Prozessverantwortlichen
- Aufgaben, Funktionsbeschreibung der Prozessverantwortlichen
- Leistungsindikatoren zur Messung der Wirksamkeit der Prozesse
- Zuordnung der Leistungsindikatoren zu den Prozessen
- Verknüpfung der Prozesse mit weiteren Dokumenten (Verfahrensanweisungen, Arbeitsanweisungen)
- Analyse der Prozesse hinsichtlich Risiken und Chancen
- Planung, Umsetzung und Bewertung von Maßnahmen

(Gietl/Lobinger 2022)

4.5 Die Anforderungen der ISO 14001

Die ISO 14001 bringt zu diesem Normkapitel im Vergleich zur ISO 9001 nichts grundlegend Neues. Wichtig ist im Sinne der Norm, dass kein „Greenwashing“ betrieben wird, sondern dass es Unternehmen ernst damit ist, den Nachhaltigkeitsgedanken aktiv zu unterstützen. Dieser Abschnitt ist in der ISO 14001 wie folgt gegliedert:

- 4.1 Verstehen der Organisation und ihres Kontextes
- 4.2 Verstehen der Erfordernisse und Erwartungen interessierter Parteien
- 4.3 Festlegen des Anwendungsbereichs des Umweltmanagementsystems
- 4.4 Umweltmanagementsystem

Organisation und Kontext

Auch im Rahmen der Umsetzung der ISO 14001 müssen Sie interne und externe Themen bestimmen, die für Ihr Unternehmen wichtig sind und sich darauf auswirken können, ob Sie Ihre definierten Umweltziele (Ergebnisse) erreichen. Dabei müssen Sie berücksichtigen, wie Ihr Unternehmen von der Umwelt beeinflusst werden könnte oder wie Ihr Unternehmen die Umwelt beeinflussen könnte.

Interne und externe Themen (Beispiele aus der ISO 14001)

- „Umweltzustände mit Bezug auf Klima, Luftqualität, Wasserqualität, Bodennutzung, bestehende Kontamination, Verfügbarkeit natürlicher Ressourcen und Biodiversität, die entweder den Zweck der Organisation beeinflussen können oder durch ihre Umweltaspekte beeinflusst werden;
- externe kulturelle, soziale, politische, gesetzliche, behördliche, finanzielle, technologische, wirtschaftliche, natürliche und wettbewerbliche Umstände, ob international, national, regional oder lokal;
- die internen Merkmale oder Bedingungen einer Organisation, wie z. B. Tätigkeiten, Produkte und Dienstleistungen, strategische Ausrichtung, Kultur und Fähigkeiten (d. h., Personen, Wissen, Prozesse, Systeme).“

Die definierten Einflussfaktoren beeinflussen die Risiken- und Chancenanalyse (siehe Normabschnitte 6.1 bis 6.2 der ISO 14001). Beispielsweise ist die Umsetzung der Pflichtbrache für manche Landwirte mit schwer verschmerzbaren Ernteeinbußen, also mit einem Risiko verbunden. Aus dem Risiko könnte sich allerdings eine Chance ergeben, wenn beispielsweise diese Brachflächen für Bienenstöcke genutzt werden.

Stakeholder

Auch im Rahmen der ISO 14001 müssen Sie definieren, wer die relevanten „interessierten Parteien“ (Stakeholder) Ihrer Organisation sind, welche Anforderungen diese haben und welche für Sie zu „bindenden Verpflichtungen“ werden sollen.

Manche Anforderungen von Stakeholdern sind von vorneherein verbindlich, beispielsweise dass gesetzliche Vorgaben eingehalten werden. Bei anderen Anforderungen, wie beispielsweise die Erwartung der Nachbarschaft, dass die Emissionen unabhängig von definierten Grenzwerten auf Null reduziert werden, kann das Unternehmen entscheiden (freiwillig zustimmen), ob es diese Anforderung erfüllen will oder nicht. Entscheidet sich ein Unternehmen dafür, dann wird diese Anforderung zur „bindenden Verpflichtung“ und muss auch beim Umweltmanagementsystem (UMS) berücksichtigt werden.

Auch wenn manche Anforderungen Ihrer Stakeholder zu manchen Anforderungen Ihres Unternehmens widersprüchlich sind, so sollten Sie versuchen, bei Ihrer Anforderungsanalyse die Perspektive der relevanten Stakeholder einzunehmen. Wird jemand durch die Entscheidungen oder Tätigkeiten Ihres Unternehmens beeinflusst, so hat diese Person, diese Organisation etc. ihre eigene Sichtweise und ihre eigenen berechtigten Interessen. Und vielleicht ergeben sich aus dem Perspektivwechsel Chancen. Die ISO 14001 schreibt nicht vor, dass Sie alle von Ihnen formulierten oder von außen an Sie herangetragenen Anforderungen erfüllen müssen, sondern lediglich, dass Sie diese bei Ihrer Analyse berücksichtigen sollten.

Anwendungsbereich

Sie müssen analog zur ISO 9001 bestimmen, für welchen Anwendungsbereich Ihr UMS gelten soll (organisatorische Grenzen). Dabei müssen Sie die definierten internen und externen Themen sowie die „bindenden Verpflichtungen“ berücksichtigen. Ebenso müssen Sie die Funktionen und Struktur Ihres Unternehmens, die „physischen Grenzen“, Ihr Angebot (Produkte und/oder Dienstleistungen), Ihre Tätigkeiten sowie Ihre „Befugnis und Fähigkeit zur Ausübung von Steuerung und Einflussnahme“ berücksichtigen.

Ihr Unternehmen kann bestimmen, ob das UMS nur für bestimmte Teile oder für das gesamte Unternehmen gilt. Falls ein Chemieunternehmen das UMS nur für den Verwaltungsbereich einsetzen will, dann können hier sicher gute Ergebnisse erzielt werden. Aber es könnte zudem sein, dass es hierfür wenig gesellschaftliche Akzeptanz geben und diese Beschränkung dem Ansehen des Unternehmens schaden wird. Mit der Umsetzung der ISO 14001 sollten bestimmte Ziele erreicht werden und diese sollten sinnvollerweise mit dem Anwendungsbereich verknüpft sein. Wenn dann die kritischen Bereiche ausgeklammert werden würden, dann sollte generell auf die Umsetzung verzichtet werden. Auch der Lebenszyklus der Produkte bzw. Dienstleistungen spielt dabei eine Rolle. Kunststoff lässt sich beispielsweise relativ umweltschonend herstellen, allerdings gibt es durch die hohe Halbwertszeit von Kunststoffen ein massives Abfallproblem.

Für den definierten Anwendungsbereich sind die Anforderungen der ISO 14001 bindend!

Wenn Sie den Anwendungsbereich definiert haben, müssen Sie alle Tätigkeiten, Produkte und Dienstleistungen Ihrer Organisation, die innerhalb dieses Anwendungsbereichs liegen, in Ihrem UMS berücksichtigen.

Dokumentierte Information

Die Definition des Anwendungsbereichs Ihres UMS muss als dokumentierte Information vorliegen und für Ihre relevanten Stakeholder verfügbar sein.

Umweltmanagementsystem

Ein Umweltmanagementsystem (UMS) dient dazu, gewünschte Umweltziele zu erreichen und die Umweltleistung zu verbessern.

Analog zur ISO 9001 müssen Sie ein UMS „aufbauen, verwirklichen, aufrechterhalten und fortlaufend verbessern, einschließlich der benötigten Prozesse und ihrer Wechselwirkungen“. Dabei sind der Kontext Ihrer Organisation sowie die relevanten Stakeholder zu berücksichtigen.

Die ISO 14001 gibt keine speziellen Vorgaben, wie die Anforderungen erfüllt werden sollen. Zu empfehlen ist, dass Sie einen oder mehrere Prozesse für Ihr UMS definieren. Wichtig dabei ist, dass diese Prozesse gesteuert und wie geplant durchgeführt werden können sowie die gewünschten Ergebnisse erreicht werden. Berücksichtigen Sie den Umweltaspekt auch bei Ihren sonstigen Geschäftsprozessen, beispielsweise bei der Entwicklung oder Beschaffung. Sie könnten bei der Entwicklung beispielsweise von vornherein auf Wiederverwertbarkeit oder bei der Beschaffung auf regionale Lieferketten achten. Sollte sich eine Änderung ergeben, bei Ihren Stakeholdern, bei den Anforderungen, bei den ermittelten Themen, dann müssen Sie Ihr UMS entsprechend anpassen!

Sie müssen das Rad nicht stets neu erfinden. Die ISO 14001 weist explizit darauf hin, dass bestehende Vorlagen, Dokumentationen, Umweltpolitiken oder Prozesse übernommen und genutzt werden können.

5 Führung: Welche Rolle spielt die Führung und was sollte sie leisten?

Jedes Unternehmen, jede Organisation braucht Führung! Führung hat den höchsten Einfluss darauf, ob die Zeichen der Zeit erkannt werden, ob die Zahlen stimmen und vieles mehr. Führung ist maßgeblich für die Zufriedenheit und das Engagement der Belegschaft verantwortlich. Kaum eine Position ist so anspruchsvoll und vielseitig.

In der ISO 9001 geht es beim Thema „Führung“ um die Frage, was die Führung in Bezug auf das QMS zu leisten hat (Anforderungen in Bezug auf „Führung und Verpflichtung“; Bild 5.1).

Die ISO benutzt anstatt des Führungsbegriffs den Begriff der „obersten Leitung“. Gibt es unterschiedliche Führungsebenen, dann bezieht sich dieser Normenpunkt auf die oberste Ebene, Geschäftsführung, Topmanagement oder Vorstand. „Verpflichtung“ bezieht sich darauf, dass die Führung dem Qualitätsgedanken verpflichtet sein muss und dass sie ihre Führungsrolle wahrnimmt. Tut sie das nicht, dann wird die Umsetzung des QMS sehr wahrscheinlich nicht erfolgreich sein.

Die zentralen Fragen lauten:

- Zeigt die Führung Verantwortung in Bezug auf die Umsetzung des QMS? Wurden Qualitätspolitik und Qualitätsziele festgelegt? Und wurden diese so kommuniziert, dass sie von allen Beteiligten verstanden und verfolgt werden?
- Sind alle Beteiligten in der Lage, dazu beizutragen, dass das QMS erfolgreich umgesetzt werden kann und die Anforderungen erfüllt werden? Können die gewünschten Ergebnisse erreicht werden?
- Sind die Verantwortlichkeiten und Rollenzuweisungen geklärt? Wird das notwendige Qualitätsbewusstsein geschaffen bzw. weiterentwickelt?

- Wird danach gestrebt, dass nicht nur die Kundenerwartungen erfüllt, sondern übertroffen werden? Wird ein kontinuierlicher Verbesserungsprozess unterstützt? Werden die Anforderungen der ISO 9001 in den Geschäftsprozessen berücksichtigt?
- Wie wird gewährleistet, dass diese Aspekte laufend überwacht, überprüft und ggf. angepasst werden?

Bei einem Audit könnten zu diesem Normenpunkt folgende Fragen gestellt werden (Weghorn 2022):

- Wo hat sich die oberste Leitung (Führung) zur Erfüllung aller Anforderungen an das QMS im Sinne der Norm verpflichtet?
- Wie wird die Kundenorientierung umgesetzt?
- Wie und wo hat die oberste Leitung eine Qualitätspolitik festgelegt?
- Wie wurde die Qualitätspolitik im Unternehmen bekannt gemacht?
- Welche Verantwortlichkeiten und Befugnisse sind geregelt und werden diese entsprechend gelebt?

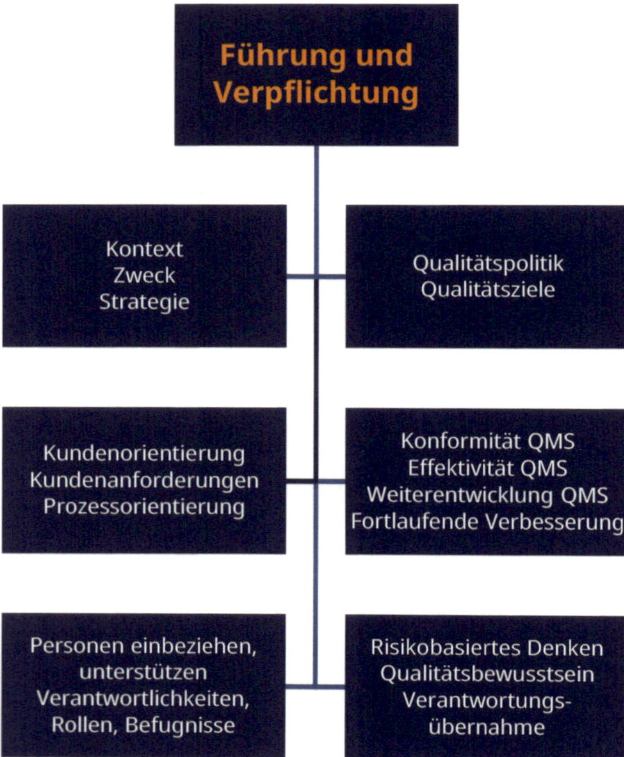

Bild 5.1 „Führung und Verpflichtung" im Überblick

5.1 Führung und Verpflichtung zeigen

Neben den notwendigen Weichenstellungen (Aufgabenklarheit etc.) müssen Führungskräfte in ihren täglichen Handlungen zeigen, wie wichtig ein QMS ist, und ihre Führungsverantwortung wahrnehmen („Führung und Verpflichtung zeigen"). Auch in Bezug auf die Kundenorientierung muss Führung „Führung und Verpflichtung" zeigen. Nur wenn die Führung mit gutem Beispiel vorangeht, wird die Belegschaft folgen!

Bei diesem Normabschnitt (Bild 5.2) stehen folgende Fragen im Zentrum:

> Nimmt die Führung ihre Verantwortung gegenüber dem QMS wahr? Wissen alle Beteiligten, was sie zu tun haben? Gibt es klare Verantwortungsübernahmen, klare Rollen- und Aufgabenzuweisungen? Wurden Qualitätspolitik und -ziele definiert und an alle Beteiligten kommuniziert? Ist bei den Beteiligten das für die Umsetzung notwendige Qualitätsbewusstsein vorhanden? Wie zeigt die Führung, dass sie der Kundenorientierung verpflichtet ist? Wie spiegelt sich diese Verpflichtung im Führungsverhalten wider? Wie kann eine kundenorientierte Haltung bei den Mitarbeitenden erreicht werden? Wie wird mit Chancen und Risiken umgegangen, die die Konformität der Produkte und Dienstleistungen beeinflussen können?

Bild 5.2 Der Abschnitt 5.1 der ISO 9001 im Überblick

5.1.1 Allgemeines

Die Führung ist für die Umsetzung des QMS und für das Erreichen der gewünschten Ziele (Wirksamkeit des QMS) verantwortlich. Und sie ist dafür rechenschaftspflichtig. Sie ist dafür verantwortlich, dass Qualitätspolitik und Qualitätsziele mit der strategischen Ausrichtung, dem Zweck sowie dem Kontext des Unternehmens zusammenpassen. Damit die gewünschten Ergebnisse erreicht werden können, müssen die Mitarbeitenden entsprechend eingesetzt, angeleitet und unterstützt werden.

Es muss klar sein, wer was wie zu erledigen hat: Verantwortlichkeiten, Aufgaben und Rollen müssen geklärt und von den Beteiligten angenommen werden.

Die Führung muss die Rechenschaftspflicht für die Effektivität (Wirksamkeit) des QMS übernehmen. Sie ist dafür verantwortlich, dass die gewünschten Ziele erreicht werden. Sie muss die hierfür notwendigen Weichen stellen und ermöglichen, dass alle Beteiligten das Erreichen dieser Ziele unterstützen können. Basis bilden hierfür die in diesem Normabschnitt formulierten Punkte:

Dazu gehört, dass die Effektivität gemessen werden kann. Nur wenn im Vorfeld klare Indikatoren definiert werden, lässt sich am Ende überprüfen, ob das Gewünschte wirklich erreicht wurde. Diese Rechenschaftspflicht für die Wirksamkeit des QMS kann beispielsweise durch eine entsprechende Verpflichtungserklärung, durch die Implementierung eines Teams, das sich um das QMS kümmert, oder der Benennung von QM-Beauftragten etc. erfolgen.

Ebenso muss die Führung sicherstellen, dass eine Qualitätspolitik und Qualitätsziele definiert werden und diese zum Kontext und zur strategischen Ausrichtung des Unternehmens passen, beispielsweise im Rahmen der Qualitätsplanung und mithilfe einer Balanced Scorecard.

Die Führung muss sich darum kümmern, dass die Anforderungen des QMS in die Geschäftsprozesse des Unternehmens integriert werden. Also alle Voraussetzungen schaffen, damit die Anforderungen des QMS durch die vorhandenen Prozesse getragen werden. Ziele müssen operationalisierbar werden. Kundenorientierung kann beispielsweise durch einen Reklamationsprozess verbessert werden, bei dem sich ein sich beschwerender Kunde ernst genommen und unterstützt fühlt.

Die Führung muss sich auch dazu verpflichten, den prozessorientierten Ansatz zu fördern. Prozessorientierung bedeutet, dass nicht in Abteilungen, sondern entlang eines Prozesses (z. B. der Weg vom Beschwerdeeingang bis zur dauerhaften Lösung des Problems) gedacht wird. Prozessorientierung kann beispielsweise durch die

Umsetzung von Prozessmanagement, Einführung von Scrum oder interdisziplinären Teams, Abbau von Hierarchien etc. gefördert werden.

Auch das risikobasierte Denken muss durch die Führung unterstützt werden. Risikobasiertes Denken bedeutet, dass Chancen und Risiken erkannt und berücksichtigt werden (Qualitätsbewusstsein, Sinn), beispielsweise durch die Umsetzung von selbstorganisierten Arbeitsgruppen (z. B. Scrum), Zielvereinbarungen, Feedbackgespräche, ständige Kommunikation des Themas etc.

Die Führung muss zudem zeigen, wie wichtig das QMS ist. Sie muss die Relevanz eines effektiven (wirksamen) QMS und damit auch die Erfüllung der Anforderungen des QMS vermitteln. Das Wichtigste bei diesem Punkt ist die Beispielwirkung. Nur wenn die Führung mit gutem Beispiel vorangeht, kann die Bedeutung des QMS glaubhaft vermittelt werden! Widersprüche im Führungsverhalten werden wahrgenommen! Wenn Sie beispielsweise mitdenkende und verantwortungsübernehmende Mitarbeitende haben wollen, dann sollten Sie diese in Entscheidungen einbinden, auf ihre Erfahrung bauen. Vertrauen wird nur selten missbraucht!

Wichtig ist, dass die Führung den Sinn des QMS darstellt, die Vorteile, den langfristigen Nutzen aufzeigt, beispielsweise durch entsprechende Workshops, durch klares Führungsverhalten, das auf den QM-Grundsätzen basiert, Definition von Indikatoren, Entwicklung eines Führungsleitbildes, ständige Kommunikation des Themas etc.

Die Führung muss sicherstellen, dass die richtigen Mitarbeitenden an den richtigen Stellen eingesetzt werden. Nur wenn Mitarbeitende an Positionen sitzen oder Rollen wahrnehmen, die sie wirklich ausfüllen können, für die sie die notwendige Kompetenz und notwendigen Voraussetzungen mitbringen, können Ziele erreicht werden.

Die Mitarbeitenden müssen so angeleitet und unterstützt werden, dass sie ihre Aufgaben erfüllen können. Auch dafür ist die Führung verantwortlich. Hier unterstützen beispielsweise klare Rollen- und Stellenbeschreibungen, Schulungsmaßnahmen, Einarbeitungspläne, Zielvereinbarungen, Feedbackgespräche, Mentoringprogramme, Prozessdarstellungen, Checklisten zu allen relevanten Tätigkeiten etc. Beziehen Sie Ihre Mitarbeitenden mit ein, fragen Sie diese am besten einfach, was nötig ist.

Die Führung muss den fortlaufenden Verbesserungsansatz fördern. Verbesserung kann in vielerlei Hinsicht gefördert werden. Nachhaltig geschieht dies am besten, wenn die Mitarbeitenden selber Verbesserungen vorantreiben. Schaffen Sie entsprechende Freiräume, beispielsweise indem agile Arbeitsweisen umgesetzt werden. Und auch hier darf die Beispielwirkung nicht unterschätzt werden, wenn die Führung beispielsweise bei einem Fehler nicht auf die Suche nach einem Schuldigen geht, sondern den Fehler als Chance zur Verbesserung interpretiert – dann werden Fehler eher thematisiert und es erfolgt ein konstruktiver Umgang damit. Hier helfen beispielsweise Methoden wie Prozessmanagement, Reklamationsmanagement, Innovationsmanagement, die Umsetzung von KVP-Projekten, Fehlermanagement etc.

Die Führung muss weitere relevante Führungskräfte unterstützten. Alle beteiligten Führungskräfte müssen so unterstützt werden, dass sie zur Effektivität des QMS beitragen und das Qualitätsbewusstsein fördern, beispielsweise durch Schulungsmaßnahmen, Mentoringprogramme, Feedbackgespräche, Zielvereinbarungen, Managementreviews, Formulierung von Führungsgrundsätzen und darauf abgestimmte Führungskräfteentwicklung, Reflexion der Kommunikationsprozesse und der Führung im Führungsteam etc.

Unterstützende Werkzeuge (Auswahl)

- Prozessmanagement
- Kontinuierlicher Verbesserungsprozess (KVP)
- Scrum
- Agile Arbeitsweisen
- Balanced Scorecard
- Qualitätszirkel

5.1.2 Kundenorientierung

Kundenorientierung ist in der ISO 9001 zentral. Der Kunde umrahmt sozusagen das QMS: Seine Anforderungen (Input) bestimmen, was als Ergebnis (Output) rauskommen soll. Einer Führung, der es beispielsweise egal ist, wie mit Beschwerden oder Kundenwünschen umgegangen wird, trägt nicht zur Kundenorientierung bei. Die Führung muss zeigen, wie wichtig der Kunde ist, und die Weichen dafür stellen, dass die Kundenorientierung von allen Beteiligten „gelebt" werden kann. Das Ziel ist, dass in der Unternehmenskultur eine kundenorientierte Haltung fest verankert wird. Dazu gehört auch das Streben, hierbei immer besser zu werden (ständige Verbesserung).

Ziel ist, eine kundenorientierte Unternehmenskultur zu implementieren und bei den Mitarbeitenden das dafür notwendige Qualitätsbewusstsein zu schaffen.

Kundenorientiertes Verhalten muss von allen konsequent eingefordert und Abweichungen müssen sanktioniert werden. Und das nicht nur einmalig, sondern dauerhaft! Ebenso wichtig sind eine klare Kommunikation und eine ständige Reflexion des Themas.

Die Führung muss sicherstellen, dass die Erwartungen oder Wünsche (Anforderungen) der Kunden definiert, verstanden und beständig erfüllt werden. Definiert werden können die Erwartungen beispielsweise im Rahmen der Stakeholderanalyse, der Qualitätsplanung, durch Quality Function Deployment (QFD), Durchführung von Kundenbefragungen, Kundenzufriedenheitsanalysen etc. Feedbackgespräche können beispielsweise beim Verstehen helfen. Und ob die Anforderungen erfüllt werden, lässt sich z. B. durch Kundenbefragungen oder durch die Überwachung bestimmter Kennzahlen überprüfen.

Die Führung muss sicherstellen, dass klar ist, welche gesetzlichen und behördlichen Anforderungen zutreffen. Wenn Sie nicht wissen, welche Anforderungen hier für Sie relevant sind, dann holen Sie sich juristischen Rat ein. Innungen, Handelskammern, Verbände, Arbeitgebervertretungen etc. können hier ebenfalls weiterhelfen.

Die Führung ist dafür verantwortlich, dass Maßnahmen im Umgang mit den relevanten Chancen definiert werden. Relevant sind Chancen dann, wenn sie die Konformität der Produkte und Dienstleistungen beeinflussen können. Die Risiken und Chancen können beispielsweise im Rahmen der Stakeholderanalyse oder bei der Ermittlung der relevanten Themen mit betrachtet werden.

Ebenso ist die Führung dafür verantwortlich, dass die Fähigkeit, die Kundenzufriedenheit zu erhöhen, bestimmt und diese auch beständig verbessert wird. Bei der Ermittlung kann beispielsweise die SWOT-Analyse unterstützen, bei der Verbesserung helfen beispielsweise agile Teams, KVP-Projekte, Fehlermanagement, Schulungen etc.

Unterstützende Werkzeuge (Auswahl)

- Prozessmanagement
- Kontinuierlicher Verbesserungsprozess (KVP)
- Stakeholderanalysen
- SWOT-Analysen
- QFD
- Kundenzufriedenheitsanalysen
- Kundenbefragungen
- Feedbackgespräche
- Kennzahlensystem

Tabelle 5.1 fasst die wichtigen Aspekte zu diesem Normabschnitt zusammen.

Tabelle 5.1 Führungsrolle wahrnehmen und Verpflichtung zeigen – Normabschnitt 5.1 umsetzen

Leitfragen

- Für was verpflichten wir uns?
- Wie und wo zeigen wir diese Verpflichtung?

Ziel: Führung zeigt, dass sie Verantwortung (Verpflichtung) im Sinne der ISO 9001 übernimmt

Umsetzungshinweis

Im Sinne der ISO müssen Sie folgende Punkte aktiv unterstützen:

- Verantwortung für die Wirksamkeit des QMS übernehmen
- Rechenschaftspflicht für die Wirksamkeit des QMS übernehmen
- Qualitätspolitik und Qualitätsziele festlegen und kommunizieren (bekanntmachen)
- Anforderungen des QMS in die Geschäftsprozesse integrieren
- Prozessorientierten Ansatz und risikobasiertes Denken berücksichtigen und fördern
- Bedeutung des QMS und die Relevanz der Erfüllung der Anforderungen vermitteln
- Qualitätsbewusstsein fördern
- Erforderliche Mittel bereitstellen (benötige Ressourcen)
- Sicherstellen, dass beabsichtigte Ziele erreicht werden
- Ständige Verbesserung (KVP) fördern
- Andere Führungskräfte in ihrer Führungsrolle unterstützen
- Personen benennen, anleiten und unterstützen, damit diese zur Wirksamkeit des QMS beitragen können
- Gesetzliche und behördliche Anforderungen erfüllen
- Kundenanforderungen erfüllen
- Fortlaufend Produkte und Dienstleistungen bereitstellen
- Nach Verbesserung streben
- Kundenzufriedenheit erhöhen

Sie können diese Punkte für Ihr Unternehmen anpassen und in einer Verpflichtungserklärung zusammenfassen, die Sie dann beispielsweise im Intranet veröffentlichen.

Wichtig ist, dass die Führung diese Punkte täglich lebt, sich ihrer Vorbildfunktion bewusst ist und sollten irgendwelche Hindernisse vorhanden sein, diese Hindernisse aus dem Weg räumt.

Die Führung muss hierbei nicht alle Aufgaben selbst übernehmen. Es geht darum, dass sie eine klare Verpflichtung in Bezug auf das QMS zeigt, ein klares Bekenntnis zur Kundenorientierung formuliert und die Erfüllung dieser Anforderungen aktiv unterstützt.

Mögliche Auditnachweise

- Schriftlich fixierte Qualitätspolitik
- Formulierte Unternehmensleitlinien; formuliertes Leitbild
- Nachweis zu Schulungen über Qualitätspolitik/Infoveranstaltungen
- Statements der Geschäftsführung
- Schriftlich formulierte Qualitätsziele
- Zielerreichungsnachweise
- Reaktionspläne bei Nichterreichung von Zielen

- Erstellte BSC (Balanced Scorecard)
- Nachweis von Managementreviews (Agenda, Protokoll)
- Leistungscharts
- Schulungspläne/-nachweise zu Prozessorientierung, Prozessen, Methoden
- Informationen an die Belegschaft (Aushänge, Tagesordnungen von Informationsveranstaltungen)
- Projektpläne
- Investitionspläne
- Schulungsbudget
- Betriebsvereinbarungen
- KVP-Projekte
- Auswertungen von Lieferantenbewertungen des Kunden
- Nachweise über Kundengespräche
- Marktforschung
- Wettbewerbsanalyse
- Reklamationsauswertung

(Gietl/Lobinger 2022)

5.2 Qualitätspolitik festlegen und bekanntmachen

Die Qualitätspolitik beschreibt die qualitätsrelevante Zielsetzung einer Organisation. Sie beantwortet die Fragen: „Was ist uns wichtig?“ und „Was leitet uns?“ Im Sinne der ISO 9001 ist die Führung dafür verantwortlich, dass eine Qualitätspolitik definiert, umgesetzt und dauerhaft verfolgt wird.

Bei der Definition der Qualitätspolitik sind folgende Fragen zu berücksichtigen (Bild 5.3):

> Passt die Qualitätspolitik zur übergeordneten Unternehmenspolitik, zum Zweck und zum Kontext des Unternehmens? Unterstützt sie die strategische Ausrichtung? Können von ihr konkret erreichbare Qualitätsziele und verbindliches Verhalten abgeleitet werden? Wird die Qualitätspolitik an alle Beteiligten kommuniziert? Wird sie von diesen verstanden? Wird die Qualitätspolitik umgesetzt? Ist die Qualitätspolitik für die relevanten Stakeholder einsehbar? Liegt sie zumindest als dokumentierte Information vor und wird sie laufend aktualisiert?

Die Qualitätspolitik bildet die Basis für die Entwicklung der Qualitätsziele und legt fest, was das QMS leisten muss. Als Grundlage eignen sich Prinzipien wie beispielsweise die QM-Grundsätze.

Auch wenn Ihr Unternehmen sehr klein sein sollte, sollten Sie wissen, welche Werte in Ihrem Unternehmen wichtig sind, ob Sie beispielsweise klimaneutral sein wollen, wie Sie miteinander umgehen etc. Für Ihre Geschäftspartner und Kunden oder für potenzielle Nachwuchskräfte kann die Unternehmenspolitik zum ausschlaggebenden Kriterium werden.

Dokumentierte Information

Die Qualitätspolitik muss als dokumentierte Information schriftlich formuliert vorliegen.

Bild 5.3 Der Abschnitt 5.2 der ISO 9001 im Überblick

5.2.1 Festlegung

Die Führung ist dafür verantwortlich, dass eine Qualitätspolitik definiert wird. Die hier definierten Anforderungen stimmen zum Teil mit den Anforderungen von Normabschnitt 5.1.1 überein.

Die Führung muss eine Qualitätspolitik definieren. Diese muss Bestandteil der Unternehmenspolitik sein. Unternehmens- und Qualitätspolitik können identisch sein. Wenn sie nicht identisch sind, dann müssen sie auf jeden Fall konsistent zueinander sein.

Die Unternehmenspolitik wird von der Vision, die das Unternehmen verfolgt, abgeleitet. Sie umfasst alle Grundsätze, die dem Unternehmen wichtig sind, und ist häufig in einem Leitbild schriftlich fixiert. Wichtig ist sowohl bei der Unternehmens- als auch bei der Qualitätspolitik, dass sie von allen verstanden und umgesetzt werden können.

Die Qualitätspolitik muss zum Unternehmenszweck passen. Was ist der Unternehmenszweck? Kundennutzen erhöhen, Gewinnmaximierung etc.? Kundennutzen erhöhen steht zwar nicht im Widerspruch zu Gewinnmaximierung, aber wird dieser als Unternehmenszweck definiert, dann hat dies Auswirkungen auf die daraus abgeleiteten Werte. Es ist ein Unterschied, ob der Kundennutzen oder der Gewinn handlungsleitend ist. Ein Verkäufer, der den Kundennutzen im Fokus hat, wird sich Kunden gegenüber anders verhalten, als ein Verkäufer, der rein an den aktuell möglichen Umsatz denkt. Dementsprechend müssen Unternehmenszweck und Qualitätspolitik konsistent zueinander sein. Auch die Unternehmenspolitik muss konsistent zum Unternehmenszweck sein.

Die Qualitätspolitik muss zum Umfeld (Kontext) des Unternehmens passen. Qualitätspolitik muss umgesetzt, muss „gelebt“ werden. Das wird sie nur, wenn sich den Beteiligten der Sinn dieser Politik erschließt. Wenn die definierte Qualitätspolitik beispielsweise im Widerspruch zu den wirtschaftlichen Rahmenbedingungen steht oder sich keine Ziele davon ableiten lassen, dann ist sie nicht sinnvoll.

Zudem muss die Qualitätspolitik die strategische Ausrichtung des Unternehmens unterstützen. Ein Unternehmen muss danach streben, die gewünschten Ziele zu erreichen. Gibt es sich widersprechende Ziele, dann führt dies zu Konflikten.

Die Qualitätspolitik muss operationalisierbar sein. Von ihr müssen Qualitätsziele abgeleitet werden können. Ziele sollten stets SMART sein: spezifisch, messbar, attraktiv, realistisch und terminiert.

Die Qualitätspolitik muss eine Passage enthalten, aus der eindeutig hervorgeht, dass sich das Unternehmen/die Führung dazu verpflichtet, die zutreffenden Anforderungen zu erfüllen und das QMS fortlaufend zu verbessern. Die Qualitätspolitik muss verbindlich umgesetzt werden!

Unterstützende Werkzeuge (Auswahl)

- Qualitätsplanung
- Workshops
- Umweltanalysen
- Balanced Scorecard

5.2.2 Bekanntmachung

Bei diesem Normabschnitt geht's darum, dass die Qualitätspolitik bekannt gemacht wird, dass alle Beteiligten eingebunden werden und die Qualitätspolitik von allen verfolgt wird.

Dokumentierte Information

Die Qualitätspolitik muss als dokumentierte Information vorliegen und für alle relevanten Stakeholder (interessierte Parteien) verfügbar sein. Die Norm verwendet hier den Zusatz „soweit angemessen". Sie können selbst entscheiden, welche Stakeholder für Ihr Unternehmen relevant sind (Abschnitt 4.2) und ob die Verfügbarkeit angemessen ist. Wenn Sie beispielsweise einen Konkurrenten als Stakeholder definiert haben, dann könnte eine Verfügbarkeit der Qualitätspolitik nicht angemessen sein.

Die Qualitätspolitik muss laufend aktualisiert werden. Die Norm verwendet hier den Begriff „aufrechterhalten". „Aufrechterhalten" heißt, dass Sie die Qualitätspolitik dauerhaft verfügbar halten müssen, „aufrechterhalten" heißt auch, dass Sie Ihre Qualitätspolitik aktuell halten müssen. Ändern sich Ihre Strategie, der Kontext etc., dann müssen Sie auch Ihre Qualitätspolitik anpassen. Dieses „Aufrechterhalten" können Sie beispielsweise durch jährlich stattfindende entsprechende Strategiemeetings erreichen. Auch ein Kennzahlensystem, das überwacht und bei dem bei Abweichungen reagiert wird, kann helfen. Werden Qualitätsziele nicht erreicht, weist das eventuell darauf hin, dass die Qualitätspolitik nicht passt.

Die Qualitätspolitik muss allen Beteiligten bekannt sein. Machen Sie dieses Thema zu einem festen Bestandteil Ihrer Mitarbeiter- bzw. Feedbackgespräche. Die Führung muss sicherstellen, dass jede Person, die in irgendeiner Weise mit dem QMS zu tun hat, Bescheid weiß, was die Qualitätspolitik für die eigene Arbeit bedeutet. Unterstützen können hier Veröffentlichungen im Intranet, Mitarbeiterversammlungen, E-Mails etc.

Die Qualitätspolitik muss für alle relevanten Stakeholder einsehbar sein („soweit angemessen"), beispielsweise durch eine Veröffentlichung auf der Homepage.

Die Qualitätspolitik muss von allen Beteiligten verstanden werden. Kommunikation ist nicht einfach. Und ein „Empfänger" versteht nicht immer das, was der „Sender" sagen will. Rückfragen helfen. Feedbackgespräche, Checklisten etc. können hier unterstützen.

Die Qualitätspolitik muss von allen Mitarbeitenden, die vom QMS betroffen sind, „gelebt" werden. Die Qualitätspolitik muss nicht nur vermittelt und verstanden, sondern auch angewendet werden. Jeder Mitarbeitende muss wissen, was die Qualitätspolitik konkret für die eigene Arbeit bedeutet. Die Führung muss sicherstellen, dass die Grundhaltungen und Werte, die die Qualitätspolitik transportiert, wirklich verfolgt werden. Unterstützen können hier beispielsweise ein Kennzahlensystem, Feedbackgespräche, Entwicklung der Unternehmenskultur in Richtung Qualitätsbewusstsein etc.

Unterstützende Werkzeuge (Auswahl)

- Veröffentlichung im Intranet, Internet, Firmenzeitschrift, Aushang
- Mitarbeiterversammlung, Workshop, Meeting, Feedbackgespräch
- Weiterbildung, Schulung

Tabelle 5.2 fasst die wichtigen Aspekte zu diesem Normabschnitt zusammen.

Tabelle 5.2 Qualitätspolitik definieren und Umsetzung sichern – Normabschnitt 5.2 umsetzen

Leitfragen ▪ Haben wir eine Qualitätspolitik definiert, die zur übergeordneten Unternehmenspolitik, zum Zweck und zum Kontext des Unternehmens passt? Unterstützt sie die strategische Ausrichtung? Können von ihr konkret erreichbare Qualitätsziele und verbindliches Verhalten abgeleitet werden? ▪ Wird die Qualitätspolitik an alle Beteiligten kommuniziert? Wird sie von diesen verstanden? Wird die Qualitätspolitik umgesetzt? ▪ Ist die Qualitätspolitik auch für die relevanten Stakeholder (z. B. für Kunden) einsehbar? ▪ Liegt sie zumindest als dokumentierte Information vor und wird sie laufend aktualisiert?
Ziel: Definition, Umsetzung und Verfolgung der Qualitätspolitik durch alle Beteiligten
Umsetzungshinweis Legen Sie Ihre Qualitätspolitik schriftlich fest. Berücksichtigen Sie dabei ▪ Zweck und Kontext der Organisation, ▪ Schaffen eines Rahmens zum Umgang mit Qualitätszielen, ▪ Verpflichtung zur Erfüllung zutreffender Anforderungen, ▪ Verpflichtung zum KVP des QMS, ▪ Aufrechterhaltung und regelmäßige Überprüfung. ▪ Machen Sie Ihre Q-Politik allen Mitarbeitenden bekannt. ▪ Stellen Sie sicher, dass diese verstanden und angewendet wird. ▪ Stellen Sie diese interessierten Parteien zur Verfügung. (Weghorn 2022)

Tabelle 5.2 Qualitätspolitik definieren und Umsetzung sichern – Normabschnitt 5.2 umsetzen *(Fortsetzung)*

Mögliche Auditnachweise

- Niederschrift der Q-Politik
- Überprüfung der Q-Politik auf Angemessenheit
  Angemessenheit prüfen: für das Unternehmen anwendbar, spezifisch, Umfang, verschiedene Aspekte beleuchten (Kunden, Belegschaft, Gesetze etc.)?
- Verpflichtung zur Qualität und ständigen Verbesserung des Systems muss enthalten sein
- Vermittlung durch Aushänge, Betriebsversammlung, in Schulungen, im QM-Handbuch/ dokumentierten Information, im Intranet
- Verständnis nachvollziehen (Audits, persönliche Gespräche, Entwicklung von Kennzahlen etc.)
- Angemessenheit jährlich im Rahmen des Managementreviews bewerten etc.

(Gietl/Lobinger 2022)

5.3 Rollen, Verantwortlichkeiten und Befugnisse klären und zuweisen

Im Zentrum dieses Normabschnitts stehen folgende Fragen (Bild 5.4):

> Sind die Rollen, Verantwortlichkeiten und Befugnisse rund um das QMS geklärt? Werden dabei alle zentralen Aspekte abgedeckt (Effektivität, Berichterstattung, Prozess- und Kundenorientierung, Verbesserung, Veränderungen)? Haben das auch alle Beteiligten verstanden?

Die Führung ist dafür verantwortlich, dass jedem Mitarbeitenden, der in irgendeiner Form das QMS tangiert, folgende Punkte klar sind:

- Für was bin ich verantwortlich? Was sind meine Aufgaben?
- Was macht meine Rolle aus?
- Was umfasst mein Handlungsspielraum? Was kann ich entscheiden?
- Habe ich die Ressourcen (Fähigkeiten, Kompetenzen, Mittel), um die Aufgaben erfolgreich zu meistern?

Nur wenn eine Person genau weiß, was zu tun ist und wie weit der eigene Entscheidungsspielraum reicht, kann sie ihre Aufgaben erledigen. Unklarheiten führen zu Missverständnissen, zu Frust und sind ein Ausdruck von mangelnder Wertschätzung.

Die Norm spricht von „Befugnis“. Befugnis bedeutet neben dem Entscheidungsspielraum auch, dass die Person, die für die jeweilige Aufgabe verantwortlich ist, die für die Umsetzung notwendigen Ressourcen hat (Kompetenz, Fähigkeit, Mittel).

Die Verantwortlichkeiten und Befugnisse für wichtige Rollen müssen „zugewiesen, bekannt gemacht und verstanden werden“. Dass dem so ist, dafür ist die Führung verantwortlich.

Wie Sie die Umsetzung sichern, bleibt Ihnen überlassen. Es muss keinen extra benannten Qualitätsmanager oder benannte Qualitätsmanagerin geben. Alle Aufgaben können von einer oder mehreren Personen wahrgenommen werden. Ob Führungsebene oder nicht, ist dabei egal – vorausgesetzt, die entsprechenden Befugnisse sind vorhanden.

Bild 5.4 Der Abschnitt 5.3 der ISO 9001 im Überblick

Das QMS muss die Anforderungen der ISO 9001 erfüllen. Dafür müssen die entsprechenden Verantwortlichkeiten und Befugnisse zugewiesen werden. Es muss klar sein, wer dafür verantwortlich ist, beispielsweise durch die Bestimmung eines Qualitätsbeauftragten, und dass diese Person den nötigen Entscheidungsspielraum hat. Sind Befugnisse nicht klar, kann es sehr schnell zu Konflikten bei der Umsetzung der Anforderungen kommen.

Die Prozesse müssen die geplanten Ergebnisse liefern. Auch hier müssen die entsprechenden Verantwortlichkeiten einschließlich der notwendigen Befugnisse zugewiesen werden. Hier geht’s nicht um einzelne Prozesse, sondern darum, dass die Prozesse in ihrer Gesamtheit betrachtet werden und insgesamt so umgesetzt sind, dass die Produkte und Dienstleistungen die gewünschten Anforderungen erfüllen (Konformität). Die Prozessverantwortlichkeiten könnten beispielsweise durch die Implementierung eines Prozessteams, das in bestimmten Abständen die Prozesse in ihrer Gesamtheit betrachtet, bestimmt werden.

Es muss geklärt werden, wer über die Leistung des QMS berichtet und ob diese Person die entsprechende Befugnis dazu hat. Das QMS muss effektiv (wirksam) sein und die gewünschten Ergebnisse erzielen. Darüber muss berichtet werden. In der Norm steht: „insbesondere gegenüber der obersten Leitung". Die Berichterstattung darüber, was das QMS an Ergebnissen bringt, ist für alle Beteiligten wichtig. Wird der Nutzen vermittelt, wird auch der Sinn vermittelt. Es muss geklärt werden, wer über die Verbesserungsmöglichkeiten berichtet (einschließlich der entsprechenden Befugnis). Die Verbesserungsmöglichkeiten müssen immer im Blick behalten werden. Und es braucht dazu eine Person, die darüber berichtet.

Es müssen zudem die Verantwortlichkeiten und die Befugnisse für die Förderung der Kundenorientierung zugewiesen werden.

Wenn Änderungen am QMS geplant und umgesetzt werden, muss die Integrität des QMS weiterhin gesichert sein (aufrechterhalten werden). Auch hierfür müssen die entsprechenden Verantwortlichkeiten und Befugnisse zugewiesen werden. Integrität des QMS bedeutet, dass das QMS so ist, wie es sein soll, und die gewünschten Anforderungen erfüllt.

Unterstützende Werkzeuge (Auswahl)

- Zuständigkeitsmatrizen/-beschreibungen
- Rollenbeschreibungen, Stellenbeschreibungen
- Klare Positionierung durch die Geschäftsleitung
- Organigramme
- Verträge

Tabelle 5.3 fasst die wichtigen Aspekte zu diesem Normabschnitt zusammen.

Tabelle 5.3 Rollen, Verantwortlichkeiten und Befugnisse klären – Normabschnitt 5.3 umsetzen

Leitfragen ■ Sind die Rollen, Verantwortlichkeiten und Befugnisse rund um das QMS geklärt? ■ Werden dabei alle zentralen Aspekte abgedeckt (Effektivität, Berichterstattung, Prozess- und Kundenorientierung, Verbesserung, Veränderungen)? ■ Haben das alle Beteiligten verstanden?
Ziel: Klärung der Rollen, Verantwortlichkeiten und Befugnisse

Umsetzungshinweis

Regeln Sie Verantwortlichkeiten und Befugnisse nach folgendem Schema:

- Legen Sie die „Funktionen" Ihrer Organisation fest („Was muss funktionieren?"). Das Ergebnis mündet in der Regel in einem Funktionsorganigramm.
- Ordnen Sie die Mitarbeitenden den Funktionen zu – entweder direkt im Organigramm oder über eine Excel-Liste, die wiederum die Funktionen im Organigramm referenziert.

Überprüfen Sie, ob folgende Punkte sichergestellt sind:

- Die Festlegung entspricht der Praxis.
- Die Anforderungen an das QMS können damit erfüllt werden.
- Die Prozesse liefern damit die beabsichtigten Ergebnisse.
- Die Kundenorientierung und das QMS werden damit aufrechterhalten.

(Weghorn 2022)

Mögliche Auditnachweise

- Organigramm
- Stellenbeschreibung bzw. Funktionsbeschreibungen
- Unterschriftenregelungen
- Verantwortungsmatrix
- Prozessbeschreibungen
- Aufgabenbeschreibungen
- Festlegung von Beauftragtenfunktionen
- Verträge mit Externen
- Anforderungsprofile; Benennungsschreiben
- Prozessverantwortliche
- Key Accounts, Kundenbetreuer
- Verantwortlichkeiten bei Änderungen
- Kommunikationsregelungen (Hol- und Bringschuld) etc.

(Gietl/Lobinger 2022)

5.4 Die Anforderungen der ISO 14001

Auch in der ISO 14001 ist die Rolle der Führung zentral und auch in dieser Norm ist sie „rechenschaftspflichtig", also dafür verantwortlich, ob die Anforderungen der Norm und des UMS erfüllt werden. In der ISO 14001 wird dieser Normabschnitt wie folgt untergliedert:

- 5.1 Führung und Verpflichtung
- 5.2 Umweltpolitik
- 5.3 Rollen, Verantwortlichkeiten und Befugnisse in der Organisation

Kundenorientierung spielt für die ISO 14001 keine Rolle.

Verpflichtung

Die Anforderungen der ISO 14001 sind diesbezüglich mehr oder minder identisch mit der ISO 9001, nur dass der Begriff „Qualität“ durch „Umwelt“ ersetzt wird.

Auch bei der ISO 14001 muss die Führung „Führung und Verpflichtung“ zeigen und die Verantwortung dafür übernehmen, dass das UMS wirksam ist, dass eine Umweltpolitik und Umweltziele festgelegt werden und diese zum Kontext und zur strategischen Ausrichtung des Unternehmens passen. Ebenso muss die Führung sicherstellen, dass die Anforderungen des UMS in die Geschäftsprozesse integriert werden, dass die notwendigen Ressourcen zur Verfügung stehen, der Sinn und die Relevanz des UMS vermittelt werden und dass die gewünschten Ziele erreicht werden. Die Anleitung und Unterstützung von Personen, damit diese zur Effektivität des UMS beitragen können, gehören zum Verantwortungsbereich der Führung, ebenso die Unterstützung weiterer relevanter Führungskräfte. Auch bei der ISO 14001 ist der fortlaufende Verbesserungsgedanke zentral und muss durch die Führung gefördert werden.

Die Führung kann im Rahmen des UMS zwar die Umsetzung delegieren, sie bleibt aber dafür verantwortlich, dass diese entsprechenden Maßnahmen durchgeführt werden. Die Rechenschaftspflicht muss in den Händen der Führung bleiben, und es sollte klar sein, dass die Führung dahintersteht und persönlich daran beteiligt ist.

Umweltpolitik

Die ISO 14001 fordert, dass eine Organisation für den Bereich, für den das UMS gelten soll, eine Umweltpolitik formuliert, umsetzt und darauf achtet, dass diese Umweltpolitik dauerhaft verfolgt wird. Dazu müssen alle Beteiligten die Umweltpolitik kennen. Sie muss also bekannt gemacht werden. Verantwortlich dafür ist die Führung (oberste Leitung).

Bei der Umweltpolitik handelt es sich um Grundsätze, die zeigen, dass ein Unternehmen den Willen hat, die eigene Umweltleistung zu unterstützen und fortlaufend zu verbessern. Von der Umweltpolitik werden die Umweltziele abgeleitet.

Unter Umweltleistung versteht die ISO 14001 die Ergebnisse, die ein Unternehmen in Bezug auf die Umwelt erreicht. Wird beispielsweise als Umweltziel „Senkung des Energieverbrauchs um 10 % innerhalb der nächsten zwei Jahre“ definiert, dann ist die Umweltleistung das erreichte Ergebnis. Die Umweltleistung muss messbar sein und relevante Umweltaspekte betreffen. Relevant ist ein Umweltaspekt dann, wenn er das Unternehmen betrifft.

Ein Unternehmen muss bei der Umsetzung der ISO 14001 die geltenden rechtlichen Verpflichtungen erfüllen und weitere Verpflichtungen definieren, die dann umgesetzt werden müssen und bindend sind. Eine reine Absichtserklärung ist nicht ausreichend, sondern es müssen Maßnahmen definiert, umgesetzt und bewertet werden. Wird eine Abweichung festgestellt, so muss diese korrigiert werden (siehe Abschnitt 10.2 der ISO 9001).

Im Sinne der ISO 14001 muss die Umweltpolitik drei Grundsätze enthalten:

- Verpflichtung zum Umweltschutz (einschließlich einer Verpflichtung, Umweltbelastungen zu verringern und/oder zu verhindern)
- Verpflichtung, dass „bindende Verpflichtungen" erfüllt werden
- Verpflichtung, das UMS fortlaufend zu verbessern, um die Umweltleistung zu verbessern

Die Verpflichtungen müssen sich in den Prozessen widerspiegeln, für das Umfeld des Unternehmens relevant sein und Lokales sowie Regionales berücksichtigen.

Zu empfehlen ist, dass die Umweltpolitik in regelmäßigen Abständen überprüft wird. Passt sie noch zum Unternehmen? Zum Umfeld? Zur strategischen Ausrichtung? Zu den Anforderungen der Stakeholder? Sinnvoll ist auch, nicht extra eine eigene Umweltpolitik zu formulieren, sondern sie analog zur Qualitätspolitik als Bestandteil der Unternehmenspolitik (Unternehmensleitbild, Vision) zu definieren und entsprechend zu integrieren.

Verpflichtungen – Beispiele

Die ISO 14001 nennt hier folgende Beispiele, was Unternehmen zu diesem Aspekt thematisieren könnten:

- „Wasserqualität
- Recycling
- Luftqualität
- Klimaschutz
- Anpassung an den Klimawandel
- Abschwächung des Klimawandels
- Schutz der Biodiversität
- Schutz von Ökosystemen
- Sanierung
- Nachhaltige Ressourcenverwendung"

Neben der Vermeidung von Umweltverschmutzung geht es beim Umweltschutz auch um den „Schutz der natürlichen Umwelt vor einer aus Tätigkeiten, Produkten und Dienstleistungen der Organisation resultierenden Schädigung und Verschlechterung".

Basis der Umweltziele bildet die Umweltpolitik. Von den Umweltzielen ausgehend müssen Maßnahmen definiert werden, wie diese Ziele erreicht werden sollen. Wird beispielsweise eine Reduzierung des Energieverbrauchs angestrebt, dann könnten die Anschaffung einer neuen energiesparenden Maschine oder der Verzicht auf Papierausdrucke helfen. Wird beispielsweise „Verzicht auf Papierausdrucke" als Maßnahme definiert, dann muss sich dies in den Prozessen widerspiegeln. Die Prozesse müssen so gestaltet werden, dass auf Papierausdrücke verzichtet werden kann und anschließend entsprechend verzichtet wird.

Dokumentierte Information

Die Umweltpolitik muss als dokumentierte Information vorliegen.
Die Stakeholder müssen darauf zugreifen können.

Bekanntmachung

Auch die ISO 14001 fordert analog zur ISO 9001, dass die Umweltpolitik bekannt gemacht wird.

Anforderungen erfüllen und berichten

Auch in der ISO 14001 ist die Führung dafür verantwortlich, dass die nötigen Verantwortlichkeiten und Befugnisse zugewiesen werden, und zwar in Bezug auf

- das Sicherstellen, dass das UMS die Anforderungen der ISO 14001 erfüllt, sowie
- das Berichten an die Führung über die Leistung des UMS (inklusive Umweltleistung).

Verantwortlichkeiten und Befugnisse können einer Person, mehreren Personen oder einem Team zugewiesen werden. Wichtig ist, dass alle Beteiligten ein klares Verständnis davon haben, wer für was zuständig ist und welche Entscheidungsspielräume jeweils vorhanden sind. Ebenso ist wichtig, dass der Sinn des UMS verstanden wird und wie relevant das Erreichen der beabsichtigten Ergebnisse ist.

6 Planung: Was sollte wie getan werden?

Egal wie unsicher, unvorhersehbar, mehrdeutig, komplex oder instabil unsere Welt ist, jedes Unternehmen muss planen! Und auch Qualität muss geplant werden. Nur wenn klar ist, wohin die Reise gehen soll, kann alles, was man auf dem Weg braucht, definiert werden.

In der Qualitätsplanung wird festgelegt, welche Qualitätsziele angestrebt werden, welche Maßnahmen zur Umsetzung notwendig und welche Ressourcen zum Erreichen dieser Ziele erforderlich sind (Bild 6.1). Dazu gehört der Umgang mit Chancen und Risiken.

Die Qualitätsziele werden von der Qualitätspolitik abgeleitet und müssen konsistent zur strategischen Ausrichtung des Unternehmens sein. Ein Qualitätsziel wäre beispielsweise, die Fehlerquote im laufenden Geschäftsjahr im Vergleich zum Vorjahr um 5 % zu minimieren, um die Kundenreklamationen zu senken.

Dieser Normabschnitt baut auf den in Normabschnitt 4.1 definierten, für das Unternehmen relevanten Themen sowie die in Normabschnitt 4.2 definierten Anforderungen der Stakeholder auf. Wurden beispielsweise als Thema „Nachhaltigkeit" und als Anforderung der Kunden „gesteigertes Umweltbewusstsein" definiert, dann sollte sich dies in den Qualitätszielen wiederfinden.

Nachstehende Fragen stehen im Zentrum dieses Normabschnitts; diese Fragen könnten auch genauso bei einem Audit gestellt werden:

- Welche Chancen und Risiken wurden identifiziert? Und wie wird mit diesen, sich aus der Strategie ergebenden Chancen und Risiken umgegangen?
- Welche Qualitätsziele wurden definiert und wie sollen diese erreicht werden?
- Wie wird mit Änderungen am QMS umgegangen?

- Wie wird sichergestellt, dass dabei auch die Verbesserungsmöglichkeiten im Blick behalten werden?
- Wie wird sichergestellt, dass diese Aspekte laufend überwacht, überprüft und ggf. angepasst werden?

Bild 6.1 „Planung" im Überblick

6.1 Mit Risiken und Chancen umgehen

Bei einem Risiko handelt es sich im Sinne der ISO 9001 um eine „unerwünschte Auswirkung einer Ungewissheit", bei einer Chance handelt es sich dementsprechend um eine erwünschte Auswirkung einer Ungewissheit (der Begriff „Chance" ist allerdings nicht näher definiert). Der Umgang mit Chancen und Risiken muss systematisch geplant werden, und im Falle eines Eintritts müssen alle Beteiligten wissen, was sie wie zu tun haben.

Dabei stehen folgende Fragen im Zentrum (Bild 6.2):

> Wie gehen wir mit den Chancen und Risiken um, die sich aus unserer Strategie ergeben? Wie können wir etwaige Chancen nutzen? Was machen wir, wenn ein Risiko (Fehler, Probleme) eintritt? Können wir negative Auswirkungen verhindern oder zumindest abschwächen? Und positive Auswirkungen verstärken? Wie bewerten wir diese Maßnahmen?

Risiken können beispielsweise eliminiert, vermieden, geteilt, ausgelagert oder akzeptiert werden. Chancen können sich beispielsweise auf neue Praktiken oder Technologien, neue Produkte oder Märkte, neue Kunden oder Partnerschaften beziehen.

Sie können selbst festlegen, welche Methode, welches Werkzeug Sie nutzen wollen. Sie müssen allerdings strukturiert vorgehen und sowohl Risiken als auch Chancen betrachten. Die ISO 9001 schreibt zwar einen systematischen Prozess für die Planung des Umgangs mit Chancen und Risiken vor, aber eine bestimmte Methode, ein bestimmtes Risikomanagement (beispielsweise nach ISO 31000) oder entsprechend dokumentierte Prozesse sind nicht erforderlich.

Bild 6.2 Der Abschnitt 6.1 der ISO 9001 im Überblick

Risikobasiertes Denken ist in der ISO 9001 ein zentrales Element und der Umgang mit Chancen und Risiken wird mehrfach thematisiert (4.1, 4.2, 4.4, 5.1, 8.4, 9.3, 10.2). Wichtig ist, dass Sie sich bei allem, was Sie tun, Gedanken darüber machen, was im negativen Sinne (Risiko) und im positiven Sinne (Chance) passieren könnte, wie Sie damit umgehen, ob Ihr Umgang damit erfolgreich ist oder nicht und was Sie besser machen könnten. Also auch hier: PDCA!

6.1.1 Definition

Die erste Verantwortung liegt bei der Führung. Sie muss risikobasiertes Denken bzw. Qualitätsbewusstsein fördern und dazu gehört ein systematischer Umgang mit Chancen und Risiken (Normabschnitt 5.1.1).

Sie müssen bei der Behandlung von Chancen und Risiken immer folgende Fragen im Blick behalten:

- Kann das QMS die geplanten Ergebnisse erreichen?
- Können erwünschte Auswirkungen verstärkt werden?
- Können unerwünschte Auswirkungen verhindert oder vermindert werden?
- Lassen sich Verbesserungen umsetzen?

Die unter Normabschnitt 4.1 der ISO 9001 ermittelten Themen und die unter 4.2 ermittelten Anforderungen müssen bei der Qualitätsplanung berücksichtigt werden. Ihre Qualitätsplanung muss auf diesen Themen und Anforderungen aufbauen. Nur wenn sich ein Thema oder eine Anforderung auf das QMS auswirkt, ist es relevant. Themen wie beispielsweise Unternehmenskultur, Kundenbindung, Mitarbeiterzufriedenheit sind bei der Qualitätsplanung zu berücksichtigen, da sie sich direkt auf das QMS auswirken. Der Kunde beispielsweise steht im Zentrum des QMS, dieser muss dementsprechend auch bei der Qualitätsplanung berücksichtigt werden.

Im Rahmen der Qualitätsplanung müssen alle relevanten Risiken und Chancen definiert werden. Der Umgang mit Risiken und Chancen ist nicht nur bei der Qualitätsplanung zentral. Das Abschwächen von Risiken und das Ergreifen der Chancen sind ein elementarer Bestandteil jeder strategischen Planung, so auch der Qualitätsplanung.

Relevant ist ein Risiko oder eine Chance dann, wenn es das Erreichen Ihrer geplanten Ziele beeinflussen könnte. Es bietet sich an, die Definition der Risiken und Chancen mit der Definition der Maßnahmen bei Eintritt zu koppeln.

Die positiven (erwünschten) Auswirkungen der identifizierten Chancen müssen verstärkt, die negativen (unerwünschten) Auswirkungen der identifizierten Risiken müssen verhindert oder vermindert werden. Sind diese Auswirkungen nicht beeinflussbar, brauchen keine Handlungsoptionen entwickelt werden.

Diese Aspekte sind eng an die Definition der Maßnahmen bei Eintritt gekoppelt. Je sensibler der Bereich ist, in dem Sie tätig sind, desto wichtiger sind Notfallpläne. Tritt eine Krise ein, dann sollten Sie sofort wissen, was zu tun ist. Die Verstärkung einer Chance beispielsweise „auf Null-Fehler" könnte durch zusätzliche Qualitätskontrollen erhöht werden.

Auch das Streben nach Verbesserung muss bei der Behandlung der Risiken und Chancen berücksichtigt werden, beispielsweise durch die Einführung von Lessons Learned, Fehlermanagement oder eines Qualitätszirkels.

Unterstützende Werkzeuge (Auswahl)

- Szenarioanalysen
- Lessons Learned
- Qualitätszirkel
- Fehlermanagement
- Kontinuierlicher Verbesserungsprozess (KVP)

6.1.2 Maßnahmen und Umsetzung

Je größer die Gefahr, die von einem Risiko ausgeht, und je wahrscheinlicher der Eintritt dieses Risikos, desto umfangreicher sollten Sie bei der Vermeidung oder Verringerung des Risikos planen. Ihre definierten Maßnahmen zum Umgang mit möglichen Chancen und Risiken sollten zur Wahrscheinlichkeit des Eintretens und den möglichen Auswirkungen passen. Die Chance, dass alle Ihre Konkurrenten wegfallen werden, wird sehr wahrscheinlich nicht eintreten. Die Chance, dass Ihr wichtigster Konkurrent, der bereits durch Zahlungsunfähigkeit aufgefallen ist, wegfallen wird, ist hingegen wahrscheinlicher. Sollte sich diese Chance ergeben, dann müssen Sie wissen, wie Sie reagieren werden.

Die geplanten Maßnahmen müssen „proportional zur möglichen Auswirkung" sein. Je größer die Auswirkung, desto umfangreicher die Maßnahmen. Dies muss sich in den Prozessen widerspiegeln. Bei großem Risiko braucht es beispielsweise enge Überwachungszyklen oder spezielle Steuerungsmaßnahmen.

Bei der Umsetzung muss klar sein, wie die entwickelten Maßnahmen in die Prozesse integriert und umgesetzt werden (siehe Normabschnitt 4.4) sowie die Effektivität (Wirksamkeit) der Maßnahme bewertet wird.

Im Rahmen der Qualitätsplanung müssen Maßnahmen geplant werden, wie auf eine potenzielle Chance reagiert wird. Die Auswirkung von sich ergebenden Chancen muss verstärkt werden können. Eine Maßnahme könnte beispielsweise sein, dass bei Eintritt der Chance sofort die benötigten Ressourcen zur Verfügung stehen oder dass die Firma XY zur Unterstützung mit einbezogen wird.

Es müssen Maßnahmen geplant werden, wie auf ein potenzielles Risiko reagiert wird. Die Auswirkung von sich ergebenden Risiken muss verhindert oder vermindert werden können. Formulieren Sie beispielsweise Notfallpläne, die Sie bei Eintritt eines Risikos Schritt für Schritt abarbeiten, auf denen relevante Ansprechpartner einschließlich Kontaktdaten etc. vermerkt sind.

Bei der Formulierung der Maßnahmen dürfen die sonstigen Ziele nicht vernachlässigt werden, die Wirksamkeit des QMS muss weiterhin sichergestellt sein. Ebenso muss der Verbesserungsgedanke einfließen. Diese Maßnahmen müssen in den Prozessen des QMS abgebildet und in die Prozesslandschaft integriert werden. Wichtig ist, dass diese Prozesse „ungehindert" umgesetzt werden können und alle Beteiligten wissen, was wann wie zu tun ist. Auch die Wechselwirkungen sollten dabei bedacht werden. Die ISO 9001 verlangt dabei nicht, dass jeder einzelne Prozess schriftlich fixiert wird, was allerdings dennoch auch für einen Ein-Personen-Betrieb zu empfehlen ist, da Schwachstellen oder Verbesserungspotenziale mit einer Visualisierung wesentlich leichter erkennbar sind.

Wird mit der Maßnahme genau das erreicht, was erreicht werden soll? Jede Maßnahme muss bewertbar sein. Es muss klar sein, wie die Effektivität (Wirksamkeit) gemessen wird, beispielsweise durch Kennzahlen.

Die definierten Maßnahmen müssen zu den möglichen Auswirkungen passen, „proportional zur möglichen Auswirkung auf die Konformität der Produkte und Dienstleistungen" sein. Bei einer großen Chance oder einem großen Risiko ist es eventuell sinnvoll, einen Überwachungszyklus zu installieren und ein eigenes Budget dafür einzuplanen.

Unterstützende Werkzeuge (Auswahl)

- Notfallpläne
- Checklisten
- Workshops
- Klare Verantwortungszuweisungen
- Kennzahlensystem
- Kontroll-/Überwachungssysteme

Tabelle 6.1 fasst die wichtigen Aspekte zu diesem Normabschnitt zusammen.

Tabelle 6.1 Risiken meistern und Chancen nutzen – Normabschnitt 6.1 umsetzen

Leitfragen ▪ Wie gehen wir mit den Chancen und Risiken um, die wir bei unserer strategischen Ausrichtung identifiziert haben? ▪ Wie können wir etwaige Chancen nutzen? Können wir mögliche positive Auswirkungen verstärken? ▪ Was machen wir, wenn ein Risiko (Fehler, Problem) eintritt? Können wir negative Auswirkungen verhindern oder zumindest abschwächen? ▪ Wie bewerten wir diese Maßnahmen?
Ziel: Chancen nutzen und Risiken verhindern oder abschwächen
Umsetzungshinweis Bestimmen Sie Risiken und Chancen, die sich aus der strategischen Ausrichtung sowie den interessierten Parteien ergeben. Dies kann im Rahmen eines Brainstormings mit Unterstützung von Mindmaps oder Ishikawa-Diagrammen erfolgen. Die Bestimmung ist notwendig, damit ▪ angestrebte Ziele des QMS erreicht werden, ▪ unerwünschte Auswirkungen verhindert oder minimiert werden, ▪ eine ständige Verbesserung erreicht wird (KVP). Nach der Auflistung der identifizierten Risiken und Chancen müssen diese einer Bewertung unterzogen werden (z. B. FMEA (Fehlermöglichkeits- und -einflussanalyse), Risk Grid oder Ähnliches). Für hoch bewertete Risiken müssen (vorbeugende) Maßnahmen zur Risikoreduzierung definiert werden. Diese müssen methodisch beschrieben werden (wie werden sie in Prozesse integriert und umgesetzt?). Die Maßnahmen müssen proportional zum möglichen Einfluss auf die angebotenen Produkte oder Dienstleistungen sein. Möglichkeiten zum Umgang mit Risiken und Chancen sind: Risikovermeidung, bewusstes Inkaufnehmen eines Risikos zur Chancenerhöhung, Beseitigen der Risikoquelle, Ändern der Wahrscheinlichkeit oder der Konsequenzen, Risikoteilung oder Beibehaltung eines Risikos durch verantwortungsbewusste Entscheidung. Danach müssen sie hinsichtlich ihrer Wirksamkeit bewertet bzw. das verbleibende Restrisiko festgestellt werden. Legen Sie ein Verfahren fest, wie neue Risiken in die Analyse aufgenommen werden und eine regelmäßige Prüfung der bestehenden Risiken erfolgt. (Weghorn 2022)
Mögliche Auditnachweise ▪ Projektplan für Änderungsprojekte bei identifizierten Risiken ▪ Liste der externen Themen ▪ Liste der internen Themen ▪ Liste der Risiken und Chancen ▪ Strategiepläne ▪ QM-Pläne

Tabelle 6.1 Risiken meistern und Chancen nutzen – Normabschnitt 6.1 umsetzen *(Fortsetzung)*

- Produktionspläne
- Ressourcenpläne/-nachweise
- FMEA
- Risikoanalysen
- Resultierende Maßnahmenpläne
- Arbeits- und Prüfpläne etc.

(Gietl/Lobinger 2022)

6.2 Qualitätsziele definieren und umsetzen

Qualitätsziele werden von der Qualitätspolitik abgeleitet und sind konkrete Ziele, um die Qualitätspolitik zu erfüllen. Die Qualitätsziele können das ganze Unternehmen betreffen wie beispielsweise der Ansatz, generell Verschwendung zu vermeiden. Sie können sich auf einzelne Prozesse beziehen wie beispielsweise die Reduzierung von Fehlerquoten. Sie können sich auch auf Produkte oder Dienstleistungen beziehen wie das Angebot erhöhen oder die Reklamationen zu senken. Qualitätsziele müssen laut der ISO konkret, messbar und terminiert sein. Ziele sollten generell spezifisch, messbar, attraktiv, realistisch und terminiert formuliert werden (SMART).

Die Erhöhung der Kundenzufriedenheit (Qualitätspolitik) lässt sich beispielsweise durch folgendes Qualitätsziel darstellen: „Wir werden im Laufe des Geschäftsjahres unsere Kundenbetreuung ausbauen“. Konkrete Schritte hierfür wären beispielsweise das Einstellen von neuem Personal für die Kundenbetreuung, Beantwortung von Kundenanfragen innerhalb von zwei Stunden oder eine 24-Stunden-Hotline.

Bei diesem Normabschnitt stehen folgende Fragen im Mittelpunkt (Bild 6.3):

Welche Qualitätsziele definieren wir und wie wollen wir diese erreichen? Konzentrieren wir uns dabei auf die wirklich wichtigen Funktionen, Ebenen und Prozesse? Berücksichtigen wir alle zutreffenden Anforderungen der Norm, und zwar so, dass die Erfüllung der Anforderungen unterstützt wird (Konformität)? Steigern unsere Qualitätsziele die Kundenzufriedenheit?

Wissen wir, was wir tun müssen? Sind die erforderlichen Ressourcen vorhanden? Ist die Überwachung, Vermittlung und ggf. die Aktualisierung der Qualitätsziele geregelt? Sind Verantwortlichkeiten klar? Ist klar, wann das Ganze abgeschlossen sein wird und welche Kriterien gelten, um die Ergebnisse bewertbar zu machen?

Die Qualitätsziele müssen schriftlich festgehalten und aufbewahrt werden.

Bild 6.3 Der Abschnitt 6.2 der ISO 9001 im Überblick

6.2.1 Definition

Die Qualitätsziele müssen konsistent zur Qualitätspolitik sein. Es darf keine Widersprüche geben. Sie müssen messbar sein. Nur so können Abweichungen registriert und eine Bewertung vorgenommen werden. Die Qualitätsziele müssen auch die ermittelten Anforderungen berücksichtigen, sich zudem auf die Konformität der Produkte und Dienstleistungen beziehen und auf eine Steigerung der Kundenzufriedenheit abzielen. Reine Finanzziele (Erhöhung ROI im laufenden Jahr um 3 %) sind beispielsweise keine Qualitätsziele.

Für alle relevanten Funktionen, Ebenen, Bereiche und Prozesse müssen Qualitätsziele festgelegt und dabei die zutreffenden Anforderungen berücksichtigt werden. Relevante Funktionen sind beispielsweise Kundenbetreuung, Qualitäts- oder Prozessmanagement. Welche Funktionen, Bereiche oder Prozesse für Ihr Unternehmen relevant sind, können Sie selbst festlegen. Ableiten lassen sich diese relevanten Funktionen vom Abschnitt 5.3 (Rollen, Verantwortlichkeiten und Befugnisse). Relevante Ebenen sind beispielsweise die Führungsebene und die Mitarbeiterebene. Normabschnitt 4.4 unterstützt bei der Definition der relevanten Prozesse.

Die Qualitätsziele müssen für die Konformität der Produkte und/oder Dienstleistungen relevant sein (Konformität: Erfüllen die Produkte/die Dienstleistungen das, was sie erfüllen sollen?). Wenn kein Zusammenhang zwischen der Konformität und dem Qualitätsziel besteht, dann ist es kein Qualitätsziel. Preispolitik hat beispielsweise nichts mit einem Qualitätsziel zu tun. Wenn Sie sich allerdings nur noch durch regionale Lieferanten beliefern lassen oder einen Service rund um die Uhr anbieten wollen, dann wären dies Qualitätsziele.

Sie müssen sicherstellen, dass die Qualitätsziele dazu beitragen, die Kundenzufriedenheit zu erhöhen, beispielsweise wenn Kundenfeedback in die Formulierung mit einfließt oder wenn die Einführung von Reklamationsmanagement als Qualitätsziel formuliert werden würde.

Das Erfüllen der Qualitätsziele muss überwacht werden. Nur so können rechtzeitig ggf. Korrekturmaßnahmen eingeleitet werden, beispielsweise durch festgelegte Überprüfungszeitpunkte, ein Alarmsystem, das bei Abweichungen reagiert, einen festen Agendapunkt bei Besprechungen etc.

Die Qualitätsziele müssen den davon Betroffenen vermittelt werden. Die Mitarbeitenden, die das QMS beeinflussen oder durch das QMS beeinflusst werden, müssen die Qualitätsziele kennen und verstehen. Nur so werden sie diese Ziele umsetzen können. Am besten ist auch, wenn die Qualitätsziele gemeinsam mit den Mitarbeitenden formuliert werden. Nur wenn etwas bekannt ist und der Sinn sich erschließt, werden Mitarbeitende das notwendige Qualitätsbewusstsein entwickeln können. Unterstützen können beispielsweise Veröffentlichungen in einfacher Sprache im Intranet, Thematisierung bei Mitarbeiterversammlungen, bei Feedbackgesprächen, entsprechender Passus bei Verträgen mit Lieferanten etc.

Wenn sich eine Änderung ergibt, die sich auf die Qualitätsziele auswirkt, dann müssen die Qualitätsziele entsprechend aktualisiert werden.

Unterstützende Werkzeuge (Auswahl)

- Workshops
- Checklisten
- QFD
- 7W-Fragen
- SMART-Methode bei der Zielformulierung

Dokumentierte Information

Qualitätsziele müssen als dokumentierte Information vorliegen.

6.2.2 Umsetzung

Damit die Qualitätsziele erreicht werden können, braucht es konkrete, direkt umsetzbare Schritte. Es muss klar sein, wer was wann tut, welche Ressourcen nötig sind, wann die Ergebnisse erreicht werden sollen und wie diese bewertet werden.

Die benötigten Ressourcen müssen auch zur Verfügung stehen. Hier können beispielsweise ein Ressourcenplan oder eine Kompetenzmatrix unterstützen. Es muss klar sein, wer für was verantwortlich ist, beispielsweise anhand einer Verantwortungsmatrix.

Es muss zudem definiert werden, bis wann die Ergebnisse der Qualitätsziele erreicht werden sollen und wie gemessen wird, ob sie erreicht worden sind (SMART: spezifisch, messbar, attraktiv, realistisch und terminiert). Die Bewertung ist Voraussetzung dafür, dass Abweichungen registriert und Verbesserungsmaßnahmen eingeleitet werden können. Qualitätsziele müssen messbar sein! Hierfür bieten sich beispielsweise Kennzahlen oder Soll-Ist-Analysen an.

Unterstützende Werkzeuge (Auswahl)

- Kompetenzmatrix
- Verantwortungsmatrix
- Ressourcenmanagement/Ressourcenmatrix
- Kennzahlensystem
- Soll-Ist-Analysen

Tabelle 6.2 fasst die wichtigen Aspekte zu diesem Normabschnitt zusammen.

Tabelle 6.2 Qualitätsziele und deren Umsetzung definieren – Normabschnitt 6.2 umsetzen

Leitfragen
▪ Welche Qualitätsziele definieren wir und wie wollen wir diese erreichen? Konzentrieren wir uns dabei auf die wirklich wichtigen Funktionen, Ebenen und Prozesse? Berücksichtigen wir alle zutreffenden Anforderungen der Norm, und zwar so, dass die Erfüllung der Anforderungen unterstützt wird (Konformität)? Steigern unsere Qualitätsziele die Kundenzufriedenheit? ▪ Wissen wir, was wir tun müssen? Sind die erforderlichen Ressourcen vorhanden? Ist die Überwachung, Vermittlung und ggf. die Aktualisierung der Qualitätsziele geregelt? Sind Verantwortlichkeiten klar? Ist klar, wann das Ganze abgeschlossen sein wird und welche Kriterien gelten, um die Ergebnisse bewertbar zu machen?
Ziel: Festlegen der Qualitätsziele und Planung, wie diese erreicht werden

Tabelle 6.2 Qualitätsziele und deren Umsetzung definieren – Normabschnitt 6.2 umsetzen *(Fortsetzung)*

Umsetzungshinweis Die grundsätzliche Darlegung der Planung zur Erreichung der Qualitätsziele sollte im QM-Handbuch bzw. als dokumentierte Information erfolgen – z. B. jährliche Erstellung eines Jahreszielplans im Dezember mit Bewertung des Status des Vorjahres und Jahresplanung für das kommende Jahr. Legen Sie einen Jahreszielplan in Form einer einfachen Tabelle mit 12 Monatsspalten an. Die erste Spalte enthält eine kurze Zielformulierung, Spalte 2 sollte für Verantwortlichkeiten vorgesehen werden. Außerdem empfiehlt sich eine Statusspalte. Tragen Sie folgende Informationen ein: ■ Maßnahmen zur Zielerreichung (Was) ■ Erforderliche Ressourcen (Womit) und Verantwortlichkeiten (Wer) ■ Terminierung, wann die Ziele erreicht sein sollen (Wann) ■ Bewerten der Ergebnisse (Wie) Prüfen Sie, ob Ihre Qualitätsziele in Einklang stehen mit folgenden Forderungen: ■ Sie harmonieren mit der vorgegebenen Qualitätspolitik. ■ Sie sind messbar (Wie viel). ■ Sie berücksichtigen interne und externe Anforderungen. ■ Sie werden regelmäßig überwacht und ggf. aktualisiert. ■ Sie werden in der Organisation vermittelt. (Weghorn 2022)
Mögliche Auditnachweise ■ Papier mit Unternehmenszielen (z. B. unternehmensbezogen, produktbezogen, kundenbezogen) ■ Abteilungsweise Zielfestlegung ■ Zielvereinbarungsgespräche ■ Verschiedene Prozesse bzw. Themenfelder (Kunde, Mitarbeitende, Finanzen, Prozesse ...) ■ Bekanntmachung ■ Interne/Externe Zielvereinbarungen (Geschäftspläne, Projektpläne, Qualitätssicherungsvereinbarungen) ■ Regeln zur Aktualisierung ■ Erreichungsgrad und Maßnahmenpläne zur Zielerreichung ■ Nachweisbare Prozessänderungen zur Zielerreichung etc. (Gietl/Lobinger 2022)

6.3 Änderungen planen

Wenn Änderungen am QMS notwendig werden, beispielsweise wenn eine neue Produktlinie eingeführt wird oder sich die Marktsituation geändert hat, dann müssen diese Änderungen systematisch umgesetzt werden. Es stehen folgenden Fragen im Zentrum (Bild 6.4):

> Wie gehen wir mit Änderungen um? Wird dabei die Integrität des QMS gewahrt? Werden etwaige Auswirkungen auf Ressourcen, Verantwortlichkeiten, Befugnisse berücksichtigt und ggf. notwendige Anpassungen vorgenommen?

Bild 6.4 Der Abschnitt 6.3 der ISO 9001 im Überblick

Bei einer Änderung des QMS muss klar sein, warum die Änderung notwendig ist, was genau mit der Änderung erreicht werden soll und was passieren würde, wenn die Änderung nicht oder nur teilweise durchgeführt werden würde. Diese Sinnfrage kann beispielsweise in einem hierfür angesetzten Meeting, in dem als Ergebnis eine entsprechende Begründung formuliert wird, geklärt werden.

Jede Aktion hat eine Wirkung! Wenn eine Änderung notwendig wird, dann wirkt sich diese Änderung auf die Beteiligten, auf die jeweiligen Prozesse etc. aus. Bei jeder Änderung muss also die Frage beantwortet werden, welche Auswirkung diese Änderung hat bzw. welche Wechselwirkungen möglich sind. Hier können beispielsweise die Q7 (Sieben Qualitätswerkzeuge) unterstützen.

Auch die Integrität des QMS muss sichergestellt bleiben. Das bedeutet, dass das QMS weiterhin wie geplant „funktioniert" und dass weiterhin die Produkte oder die Dienstleistungen so sind, wie sie sein sollen, also die Konformität gegenüber den Anforderungen gewahrt bleibt.

Es müssen für die Umsetzung der Änderung ausreichend Ressourcen zur Verfügung gestellt werden. Bei Ressourcen kann es sich beispielsweise um finanzielle Mittel, neue Maschinen, aber auch um notwendige weitere Kompetenzen der Mitarbeitenden handeln.

Es kann sein, dass sich Änderungen auf Verantwortlichkeiten und Befugnisse (Entscheidungsspielräume, Zugriffsrechte etc.) auswirken. Eventuell ist eine Zuweisung oder Neuzuweisung dieser nötig. Daher müssen auch diese überprüft und geklärt werden.

Unterstützende Werkzeuge (Auswahl)

- Kompetenzmatrix
- Verantwortungsmatrix
- Ressourcenmanagement/Ressourcenmatrix
- Q7 (Sieben Qualitätswerkzeuge)
- Änderungsmanagement

Tabelle 6.3 fasst die wichtigen Aspekte zu diesem Normabschnitt zusammen.

Tabelle 6.3 Mit Änderungen umgehen – Normabschnitt 6.3 umsetzen

Leitfragen ▪ Wie gehen wir mit Änderungen um? ▪ Wird dabei die Integrität des QMS gewahrt? ▪ Werden etwaige Auswirkungen auf Ressourcen, Verantwortlichkeiten, Befugnisse berücksichtigt und ggf. notwendige Anpassungen vorgenommen?
Ziel: Systematische Planung und Umsetzung von Änderungen
Umsetzungshinweis Legen Sie einen Abschnitt im QM-Handbuch, der dokumentierten Information oder der Lenkung von Dokumenten an und beschreiben Sie kurz, wie QMS-Änderungen auf geplante Weise durchgeführt werden. Überprüfen Sie, ob Ihre Regelung folgende Anforderungen der Norm berücksichtigt: ▪ Zweck einer Änderung und ihre mögliche Konsequenz ▪ Erhalten der Integrität des QMS ▪ Verfügbarkeit der notwendigen Ressourcen ▪ Festlegung der Verantwortungen und Befugnisse (Weghorn 2022)

Mögliche Auditnachweise

- Prozessbeschreibung „Projektmanagement"
- Projektpläne
- Meilensteine zur Verfolgung von Projekten
- Definiertes Änderungsmanagement (vor allem für Produkte)
- Maßnahmenpläne zur Umsetzung von Änderungen
- Statusverfolgung der Maßnahmen etc.

(Gietl/Lobinger 2022)

6.4 Die Anforderungen der ISO 14001

In der ISO 14001 sind es anstatt der Qualitätsziele die Umweltziele. Dieser Abschnitt ist in der Norm wie folgt untergliedert:

- 6.1 Maßnahmen zum Umgang mit Risiken und Chancen
  - 6.1.1 Allgemeines
  - 6.1.2 Umweltaspekte
  - 6.1.3 Bindende Verpflichtungen
  - 6.1.4 Planung von Maßnahmen
- 6.2 Umweltziele und Planung zu deren Erreichung
  - 6.2.1 Umweltziele
  - 6.2.2 Planung von Maßnahmen zur Erreichung der Umweltziele

Auch die ISO 14001 baut beim Umgang mit Risiken und Chancen auf den in Normabschnitt 4.1 ermittelten Themen sowie den in Normabschnitt 4.2 ermittelten Anforderungen auf (unter Berücksichtigung des Anwendungsbereichs des UMS). Im Sinne der ISO 14001 müssen Sie Prozesse definieren, die die Umsetzung, Fortführung und Verbesserung des UMS unterstützen.

Die zentralen Fragen sind:

> Welche Umweltaspekte sind für das Unternehmen relevant („bedeutend")? Welche Umweltauswirkungen sind damit verbunden? Ergeben sich daraus bindende Verpflichtungen? Wie müssen sie im UMS berücksichtigt werden? Welche Chancen oder Risiken ergeben sich aus den Umweltaspekten und deren Auswirkungen? Wie soll damit umgegangen werden?

Umweltaspekte

Alle relevanten Umweltaspekte und ihre Auswirkungen müssen unter Verwendung festgelegter Kriterien definiert und auch innerhalb des Unternehmens kommuniziert werden. Dabei müssen Entwicklung, Tätigkeiten, Produkte, Dienstleistungen und etwaige Änderungen sowie die „nicht bestimmungsgemäßen Zustände und vernünftigerweise vorhersehbaren Notfallsituationen" berücksichtigt werden.

Umweltaspekte (Beispiele aus der ISO 14001)

Die ISO 14001 nennt als Beispiele möglicher zu berücksichtigenden Umweltaspekte:

- „Emissionen in die Atmosphäre;
- Ableitungen in Gewässer;
- Verunreinigungen von Böden;
- Verbrauch von Rohstoffen und natürlichen Ressourcen;
- Energieverbrauch;
- Freisetzung von Energie (z. B. in Form von Wärme, Strahlung, Vibration (Lärm), Licht);
- Erzeugung von Abfall und/oder Nebenprodukten;
- Flächenverbrauch."

Auch die Umweltaspekte, die sich direkt auf die Tätigkeiten, Produkte und Dienstleistungen des Unternehmens beziehen, müssen berücksichtigt werden. Die ISO 14001 nennt folgende Beispiele:

- „Entwicklung ihrer [Anm. d. Autorin: der Organisation] Anlagen, Prozesse, Produkte und Dienstleistungen;
- Rohstoffbeschaffung, einschließlich Gewinnung;
- Betriebs- oder Herstellungsprozesse, einschließlich Lagerung;
- Betrieb und Aufrechterhaltung von Anlagen, Vermögenswerte und Infrastruktur;
- Umweltleistung und die Praktiken von externen Anbietern;
- Produkttransport und Erbringung von Dienstleistungen, einschließlich Verpackung;
- Lagerung und Nutzung von Produkten und deren Behandlung am Ende des Lebenswegs;
- Abfallmanagement, einschließlich Wiederverwendung, Wiederaufbereitung, Recycling und Entsorgung."

Eine „Umweltauswirkung“ liegt dann vor, wenn sich ein Umweltaspekt in irgendeiner Form auf die Umwelt auswirkt. Der Umweltaspekt ist die Ursache, die Umweltauswirkung die Wirkung. Die Auswirkung kann dabei lokal, regional, global, direkt, indirekt oder kumulativ sein. Ein Umweltaspekt kann mehrere Umweltauswirkungen haben, die dann so „bedeutend“ sind, dass sie zu einer Risiko- und Chancenanalyse mit entsprechend abzuleitenden Maßnahmen führen.

Bei der Bestimmung von Umweltaspekten muss der Lebensweg berücksichtigt werden. Ausreichend ist, dass hierbei die Aspekte betrachtet werden, die vom Unternehmen gesteuert und beeinflusst werden können. Dieser Lebensweg bzw. die Abschnitte des Lebenswegs sind dabei von der Tätigkeit, dem Produkt oder von der Dienstleistung abhängig. Die ISO 14001 nennt hier als typische Abschnitte „Rohstoffbeschaffung, Entwicklung, Produktion, Transport/Lieferung, Nutzung, Behandlung am Ende des Lebenswegs und endgültige Beseitigung“.

Eine Notfallsituation liegt vor, wenn ein ungeplantes und unerwartetes Ereignis eintritt, das sofortiges Handeln nötig macht, z. B. Chemieunfall, Sturmschäden. Bei der Bestimmung möglicher Notfallsituationen müssen folgende Aspekte berücksichtigt werden:

- „die Art von Gefahren vor Ort (z. B. entflammbare Flüssigkeiten, Speicherbehälter, komprimierte Gase);
- die wahrscheinlichste Art und der wahrscheinlichste Umfang einer Notfallsituation;
- die Möglichkeit von Notfallsituationen in einer benachbarten Einrichtung (z. B. Fabrik, Straße, Eisenbahngleis).“

Berücksichtigt werden müssen alle beabsichtigten und unbeabsichtigten Inputs und Outputs, gewünschte oder nicht gewünschte Zustände, die im Zusammenhang mit aktuellen, aber auch vergangenen Tätigkeiten, Produkten, Dienstleistungen, Entwicklungen sowie allen Änderungen stehen.

Tätigkeiten, Produkte und/oder Dienstleistungen können gemeinsam betrachtet werden. Voraussetzung hierfür ist, dass sie gemeinsame Merkmale haben.

Neben den Umweltaspekten, die direkt gesteuert werden können, müssen auch die Umweltaspekte definiert werden, die das Unternehmen „nur“ beeinflussen kann, beispielsweise Produkte oder Dienstleistungen, die von Externen zur Verfügung gestellt werden oder die das Unternehmen Externen zur Verfügung stellt.

Die ISO 14001 macht keine Vorgabe, welche Methode bei der Bestimmung der „bedeutenden Umweltaspekte" verwendet werden soll. Allerdings sollten die Methode und die dazugehörigen Kriterien konsistente Ergebnisse liefern.

Die Kriterien werden von der Organisation selbst festgelegt. Die ISO 14001 schreibt dazu:

> *„Kriterien können den Umweltaspekt betreffen (z. B. Typ, Größe, Häufigkeit) oder die Umweltauswirkung (z. B. Ausmaß, Schwere, Dauer, Exposition). Es dürfen aber auch andere Kriterien verwendet werden. Ein Umweltaspekt ist möglicherweise nicht bedeutend, wenn ausschließlich Umweltkriterien berücksichtigt werden. Er kann allerdings den Grenzwert erreichen oder überschreiten, der für die Bestimmung von bedeutenden Umweltaspekten festgelegt wurde, wenn andere Kriterien berücksichtigt werden. Bei solchen anderen Kriterien kann es sich um organisationsbezogene Themen wie rechtliche Verpflichtungen oder Anliegen interessierter Parteien handeln. Diese anderen Kriterien sind nicht für die Herabstufung eines Aspekts gedacht, der schon auf der Grundlage seiner Umweltauswirkung bedeutend ist."*

Die ISO 14001 verlangt kein formelles Risikomanagement oder einen dokumentierten Risikomanagementprozess, sondern lediglich, dass die gewählte Methode zur Bestimmung und zum Handling von Chancen und Risiken zum Unternehmen passt.

Bindende Verpflichtungen

Die bindenden Verpflichtungen müssen definiert werden. Das können die gesetzlichen Bestimmungen sein, aber es können auch die Verpflichtungen sein, die das Unternehmen selbst als „verpflichtend" im Zusammenhang mit Umweltaspekten definiert hat. Die gesetzlichen Bestimmungen beispielsweise müssen eingehalten werden, hier kann sich kein Unternehmen dafür oder dagegen entscheiden. Ob der Energieverbrauch gesenkt werden soll oder dass ausschließlich recycelbares Verpackungsmaterial verwendet wird, das liegt in der Entscheidung einer Organisation. Erfolgt allerdings eine entsprechende Entscheidung, dann wird daraus im Sinne der ISO 14001 eine bindende Verpflichtung, die umgesetzt werden muss, ansonsten ist die Konformität des UMS nicht gegeben.

Auf diese bindenden Verpflichtungen muss zugegriffen werden können, deren Anwendung muss definiert sein und die Verpflichtungen müssen beim UMS (Aufbau, Verwirklichung, Aufrechterhaltung und fortlaufende Verbesserung) berücksichtigt werden.

„Bindende Verpflichtungen" (Beispiele aus der ISO 14001)

Von vorneherein bindend

- „Anforderungen von staatlichen Institutionen oder anderen relevanten Behörden;
- internationale, nationale und lokale Gesetze und Vorschriften;
- in Genehmigungsbescheiden festgelegte Anforderungen, Zulassungen oder andere Arten von Erlaubnissen;
- Weisungen, Regeln oder Anleitungen von Aufsichtsbehörden;
- Urteile von Gerichten oder Verwaltungsgerichten."

Von der Organisation als bindend deklariert

- „Vereinbarungen mit kommunalen Gruppen oder Nichtregierungsorganisationen;
- Vereinbarungen mit Behörden oder Kunden;
- organisatorische Anforderungen;
- freiwillige Prinzipien und Verhaltenskodizes;
- freiwillige Kennzeichnung oder Umweltverpflichtungen;
- Verpflichtungen aufgrund von Vertragsvereinbarungen mit der Organisation;
- relevante Standards der Organisation oder der Branche."

Chancen und Risiken

Definiert werden müssen die von den Umweltaspekten und Umweltauswirkungen abgeleiteten möglichen Risiken und Chancen, die das Erreichen der beabsichtigten Ergebnisse einschließlich des Bestrebens nach fortlaufender Verbesserung beeinflussen könnten. „Unerwünschte Auswirkungen", also Risiken, müssen verhindert oder verringert werden. Dabei geht's um Umweltzustände, die das Unternehmen beeinflussen, und um Umweltzustände, die das Unternehmen beeinflussen könnten.

Die Ziele bei der Definition der für die Organisation wichtigen Chancen und Risiken sowie dem Umgang damit sind:

- Erzielen der gewünschten Ergebnisse
- Reduzieren oder Verhindern unerwünschter Auswirkungen
- Fortlaufende Verbesserung

Die ermittelten Chancen und Risiken können mit den Umweltaspekten, den bindenden Verpflichtungen, anderen Themen oder mit den Anforderungen der Stakeholder zusammenhängen. Sie bilden die Basis für die zu planenden Maßnahmen und wirken sich auch auf die Festlegung der Umweltziele aus.

Werden beispielsweise bindende Verpflichtungen nicht eingehalten (Risiko), kann dies zu einem Ansehensverlust des Unternehmens oder vielleicht sogar zu rechtlichen Schritten führen. Wird mehr getan als nötig, kann dies zu einem Ansehensgewinn führen (Chance).

„Andere Themen" (Beispiele aus der ISO 14001)

- „Umweltverschmutzung aufgrund von Bildungs- oder Verständigungsbarrieren unter den Beschäftigten, die lokale Arbeitsanweisungen nicht verstehen können;
- vermehrte Überflutungen aufgrund von Klimaveränderung, was das Gelände der Organisation beeinträchtigen könnte;
- Mangel an verfügbaren Ressourcen, um ein wirksames Umweltmanagementsystem aufrechtzuerhalten aufgrund von wirtschaftlichen Sachzwängen;
- Einführung neuer Technologien, finanziert durch staatliche Förderung, welche die Luftqualität verbessern könnten;
- Wassermangel während Trockenperioden, was die Fähigkeit der Organisation beeinträchtigen könnte, ihre Vorrichtungen zur Emissionsüberwachung zu betreiben."

Neben der Definition der bedeutenden Umweltaspekte und ihrer Umweltauswirkungen sowie den damit verbundenen Chancen und Risiken müssen Maßnahmen geplant werden, wie mit den bedeutenden Umweltaspekten, den bindenden Verpflichtungen sowie mit den ermittelten Chancen und Risiken umgegangen werden soll bzw. wie die geplanten Ergebnisse des UMS erreicht werden können. Es muss geplant werden, wie sich diese Maßnahmen in die Prozesse integrieren und umsetzen lassen und wie bewertet wird, ob die Maßnahmen effektiv (wirksam) sind. Dabei müssen die technologischen Möglichkeiten sowie die „finanziellen, betrieblichen und geschäftlichen Anforderungen" der Organisation berücksichtigt werden. Zu den geplanten Maßnahmen kann auch das Festlegen von Umweltzielen gehören.

Umweltziele

Die Umweltziele müssen konsistent zur Umweltpolitik sein. Sie müssen messbar sein. Diese Aussage ergänzt die ISO 14001 mit dem Hinweis „sofern machbar". Die Umweltziele müssen überwacht werden. Und sie müssen den Beteiligten vermittelt werden. Falls es Änderungen geben sollte, dann müssen die Umweltziele aktualisiert werden.

Die ISO 14001 weist darauf hin, dass die Umweltziele konsistent zur Unternehmenspolitik sein sollten. Auch wenn das jetzt keine explizite Muss-Anforderung dieser Norm ist, so sollten Sie dennoch stets auf Konsistenz achten. Inkonsistenzen vermitteln Unsicherheiten, lassen die Sinnfrage aufkommen und können auch die Glaubwürdigkeit infrage stellen.

Formuliert werden müssen die Umweltziele für die relevanten Funktionsbereiche und Ebenen. Dabei sind die Umweltaspekte, die bindenden Verpflichtungen sowie die Chancen und Risiken zu berücksichtigen.

Analog zu der Maßnahmenplanung bei den Qualitätszielen muss geklärt werden, wer was wann tut und welche Ressourcen notwendig sind. Ebenso muss geklärt werden, wie die Ergebnisse gemessen und bewertet werden. Zudem müssen sich die formulierten Maßnahmen auch in den Geschäftsprozessen widerspiegeln und den fortlaufenden Verbesserungsprozess unterstützen.

Dokumentierte Information

Als dokumentierte Information müssen vorliegen:

- Relevante Chancen und Risiken und Prozesse im Umgang damit
- Relevante Umweltaspekte und die damit verbundenen Umweltauswirkungen einschließlich Kriterien (Begründungen), warum diese Umweltaspekte von der Organisation als relevant eingestuft wurden
- Bindende Verpflichtungen (durch Gesetze etc. vorgegeben und für die sich das Unternehmen selbst entschieden hat)
- Umweltziele

7 Unterstützung: Auch Nebenprozesse sind wichtig

In einer Prozesslandschaft werden Prozesse, die zwar dringend benötigt werden, aber zumeist keine direkte Wertschöpfung beinhalten, „unterstützende Prozesse" genannt. In einer Bäckerei beispielsweise muss das Verkaufspersonal Hygienestandards einhalten, das Kassensystem oder die Stromversorgung müssen funktionieren – Aspekte, ohne die der Brotverkauf zwar nicht möglich wäre, für die ein Kunde aber nicht extra bezahlen will.

Auch wenn sich von unterstützenden Prozessen keine direkte Wertschöpfung ableiten lässt, sind sie trotzdem unabdingbar. Das sieht die ISO 9001 auch so, daher dreht sich in diesem Normabschnitt alles um die Frage, wie das QMS unterstützt werden muss, damit es das leisten kann, was es leisten soll (Bild 7.1): Zu den unterstützenden Prozessen gehören in der ISO 9001 die Bereitstellung von Ressourcen (z. B. Fachpersonal, Maschinen, Messgeräte), Kompetenz (Fähigkeit zu handeln), Qualitätsbewusstsein, Kommunikation und der Umgang mit dokumentierter Information.

In diesem Normabschnitt stehen folgende Fragen im Zentrum:

- Welche Ressourcen sind nötig, damit das QMS aufgebaut, umgesetzt, am Laufen gehalten und kontinuierlich verbessert werden kann?
- Welche Fähigkeiten, Wissen und Fertigkeiten brauchen wir, damit wir unsere Pläne umsetzen und die gewünschten Ziele erreichen können?
- Ist das notwendige Qualitätsbewusstsein vorhanden?
- Wer kommuniziert wann mit wem worüber und wie?
- Was müssen wir wie dokumentieren?

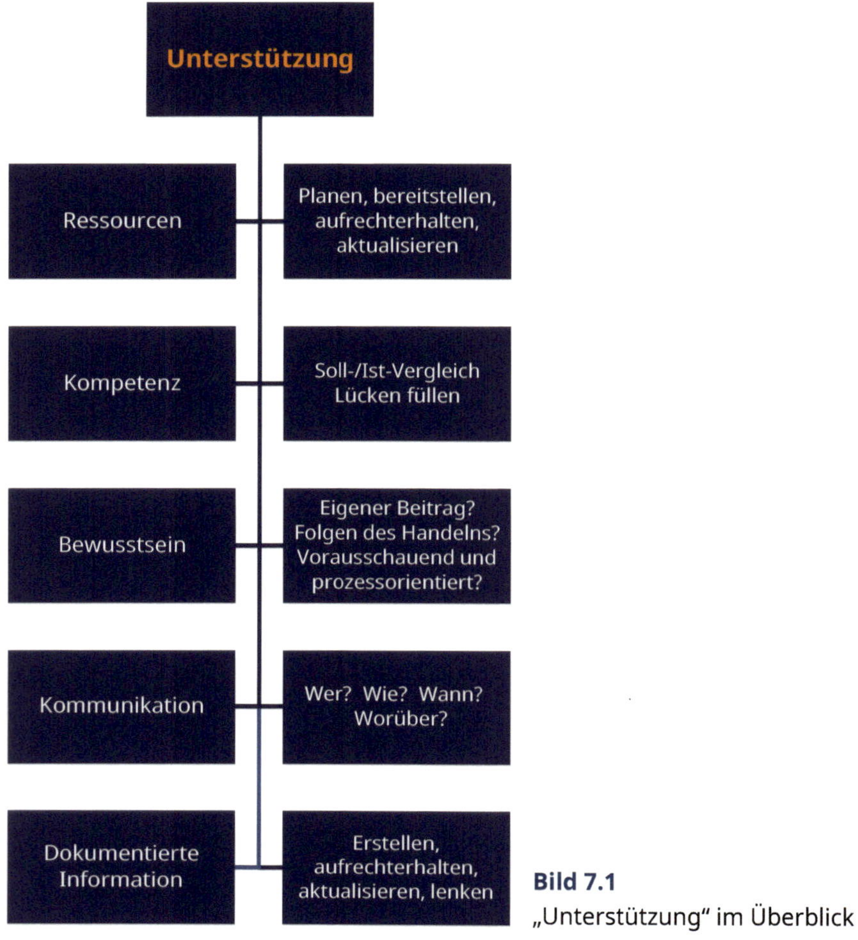

Bild 7.1
„Unterstützung" im Überblick

Bei einem Audit könnten folgende Fragen gestellt werden (Weghorn 2022):

- Welche Ressourcen für Aufbau, Verwirklichung, Aufrechterhaltung und KVP des QMS wurden als notwendig definiert und wie werden diese bereitgestellt?
- Wie wird nachgewiesen, dass die Organisation über das notwendige Personal verfügt, um das QMS und die benötigten Prozesse wirksam in der Praxis umzusetzen?
- Welche Infrastruktur wurde von der Organisation festgelegt und wie wird diese bereitgestellt?
- Wie wird nachgewiesen, dass für alle Bereiche eine geeignete Prozessumgebung vorliegt?
- Welche Mess- und Prüfmittel gibt es und wie erfolgt der Umgang damit (Kalibrierung, Intervalle etc.)?
- Wie wird nachgewiesen, dass die Organisation über das notwendige Wissen verfügt, um die Konformität von Produkten und Dienstleistungen zu erreichen?

- Wie wird sichergestellt, dass die Mitarbeitenden über die notwendige Kompetenz verfügen?
- Wie schafft die Organisation das notwendige Qualitätsbewusstsein bei den Mitarbeitenden?
- Was ist zu interner und externer Kommunikation festgelegt?
- Welche dokumentierten Informationen gibt es und entsprechen diese den Vorgaben der Norm?
- Welche Regelungen gibt es in Bezug auf Erstellung und Aktualisierung dokumentierter Informationen?
- Wie werden dokumentierte Informationen im Sinne der Norm gelenkt?

7.1 Ressourcen definieren und sicherstellen

Bei diesem Normabschnitt stehen folgende Fragen im Zentrum (Bild 7.2):

> Was ist für den Aufbau, für die Umsetzung, Aufrechterhaltung und ggf. Aktualisierung des QMS notwendig? Was ist notwendig, dass das „Streben nach Verbesserung" umgesetzt werden kann? Kurz: Was braucht's, damit das QMS funktioniert?

Bild 7.2 Der Abschnitt 7.1 der ISO 9001 im Überblick

7.1.1 Allgemeines

Damit Sie Ihre gewünschten Ziele erreichen können, brauchen Sie verfügbare Ressourcen. Dabei müssen Sie Ihre Fähigkeiten und Grenzen berücksichtigen sowie klären, was Sie („notwendigerweise") extern hinzuziehen.

Um definieren zu können, welche Ressourcen Sie brauchen, müssen Sie nachfolgende Fragen beantworten können:

- Welche Ziele wollen wir erreichen?
- Was brauchen wir alles, um diese Ziele erreichen zu können/ welche Ressourcen sind nötig?
- Können wir das, was wir brauchen (die Ressourcen) selber bereitstellen? Oder brauchen wir externe Unterstützung?
- Bis wann brauchen wir die Ressourcen?

Verantwortlich dafür, dass die benötigten Ressourcen zur Verfügung gestellt werden, ist die Führung (siehe Normabschnitt 5.1).

Die für den Aufbau und den Betrieb des QMS notwendigen Ressourcen müssen definiert werden und zur Verfügung stehen. Das können personelle Ressourcen, z. B. die Zusammenstellung eines Teams, das das QMS aufbaut, Bestimmen eines/einer Qualitätsbeauftragten oder auch eine neue Prozessmanagement-Software sein. Was benötigt wird, ist von den Zielen abhängig, die erreicht werden sollen.

Ändern sich Rahmenbedingungen, müssen auch die Ressourcen angepasst werden. Diese Ressourcen müssen definiert werden und zur Verfügung stehen.

Der Verbesserungsprozess ist zentral und umfasst alle Normabschnitte. Es muss sichergestellt sein, dass die hierfür benötigten Ressourcen definiert werden und zur Verfügung stehen.

Auch die eigene Leistungsfähigkeit ist zu klären: Wissen wir, was wir bis wann brauchen, um unsere Ziele zu erreichen? Kennen wir unsere Fähigkeiten und Grenzen? Hier unterstützt die SWOT-Analyse.

Es ist zu klären, ob externe Anbieter (auch Lieferanten) einbezogen werden. Es ist nicht immer sinnvoll, alles selber machen zu wollen. Prüfen Sie daher genau, was sie outsourcen können und was Sie selber machen wollen. Hier kann die SWOT-Analyse unterstützen (Schwächen werden sinnvollerweise ausgelagert), ebenso kann eine Kompetenzmatrix helfen (nicht vorhandene Kompetenzen könnten durch Externe kompensiert werden).

Unterstützende Werkzeuge (Auswahl)

- Workshops
- Verpflichtungserklärung der Führung
- Ressourcenmanagement
- Einsatzpläne/Stundenpläne
- KVP-Workshop
- Implementierung von KVP-Teams
- SWOT-Analyse

Tabelle 7.1 fasst die wichtigen Aspekte zu diesem Normabschnitt zusammen.

Tabelle 7.1 Ressourcen bestimmen und bereitstellen – Normabschnitt 7.1.1 umsetzen

Leitfragen ■ Was brauchen wir alles, um unsere Ziele erreichen zu können? Welche Ressourcen sind nötig? ■ Können wir das, was wir brauchen (die Ressourcen) selber bereitstellen? Oder brauchen wir externe Unterstützung? ■ Bis wann brauchen wir die Ressourcen?
Ziel: Bestimmung und Bereitstellen der Ressourcen, die nötig sind, um die Ziele zu erreichen
Umsetzungshinweis Legen Sie eine grundsätzliche Erklärung im QM-Handbuch oder in der dokumentierten Information fest, dass die erforderlichen Ressourcen für Aufbau, Verwirklichung, Aufrechterhaltung und kontinuierliche Verbesserung des QMS bestimmt und bereitgestellt werden. Prüfen Sie, ob folgende Anforderungen der Norm berücksichtigt wurden, und arbeiten Sie diese ggf. in Ihre Erklärung ein: ■ Fähigkeiten und Beschränkungen ■ Einzuholende Informationen bei Inanspruchnahme externer Anbieter (Weghorn 2022)
Mögliche Auditnachweise ■ Festlegungen in Stellenbeschreibungen ■ Budgetpläne ■ Investitionspläne ■ Investanträge ■ Projektpläne ■ Personalpläne ■ Werksstrukturpläne (Gietl/Lobinger 2022)

7.1.2 Personen

Bei diesem Abschnitt steht die Frage im Zentrum, welche Personen für die Umsetzung des QMS sowie der Prozessumsetzung und -steuerung notwendig sind. Die „notwendigen Personen“ müssen dabei die für die Umsetzung notwendige Kompetenz mitbringen (Normabschnitt 7.2). Diese zwei Normabschnitte sind also eng miteinander verknüpft.

Die Norm unterscheidet zwischen den Personen, die einerseits für die effektive Umsetzung des QMS und andererseits für die Prozessumsetzung notwendig sind. In kleineren Unternehmen oder in Unternehmen mit agilen Arbeitsweisen dürfte es sich hierbei um die gleichen Personen handeln.

Sie müssen also die für die Umsetzung des QMS, die Umsetzung und Steuerung der Prozesse notwendigen Personen bestimmen, planen, wer was macht. Diese Personen müssen die dafür notwendige Kompetenz mitbringen und verfügbar sein. Es geht nicht nur darum, *dass* Personen bestimmt werden, sondern auch darum, dass die *richtigen* Personen bestimmt werden und dass diese Personen hierfür Kapazitäten haben.

Unterstützende Werkzeuge (Auswahl)

- Implementierung eines „QMS-Teams“, „Prozesse-Teams“
- Kapazitätenpläne
- Bestimmung eines/einer QM-Beauftragten

Tabelle 7.2 fasst die wichtigen Aspekte zu diesem Normabschnitt zusammen.

Tabelle 7.2 Das notwendige Personal mit den notwendigen Kompetenzen nachweisen – Normabschnitt 7.1.2 umsetzen

Leitfragen ▪ Haben wir das Personal, damit das QMS und die benötigten Prozesse umgesetzt werden können? ▪ Verfügen diese Personen über die dazu benötigte Kompetenz?
Ziel: Nachweis, dass sich die richtigen Mitarbeitenden um die Umsetzung des QMS und der Prozesse kümmern
Umsetzungshinweis Legen Sie eine grundsätzliche Erklärung in der dokumentierten Information oder im QM-Handbuch fest, dass die Organisation das notwendige Personal bestimmt und bereitstellt, um das QMS und die benötigten Prozesse wirksam in der Praxis umzusetzen. Erstellen Sie entsprechende Dokumente, aus denen die Anforderungen hierfür hervorgehen (Stellenbeschreibungen etc.). Sammeln Sie Nachweise wie Zeugnisse, Lebenslauf etc. in Form einer Personalakte. (Weghorn 2022)

Mögliche Auditnachweise

- Organigramm
- Festlegungen in Stellenbeschreibungen
- Personalpläne
- Dienstpläne
- Stellvertretungsregelungen
- Personalbedarfsplanungen
- Kompetenzmatrix

(Gietl/Lobinger 2022)

7.1.3 Infrastruktur

Damit die Prozesse des QMS wie gewünscht durchgeführt und die gewünschten Ergebnisse (Konformität) erreicht werden können, ist Infrastruktur nötig. Diese ist zu definieren und sie muss zur Verfügung stehen, beispielsweise müssen Fahrzeuge fahrbereit, der Internetzugang gesichert oder Geräte einsatzbereit sein. Diese benötigte Infrastruktur muss instandgehalten werden. Ein Pizzabäcker muss seinen Ofen beispielsweise immer wieder warten, Fahrzeuge müssen verkehrssicher sein, Maschinenausfälle sollten vermieden werden etc.

Zur Infrastruktur gehören im Sinne der Norm beispielsweise Gebäude und dazugehörige Versorgungseinrichtungen, Ausrüstung (inklusive Hard- und Software), Transporteinrichtungen oder Informations- und Kommunikationstechnik.

Die Leitfrage bei diesem Abschnitt lautet: Welche Infrastruktur brauchen wir, damit unsere Produkte und/oder Dienstleistungen so sind, wie sie sein sollen (Konformität)? Bei einem Pizza-Bringdienst sind das beispielsweise die Zutaten, der Pizzaofen, die Fahrzeuge, die für's Ausliefern benötigt werden, das Abrechnungssystem etc. Wenn der Pizza-Bringdienst noch besonders nachhaltig sein will, dann gehört hier auch dazu, dass seine benutzten Fahrzeuge besonders umweltschonend sind (z. B. E-Bikes) oder dass nur heimische Erzeugnisse als Pizzabelag verwendet werden.

Bei einem Audit sollten Sie nachweisen können, dass Sie in Bezug auf die Infrastruktur Maßnahmen umsetzen. Dazu gehören beispielsweise Investitionspläne. Wartungs-/Reparaturpläne, IT-Sicherheitskonzepte, Überwachungen von Prüfungen, Brandschutzmaßnahmen, Notfallpläne. Auch wenn es nicht explizit von der ISO gefordert wird, denken Sie auch hier risikobasiert: Also was könnte passieren und haben wir einen Plan, wie wir damit umgehen?

Tabelle 7.3 fasst die wichtigen Aspekte zu diesem Normabschnitt zusammen.

Tabelle 7.3 Notwendige Infrastruktur bestimmen und bereitstellen – Normabschnitt 7.1.3 umsetzen

Leitfrage: Welche Infrastruktur brauchen wir, damit unsere Produkte und Dienstleistungen so sein können, wie sie sein sollen?
Ziel: Festlegung und Bereitstellung der benötigten Infrastruktur
Umsetzungshinweis Beschreiben Sie die für Ihren Betrieb notwendige Infrastruktur und legen Sie diese damit fest: ▪ Gebäude und zugehörige Gebäudetechnik ▪ Technische Ausrüstung, einschließlich Hardware und Software ▪ Transporteinrichtungen ▪ Informations- und Kommunikationstechnik Erklären Sie die Bereitstellung und Aufrechterhaltung dieser notwendigen Infrastruktur. Legen Sie Maßnahmen und Werkzeuge für die Instandhaltung dieser Infrastruktur fest (Wartungspläne etc.). (Weghorn 2022)
Mögliche Auditnachweise ▪ Werksstrukturpläne ▪ Wartungs- und Instandhaltungspläne ▪ Ablauf von Reparaturen ▪ Maschinenlebensläufe ▪ Wartungsverträge ▪ Reinigungspläne ▪ Inventarübersichten ▪ Materialflussanalysen ▪ Lagerkapazitätsbewertungen ▪ Maschinenfähigkeitsuntersuchungen ▪ Datensicherheitsregelungen ▪ IT-Schnittstellenregelungen zu Lieferanten und Kunden (Gietl/Lobinger 2022)

7.1.4 Prozessumgebung

Im Zentrum dieses Normabschnitts steht die Frage, wie die Umgebung sein muss, damit die Prozesse so wie geplant durchgeführt und die gewünschten Ergebnisse erreicht werden können (Konformität). Zu der Umgebung gehören beispielsweise der Lärmpegel in der Produktionshalle, Hygiene-Konzepte für die Lebensmittelindustrie, besondere Patientenunterstützung in der Krebsabteilung eines Krankenhauses oder Schulungsangebote, die die Resilienz der Lehrerschaft besonders stärken. Auch der Themenbereich „Arbeitssicherheit“ gehört zu diesem Punkt bzw. könnte hier eingebunden werden. Der Fokus liegt darauf, die Erfüllung der Anforderungen des QMS optimal zu unterstützen.

Die Norm unterscheidet drei Faktoren, die auch kombiniert werden und sich in Abhängigkeit vom Geschäftsmodell erheblich unterscheiden können:

- „soziale Faktoren (z. B. diskriminierungsfrei, ruhig, nichtkonfrontativ);
- psychologische Faktoren (z. B. stressmindernd, Prävention von Burnout, emotional schützend);
- physikalische Faktoren (z. B. Temperatur, Wärme, Feuchtigkeit, Licht, Luftführung, Hygiene, Lärm)."

Damit die gewünschten Ergebnisse erzielt werden können, muss die Umgebung die Umsetzung der Prozesse unterstützen und diese unterstützende Umgebung muss verfügbar sein. Dazu müssen Sie definieren, welche Umgebung nötig ist, beispielsweise im Rahmen eines „Prozesse-Workshops", mittels der Umsetzung von 5S, der Vermeidung von Verschwendung etc. Sie müssen gewährleisten, dass die Umgebung dauerhaft so ist, dass die Prozesse effektiv durchgeführt werden können, beispielsweise mittels langfristigen Leasingverträgen.

Unterstützende Werkzeuge (Auswahl)

- Prozessmanagement
- Kontinuierlicher Verbesserungsprozess (KVP)
- 5S
- Qualitätszirkel

Tabelle 7.4 fasst die wichtigen Aspekte zu diesem Normabschnitt zusammen.

Tabelle 7.4 Die passende Umgebung sicherstellen – Normabschnitt 7.1.4 umsetzen

Leitfrage: Wie muss die Umgebung sein, damit die Prozesse so wie geplant durchgeführt und die gewünschten Ergebnisse erreicht werden können (Konformität)?
Ziel: Nachweis, dass die Arbeitsumgebung geeignet ist
Umsetzungshinweis Beurteilen Sie Ihre Arbeitsumgebung/Prozessumgebung in Bezug auf folgende Faktoren: ▪ soziale Faktoren (z. B. diskriminierungsfrei, ruhig, nicht konfrontativ) ▪ psychologische Faktoren (z. B. Stress-, Burnout-Prävention) ▪ physikalische Faktoren (z. B. Temperatur, Wärme, Feuchtigkeit, Licht, Luftführung, Hygiene, Lärm usw.)

Tabelle 7.4 Die passende Umgebung sicherstellen – Normabschnitt 7.1.4 umsetzen *(Fortsetzung)*

In Abhängigkeit von den angebotenen Dienstleistungen und Produkten umfasst diese Anforderung auch alle Forderungen des klassischen Arbeitsschutzes bzw. der Arbeitssicherheit. (Weghorn 2022)
Mögliche Auditnachweise ▪ Handhabungs- und Lagerungsbedingungen (Temperatur, Luftfeuchte, Reinheit, Kennzeichnung und Rückverfolgbarkeit, Sonneneinstrahlung etc.) ▪ Wartungs- und Instandhaltungspläne ▪ Gefährdungsbeurteilung ▪ Arbeitsplatzbegehungsprotokolle ▪ Werksstrukturpläne ▪ Festlegung von einzuhaltenden Parametern in Prüfanweisungen, Betriebsanweisungen, Arbeitsanweisungen ... ▪ Aufzeichnung der einzuhaltenden Werte in Protokollen, Statistiken etc. ▪ Maßnahmen zur Vermeidung von menschlichen Fehlern: Arbeitszeitregelungen, Pausenregelungen etc. ▪ Festgelegte Anerkennungssysteme (Leistungsprämien für Menge an „In-Ordnung-Produkten", Bonus für (sehr) gutes Abschneiden bei Kundenzufriedenheitsbefragungen, Lob für besondere Kundenorientierung ...) ▪ Definierte Unternehmenswerte bzgl. Anti-Diskriminierung, Mobbing, Kinderarbeit etc. (Gietl/Lobinger 2022)

7.1.5 Ressourcen zur Überwachung und Messung

In diesem Abschnitt geht's darum, dass die für die Überwachung und Messung notwendigen Ressourcen ermittelt und bereitgestellt werden. Dabei muss auch sichergestellt und dokumentiert werden, dass diese Ressourcen geeignet sind und geeignet bleiben.

7.1.5.1 Allgemeines

Sie müssen nachweisen, dass Ihre Produkte und/oder Dienstleistungen mit den festgelegten Anforderungen übereinstimmen, also das erfüllen, was sie erfüllen sollen (Konformität). Dazu braucht es Messverfahren, die „gültige und zuverlässige Überwachungs- und Messergebnisse" liefern. Die hierfür bereitgestellten Ressourcen müssen geeignet sein und es muss laufend die Eignung sichergestellt werden.

Bei den Ressourcen zur Überwachung und Messung handelt es sich beispielsweise um Messgeräte, Arbeitsumgebung, Infrastruktur, Checklisten, Personen etc. Die Mittel, die hier eingesetzt werden, unterscheiden sich zwischen Produktion und Dienstleistung erheblich. Bei einem Bildungsanbieter kann es sich z. B. um einen Fragebogen handeln, mit dem die Teilnehmenden den Kurs bewerten, bei einem Werkzeughersteller kann es sich um ein optisches Messverfahren handeln, mit dem jede Abweichung exakt gemessen werden kann. Ein optisches Messmittel muss dabei kalibriert werden, ein Fragebogen validiert: Bei Kalibrierung und Validierung geht es also um den Nachweis der Tauglichkeit.

Dokumentierte Information

Sie müssen schriftlich nachweisen, dass sich die bereitgestellten Ressourcen zur Überwachung und Messung eignen.

Die Messverfahren, die zur Überwachung der Konformität der Produkte und/oder Dienstleistungen eingesetzt werden, müssen passen! Die verwendeten Messverfahren müssen geeignet sein.

Sie müssen die Messverfahren bestimmen, die zur Messung der Konformität eingesetzt werden. Bei Dienstleistungen wird es sich eher um qualitative Verfahren, in der Produktion eher um quantitative Verfahren handeln. Wird beispielsweise eine Checkliste eingesetzt, so müssen die Abfragepunkte eindeutig und widerspruchsfrei formuliert werden, bei einem Messsystem müssen sich die Messunsicherheiten im erlaubten Niveau bewegen oder bei mündlichen Abfragen müssen die Personen die notwendigen Fragetechniken beherrschen.

Stellen Sie sich folgende Fragen: Misst das Messinstrument tatsächlich das, was es messen soll? Wie genau ist das Ergebnis? Sie müssen auch sicherstellen, dass die Ergebnisse, die das Messinstrument liefert, valide sind, beispielsweise durch eine regelmäßige Kontrolle, Vergleiche, Korrelationsüberprüfungen etc.

Liefern die Messungen auch bei Wiederholung dieselben Messergebnisse? Wie objektiv sind die Messergebnisse? Liefern Sie unabhängig von bestimmten Personen die gleichen Ergebnisse? Diese Reliabilität müssen Sie sicherstellen, z. B. durch regelmäßige Kontrollen. Daten müssen möglichst objektiv sein, damit sie mit Aussagekraft interpretiert werden können.

Die Überwachungs- und Messmittel müssen laufend hinsichtlich ihrer Eignung überprüft werden. Bei Änderungen müssen ggf. auch die Überwachungs- und/oder Messmittel angepasst werden. Diese Eignung muss „aufrechterhalten“ werden. Bei Geräten kann es sich hierbei beispielsweise um Wartung, Reparatur, Software-Updates handeln oder bei Checklisten können sich die Rahmenbedingungen ändern, was sich auf die abgefragten Punkte auswirkt.

Die definierten Ressourcen zur Überwachung der Konformität der Produkte und/oder Dienstleistungen müssen zur Verfügung stehen und auch geeignet sein. Ihre Eignung muss daher immer wieder überprüft werden.

Falls das Messmittel nicht mehr so misst, wie es messen sollte, muss überprüft werden, ob frühere Ergebnisse falsch sind (ggf. bis zum Zeitpunkt der letzten Kalibrierung oder Verifizierung). Nicht mehr geeignet ist ein Messmittel dann, wenn es fehlerhaft ist und die festgelegten Anforderungen nicht mehr erfüllt.

Die Gültigkeit (Validität) eines Messmittels muss bei Beeinträchtigung wiederhergestellt werden. Das kann sich auch auf bereits ausgelieferte Produkte oder Dienstleistungen auswirken. Die Gewährleistung der Validität kann beispielsweise durch eine Neujustierung oder eine Reparatur des Messmittels erfolgen.

Unterstützende Werkzeuge (Auswahl)

- Prozessmanagement
- Kontinuierlicher Verbesserungsprozess (KVP)
- 5S
- Qualitätszirkel

Dokumentierte Information

Es müssen als dokumentierte Information vorliegen:

- Eignung der Ressourcen zur Überwachung der Konformität
- Eignung der Ressourcen zur Messung der Konformität

Beispiele: Kalibriernachweise, Messergebnisse zur Messmittelfähigkeit, Vergleichsmessungen oder Herstellerangaben, Personenzertifizierungen, Ausbildungsnachweise, Verifizierungen, Gültigkeitsüberprüfungen

7.1.5.2 Messtechnische Rückführbarkeit

Diese Anforderung trifft zu, wenn eine Rückverfolgung der Messung

- eine gesetzliche oder behördliche Anforderung darstellt (z. B. Schadstoffmessungen),
- von Stakeholdern gefordert wird (z. B. Qualitätssicherungsvereinbarungen) oder
- das Unternehmen selbst umsetzen will (z. B. um Rechtssicherheit zu erhöhen).

Mit der messtechnischen Rückführbarkeit soll sichergestellt werden, dass sich die Abweichungen der Prüfmittel innerhalb der vorgegebenen Toleranzen bewegen. Messtechnische Rückführbarkeit bedeutet, dass ein Messergebnis auf einen Standard (nationale oder internationale Normale) bezogen wird oder in Relation zu diesem stehen kann. Ein Messwert ist dann rückführbar, wenn eine ununterbrochene Kette von Vergleichsmessungen auf einen Standard bezogen wird. Die Messergebnisse des eigenen Messgeräts werden also mit einem Standard verglichen.

Dokumentierte Information

Wenn diese Anforderung auf Ihr Unternehmen zutrifft und keine Vergleichsnormale vorhanden ist, dann müssen Sie die Grundlage für die Kalibrierung oder Verifizierung als dokumentierte Information aufbewahren.

Wird eine messtechnische Rückführbarkeit durchgeführt, dann erhöht dies das Vertrauen in die Validität (Gültigkeit) der Messergebnisse.

Wenn das Rückverfolgen von Messungen nicht notwendig ist, dann können Sie diesen Normabschnitt ausschließen, als „nicht zutreffend" bezeichnen.

Bei der messtechnischen Rückführbarkeit müssen die Messmittel in „bestimmten Abständen oder vor der Anwendung gegen Normale kalibriert, verifiziert oder beides werden." Dies kann jährlich, monatlich etc. oder vor der Anwendung sein. Bei der Normale handelt es sich um ein Vergleichsmaß. Kalibrierung bezieht sich auf die Abweichung des Messmittels von der Vergleichsgröße. Ein Messmittel ist dann verifiziert, wenn es den gestellten Anforderungen entspricht, also die Abweichung im Toleranzbereich bleibt.

Die Vergleichsnormale muss eine verbindliche Grundlage für die entsprechenden physikalischen Größen bilden, einem nationalen oder internationalen Standard entsprechen (z. B. Ur-Kilo). Wenn ein solcher Standard nicht vorliegt, beispielsweise wenn das Unternehmen die Vergleichsnormale selber festlegt, dann muss dokumentiert werden, wie die Kalibrierung oder Verifizierung durchgeführt und welche Ergebnisse dabei erzielt werden.

Ein Messmittel muss so gekennzeichnet werden, dass der Kalibrierstatus erkennbar oder ermittelbar ist, beispielsweise durch einen Aufkleber, der den Kalibrierstatus anzeigt, oder eine ID-Nummer, die eine eindeutige Zuordnung erlaubt, und entsprechende Informationen aufrufbar sind (z. B. über eine Datenbank).

Verändern sich die Einstellungen, ist das Messmittel beschädigt oder verschlechtert sich, kann dies die Messergebnisse ungültig machen. Beeinflussungen des Kalibrierstatus müssen verhindert werden, beispielsweise durch sorgfältigen Umgang, spezielle Lagerung etc.

Dokumentierte Information

Liegt kein Standard (z. B. Vergleichsnormale) vor, muss dokumentiert werden, wie die Kalibrierung oder Verifizierung durchgeführt wird und welche Ergebnisse dabei erzielt werden.

Tabelle 7.5 fasst die wichtigen Aspekte zu diesem Normabschnitt zusammen.

Tabelle 7.5 Gültige und verlässliche Überwachungs- und Messergebnisse gewährleisten – Normabschnitt 7.1.5 umsetzen

Leitfragen

- Liefern die Messverfahren „gültige und zuverlässige Überwachungs- und Messergebnisse"?
- Sind die hierfür bereitgestellten Ressourcen geeignet und wird laufend die Eignung sichergestellt?

Ziel: Sicherstellung von gültigen und verlässlichen Überwachungs- und Messergebnissen

Umsetzungshinweis

Legen Sie eine Bestandsliste Ihrer Mess- und Prüfmittel an (Ressourcen zur Überwachung und Messung). Wichtig dabei ist eine eindeutige Nummerierung der aufgeführten Mittel und die Festlegung eines geeigneten Kalibrierintervalls.
Kennzeichnen Sie die Prüfmittel mit der entsprechenden ID-Nummer.
Legen Sie in einem Wiedervorlagesystem geeignete Serientermine für die Prüfmittelüberwachung fest (je nach Kalibrierintervallen).
Durchführung der Kalibrierung, ggf. mit Justierung, mit entsprechender Dokumentation und Kennzeichnung des Prüfmittels mit dem nächsten Prüfdatum.
Legen Sie ein Ablagesystem für die durchgeführten Kalibriernachweise fest (Ordner, Datenbank etc.).
Schützen Sie Ihre Prüfmittel vor Beschädigung, De-Justierung oder Verschlechterung.
Prüfen Sie, ob mit Ihrem System folgende Anforderungen erfüllt sind:

- Eignung der Messmittel sowie deren Kalibrierungen und Prüfintervalle
- geeignete Aufzeichnungen/Nachweise hierzu

Wo eine messtechnische Rückführbarkeit gefordert ist, muss eine Rückführung auf internationale oder nationale Normale gegeben sein.
Wo letzter Punkt nicht gegeben ist, muss die Grundlage der Kalibrierung oder Verifizierung an geeigneter Stelle dokumentiert werden.
Bei Feststellung mangelnder Eignung müssen auch frühere Messergebnisse infrage gestellt werden.
(Weghorn 2022)

Mögliche Auditnachweise

- Prüfplanungskonzept
- Qualifikationsanforderungen an die Person, die die Prüfung durchführt
- Schulungen zum sorgsamen Umgang
- Umgebungsbedingungen in Prüfanweisungen
- Messmittelfähigkeitsbetrachtungen
- Validierung von Prüfsoftware
- Verzeichnis der Messmittel und Normale
- Prüfmitteldatenbank
- Kalibriernachweise mit Bezug zu internationalen Normalen
- Dokumentierte Maßnahmen bei defekten Messmitteln

(Gietl/Lobinger 2022)

7.2 Kompetenz definieren und sicherstellen

Kompetenz ist im Sinne der ISO die „Fähigkeit, Wissen und Fertigkeiten anzuwenden, um beabsichtigte Ergebnisse zu erzielen“. Es geht nicht primär darum, dass eine Person bestimmte Zertifikate mitbringt, sondern dass sie fähig ist, so zu handeln, dass die Ziele erreicht werden. Die Frage nach der Kompetenz schließt alle Personen ein, die Tätigkeiten ausführen, die die Leistung und Effektivität des QMS beeinflussen, also auch Leiharbeiter, Kooperationspartner etc.

Bei diesem Normabschnitt (Bild 7.3) stehen folgende Fragen im Zentrum:

> Welche Kompetenz ist erforderlich? Ist die benötigte Kompetenz vorhanden? Wie lassen sich etwaige Lücken schließen? Und wie lässt sich die Effektivität der Maßnahme bewerten?

Dokumentierte Information

Sie müssen einen „angemessenen“ schriftlichen Nachweis der benötigten Kompetenz aufbewahren.

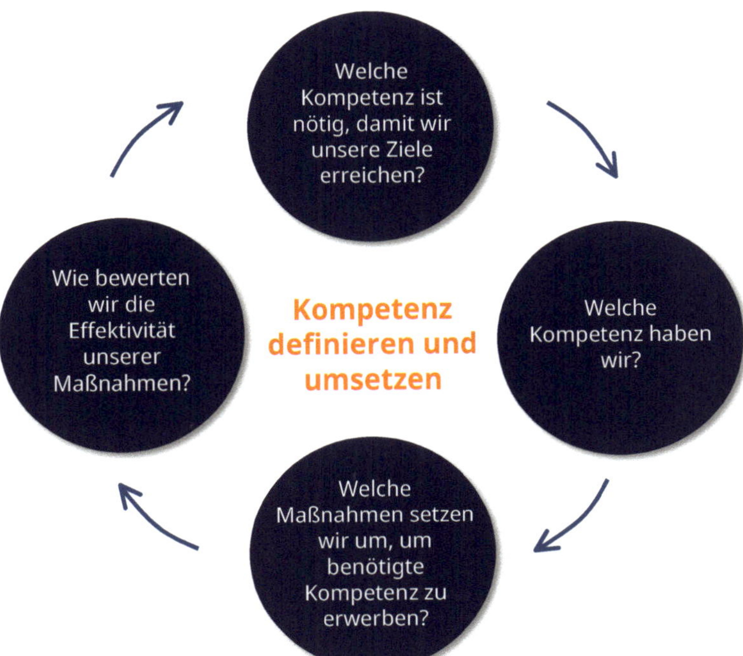

Bild 7.3 Der Abschnitt 7.2 der ISO 9001 im Überblick

Es muss definiert werden, welche Kompetenz erforderlich ist, um die gewünschte Leistung und die gewünschte Effektivität (Wirksamkeit) des QMS zu erreichen. Bei den erforderlichen Kompetenzen kann es sich beispielsweise um Sprachkenntnisse, Führerscheine, Hochschulabschlüsse etc. handeln. Sie müssen also wissen, was es braucht, damit das QMS so läuft, wie es laufen soll. Ziel muss dabei immer sein, die gewünschten Ergebnisse zu erreichen. Also: Welche Leistung bzw. welche Qualitätsziele sollen erreicht werden? Welche Kompetenzen müssen die Beteiligten hierfür mitbringen?

Es muss auch sichergestellt sein, dass die Personen, die die Leistung und die Effektivität des QMS beeinflussen, dafür ausreichend kompetent sind. Bei diesem Punkt geht es darum, dass für die Personen, die in Ihrem Auftrag arbeiten (die ISO schreibt „unter (...) Aufsicht Tätigkeiten verrichten") und die Leistung sowie die Effektivität des QMS beeinflussen, auch die dafür „erforderliche Kompetenz" besitzen. Basis der Kompetenz bilden Erfahrung, Ausbildung und/oder Schulung der Beteiligten. Passen diese zu der erforderlichen Kompetenz? Sind die Beteiligten so kompetent, dass die Leistung des QMS wie gewünscht umgesetzt werden kann? Oder sind Kompetenzlücken vorhanden?

Bei Kompetenzlücken müssen Maßnahmen eingeleitet werden, damit diese Lücken geschlossen werden, beispielsweise durch Schulungsmaßnahmen, Einstellen von neuem, entsprechend kompetentem Personal, das Outsourcen der Tätigkeit, Mentoring etc. Dieser Normabschnitt ist eng an den Normabschnitt 5.1 geknüpft. Die Führung ist dafür verantwortlich, dass die benötigte Kompetenz vorhanden ist.

Erzielen die eingesetzten Maßnahmen, um Kompetenzlücken zu schließen, den gewünschten Effekt? Diese Frage müssen Sie beantworten können, dazu benötigen Sie ein entsprechendes Bewertungsschema.

Unterstützende Werkzeuge (Auswahl)

- Einarbeitungspläne
- Feedbackgespräche
- Checklisten
- Schulungen
- Lernzirkel
- Kompetenzmatrix
- Anforderungsmatrix

Dokumentierte Information

Sie müssen den Kompetenznachweis „angemessen" schriftlich festhalten, beispielsweise durch Schulungspläne, einer Kompetenzmatrix etc.

Tabelle 7.6 fasst die wichtigen Aspekte zu diesem Normabschnitt zusammen.

Tabelle 7.6 Kompetenz ermitteln und vorhandene Kompetenzlücken schließen – Normabschnitt 7.2 umsetzen

Leitfragen

- Welche Kompetenz ist erforderlich?
- Ist die benötigte Kompetenz vorhanden?
- Wie lassen sich etwaige Lücken schließen?
- Wie lässt sich die Effektivität der Maßnahme(n) bewerten?

Ziel: Sicherstellung, dass das Personal über die notwendige Kompetenz verfügt

Umsetzungshinweis

Aufbauend auf den Stellen- und Funktionsbeschreibungen müssen die erforderlichen Kompetenzen im Unternehmen bestimmt werden, z. B. in Form von Qualifikationsmatrizen, in denen dargestellt wird, welche Kompetenz welcher Mitarbeitende besitzt.
Leiten Sie hieraus einen Schulungsplan ab, welche Kompetenzen gefördert werden müssen (Ermittlung des Schulungsbedarfs).
Führen Sie die Schulungsmaßnahmen wie geplant durch (intern und extern). Auch Maßnahmen wie Mentoring, Job-Rotation oder Ähnliches fallen hierunter.
Sammeln Sie geeignete Schulungsnachweise. Wo keine externen Nachweise vorhanden sind, sollte ein eigener Schulungsnachweis erstellt werden.
Prüfen Sie die Wirksamkeit der Schulungen (je nach Unternehmensgröße ggf. schriftlich).
(Weghorn 2022)

Mögliche Auditnachweise

- Anforderungsprofile
- Liste wiederkehrend durchzuführender Schulungen und Einweisungen
- Kompetenzmatrix
- Stellen-/Funktionsbeschreibungen
- Mitarbeitergespräche
- Einarbeitungspläne
- Schulungspläne
- Mentoringprogramme
- Schulungsnachweise (Teilnahmebescheinigungen, Listen, Zertifikate ...)
- Wirksamkeitsbewertungen über Teilnehmerfeedback, Vorgesetztenfeedback, Tests, Probearbeiten, Kennzahlen zur Arbeitsleistung

(Gietl/Lobinger 2022)

7.3 Qualitätsbewusstsein fördern

Alle Personen, die für das Unternehmen tätig sind und die Leistung und die Effektivität des QMS beeinflussen, müssen über ein entsprechendes Bewusstsein darüber verfügen, wie sich ihre Handlungen auswirken (Bild 7.4). Nur wenn mir bewusst ist, dass beispielsweise meine patzige Reaktion auf eine Kundenreklamation nicht kundenorientiert ist, dass ich damit eventuell eine Chance auf Verbesserung nicht nutze und dadurch womöglich Ziele nicht erreicht werden, werde ich eher bereit sein, nachzufragen, die Reklamation ernst zu nehmen und einen freundlichen Ton zu wählen.

Bei den Personen, die für das Unternehmen arbeiten und die das QMS beeinflussen können, müssen folgende Fragen geklärt sein:

Sind sich die beteiligten Personen der Qualitätspolitik und der für sie relevanten Qualitätsziele bewusst? Ist ihnen ihr Beitrag zur Wirksamkeit (Effektivität) und Verbesserung der Leistung des QMS bewusst? Sind ihnen die Folgen klar, die ein Nichterfüllen der Anforderungen des QMS mit sich bringen? Und auch der Nutzen, der mit dem Erfüllen einhergeht?

Bild 7.4 Der Abschnitt 7.3 der ISO 9001 im Überblick

Die ISO spricht hier von „Bewusstsein“.

Bewusstsein ist mehr als Kennen oder ein Darüberbescheidwissen. Es zielt darauf ab, dass sich eine Unternehmenskultur entwickelt, in der Qualitätsbewusstsein die zentrale Rolle spielt.

Qualitätsbewusstsein hat mit Verantwortungsübernahme, mit vorausschauendem und ganzheitlichem Denken, Prozess- und Kundenorientierung zu tun. Im Sinne der Norm müssen dazu die Beteiligten die Vorteile eines QMS kennen und sollten so weit wie möglich einbezogen werden. Ist klar, warum etwas zu tun ist, welchen Nutzen bzw. Sinn das Ganze hat? Wenn dabei auch Möglichkeiten der Einflussnahme oder Gestaltungsspielräume bestehen, kombiniert mit Wertschätzung und Wahrnehmung der Vorbildfunktion der Führung, dann ist die Wahrscheinlichkeit sehr hoch, dass die Mitarbeitenden ein entsprechendes Bewusstsein entwickeln. Zu einem bestimmten Bewusstsein braucht es bestimmte Werte, eine bestimmte Unternehmenskultur.

Wer Wein predigt und Wasser ausgibt, hat schlechte Karten.

Personen, die das QMS durch ihre Arbeit beeinflussen, müssen sich der Qualitätspolitik und der Qualitätsziele bewusst sein. Es geht hier um alle Personen, die die Wirksamkeit und Leistung des QMS beeinflussen und dazu beitragen, dass die Konformität der Produkte und Dienstleistungen erreicht wird. Also auch um Leiharbeiter etc. Die Qualitätspolitik und die Qualitätsziele müssen immer wieder kommuniziert werden und für die Beteiligten einsehbar sein. Durch Nachfragen kann beispielsweise geklärt werden, ob diese Information auch wirklich bei den Beteiligten angekommen ist. Werden die Qualitätspolitik und die Qualitätsziele von den Beteiligten selbst (mit)erarbeitet, dann ist die Wahrscheinlichkeit hoch, dass sie sich dieser bewusst sind.

Alle Personen, die das QMS durch ihre Arbeit beeinflussen, müssen sich klar darüber sein, was sie in Bezug auf die Leistung und die Effektivität (Wirksamkeit) des QMS beitragen und auch welche Folgen das Nichterfüllen einer Anforderung des QMS mit sich bringt. Alle Beteiligten müssen erkennen, warum es sinnvoll ist, die Anforderungen des QMS zu erfüllen, und wie fatal es sein könnte, diese nicht zu erfüllen, beispielsweise wenn geforderte Sicherheitsmaßnahmen nicht erfüllt oder fehlerhafte Teile ausgeliefert werden. Unterstützen kann hierbei das Ursache-Wirkungs-Diagramm (Q7).

Es muss für alle Beteiligten klar sein, welche Vorteile eine verbesserte Leistung des QMS mit sich bringt. Das Erkennen von Sinn ist motivierend und unabdingbar für jegliches Commitment!

Unterstützende Werkzeuge (Auswahl)

- Feedbackgespräche
- Transparente und fortlaufende Kommunikation
- Q7

Tabelle 7.7 fasst die wichtigen Aspekte zu diesem Normabschnitt zusammen.

Tabelle 7.7 Qualitätsbewusstsein entwickeln – Normabschnitt 7.3 umsetzen

Leitfragen ▪ Sind sich die beteiligten Personen der Qualitätspolitik und der für sie relevanten Qualitätsziele bewusst? ▪ Ist ihnen ihr Beitrag zur Wirksamkeit (Effektivität) und Verbesserung der Leistung des QMS bewusst? ▪ Sind ihnen die Folgen klar, die ein Nichterfüllen der Anforderungen des QMS mit sich bringen?
Ziel: Schaffen und Weiterentwickeln eines Qualitätsbewusstseins
Umsetzungshinweis Schaffen Sie das notwendige Qualitätsbewusstsein, indem Sie eine Verpflichtungserklärung für die Mitarbeitenden erstellen, in der folgende Informationen verankert sind (z. B. Auszüge aus dem QM-Handbuch bzw. der dokumentierten Information): ▪ Qualitätspolitik ▪ Qualitätsziele ▪ Beitrag der Mitarbeitenden am QMS ▪ Folgen von Fehlern (Nichterfüllung von Forderungen) Vermitteln Sie die Inhalte durch geeignete Veranstaltungen und holen Sie von jedem Mitarbeitenden eine Unterschrift zu dieser Verpflichtungserklärung ein. (Weghorn 2022)
Mögliche Auditnachweise ▪ Infotage für Mitarbeitende ▪ Definierte Werte für die Zusammenarbeit im Unternehmen ▪ Workshops zur Leitbildentwicklung, gemeinsam mit Mitarbeitenden ▪ KVP-Workshops ▪ Teambildungsmaßnahmen ▪ Qualitätszirkel (Wochen-, Monats- oder Quartalsbesprechungen) ▪ Persönliche Kommunikation der Qualitätspolitik durch Führungskräfte mit konkreten Beispielen zu der Umsetzung im Berufsalltag ▪ Breite Kommunikation von Qualitätszielen ▪ Definition von Maßnahmen zur Erreichung der Qualitätsziele unter Einbeziehung der Mitarbeitenden ▪ Agendapunkt „Beitrag zum Qualitätsmanagement“ oder „Veränderungsbeiträge“ im Mitarbeitergespräch ▪ Aushang von Kennzahlenentwicklungen zu relevanten Prozesskenngrößen (Wartezeiten, Ausschussquoten, Lieferterminverzögerungen, Feldrückmeldungen …) ▪ Besprechung mit Mitarbeitenden über Qualitätsmaßnahmen und deren Auswirkungen ▪ Kommunikation von Reklamationen und deren Ursachen, Einbindung der Mitarbeitenden bei der Definition von Korrekturmaßnahmen ▪ Anerkennungssysteme (Prämien, Lob, Incentives) (Gietl/Lobinger 2022)

7.4 Richtig kommunizieren

Die richtige Kommunikation entscheidet über Erfolg oder Nichterfolg! Eine Führungskraft, die beispielsweise offen, transparent und wertschätzend kommuniziert, wird mehr Zustimmung erfahren als eine Führungskraft, die das nicht tut. Kommunikationsmängel sind die Hauptursache von Fehlern. Wenn beispielsweise aus einer Liste mit Maschineneinstellungen nicht klar hervorgeht, welche Einstellungen nun genau vorzunehmen sind, sind Fehler vorprogrammiert. Kommunikationsprozesse sind also genau zu definieren, zu gestalten und zu optimieren.

Bei diesem Normabschnitt geht's um interne und externe Kommunikation, die in Bezug auf das QMS relevant ist (Bild 7.5). Es steht folgende Frage im Zentrum:

Wer kommuniziert wann mit wem worüber und wie?

Bild 7.5 Der Abschnitt 7.4 der ISO 9001 im Überblick

Es muss definiert werden, worüber intern über das QMS kommuniziert werden muss. Das kann beispielsweise die Qualitätspolitik oder die Qualitätsziele betreffen, aber auch die Umsetzung bestimmter Methoden, Abstimmungsgespräche, Strategie, konkrete Umsetzung, direkte Feedbackgespräche etc.

Worüber wird extern kommuniziert? Auch dies ist zu definieren. Das kann beispielsweise Kundenreklamationen oder Abstimmungen mit Lieferanten betreffen. Hier sind insbesondere die unter Normabschnitt 4 ermittelten Stakeholder (interessierte Parteien) zu berücksichtigen.

Es muss definiert werden, wer mit wem bei der internen und externen Kommunikation in Bezug auf das QMS kommuniziert. Wenn klar ist, worüber kommuniziert werden muss, kann die Frage beantwortet werden, wer mit wem kommuniziert. Welche Kommunikationsaufgaben übernimmt beispielsweise der Qualitätsmanager oder die Qualitätsmanagerin? Welche die Führung? Wer muss einbezogen werden? Wer hat die aktive Kommunikationsrolle? Gibt es beispielsweise eine eigene Kundenberatung? Wer kümmert sich um die Lieferanten?

Es muss definiert werden, wie bei der internen und externen Kommunikation in Bezug auf das QMS kommuniziert wird. Eher direkt (face-to-face) oder eher schriftlich? In Meetings mit persönlicher Anwesenheit, virtuell oder hybrid? Welche Regeln gelten bei der Kommunikation? Etc.

Unterstützende Werkzeuge (Auswahl)

- Kommunikationsmatrix
- Workshops

Tabelle 7.8 fasst die wichtigen Aspekte zu diesem Normabschnitt zusammen.

Tabelle 7.8 Richtig kommunizieren – Normabschnitt 7.4 umsetzen

Leitfrage: Wer kommuniziert wann mit wem worüber und wie?
Ziel: Festlegen der internen und externen Kommunikation
Umsetzungshinweis Prüfen Sie kritisch, wie aufgrund Ihrer Organisationsgröße vernünftig kommuniziert werden sollte. Bedenken Sie dabei, dass Information einseitig und Kommunikation zweiseitig ist. Folgende Punkte müssen im Sinne der Norm festgelegt werden, z. B. im QM-Handbuch oder einer Verfahrensanweisung: Worüber wird wann mit wem wie kommuniziert? Je nach Organisationsgröße sollten Besprechungen geeignet dokumentiert werden. Hierfür empfiehlt es sich, ein strukturiertes Formblatt mit To-Do-Block zu verwenden. (Weghorn 2022)
Mögliche Auditnachweise ▪ Routinebesprechungen für Qualitätsprobleme bzw. Reklamationen ▪ Routinebesprechungen zur Koordination und Abstimmung innerhalb oder zwischen den Abteilungen und Prozessen ▪ Gruppenschulungen und andere Zusammenkünfte ▪ Eignung und Nutzung audiovisueller und elektronischer Medien ▪ Bekanntheit der Ansprechpartner für Expertenthemen ▪ Festlegungen zur Erreichbarkeit und von Reaktionszeiten ▪ E-Mail-Handhabungsregelungen ▪ Anschlagtafeln, unternehmensinterne Zeitschriften/Magazine

- Kommunikationswege zu interessierten Parteien, vor allem zu Behörden und Lieferanten
- Technische Voraussetzungen für verschiedene Kommunikationswege (Videokonferenz, Dateiformate, Mobiltelefon ...)
- Kundenkommunikation (siehe Normabschnitt 8.2.1)

(Gietl/Lobinger 2022)

7.5 Dokumentierte Information sicherstellen

Die ISO 9001 fordert eine „dokumentierte Information“, aber ein QM-Handbuch oder dokumentierte Verfahren sind nicht zwingend nötig (Bild 7.6). Es stehen folgende Fragen im Zentrum:

> Was müssen wir verpflichtend dokumentieren? Welche Dokumentation ist für uns sinnvoll? Welches Format und Medium wählen wir? Wie stellen wir sicher, dass diese Dokumentation aktuell bleibt, dass Änderungen berücksichtigt werden? Und wer darf wann wie zugreifen?

Sie sollten Ihre Dokumentation so gestalten, dass kein Vorwissen erforderlich ist, um sie zu verstehen, dass sie möglichst klar und eindeutig formuliert ist. Es muss auch jeder, der zur Wirksamkeit und Leistung des QMS beiträgt, Einblick in diese Dokumentation haben.

Bild 7.6 Der Abschnitt 7.5 der ISO 9001 im Überblick

7.5.1 Wissen

Bei diesem Punkt geht's um den Umgang mit unternehmensspezifischem Wissen. Welches Wissen wird benötigt, damit Prozesse wie gewünscht umgesetzt werden und die Konformität der Produkte und Dienstleistungen erreicht wird, also dass die Ergebnisse so sind, wie sie sein sollen?

Dabei müssen folgende Fragen beantwortet werden:

> Welches Wissen brauchen wir, damit wir unsere Ziele erreichen können? Welches Wissen haben wir? Wie können wir unsere Wissenslücken schließen? Wie lässt sich das Wissen vermitteln? Wie stellen wir sicher, dass das vorhandene Wissen auch angewendet wird? Wie stellen wir sicher, dass das vorhandene Wissen aufrechterhalten wird und Veränderungen berücksichtigt werden?

Die ISO unterscheidet in Wissen, das auf internen Quellen beruht, wie beispielsweise geistiges Eigentum (wie Patente), Erfahrungswissen, gesammeltes Wissen, Lernen aus eigenen Erfahrungen (Fehler, Projekte, Ergebnisse), Erfassen und Austausch von nicht Dokumentiertem, und in Wissen, das auf externen Quellen beruht, wie beispielsweise Normwissen, wissenschaftliche Erkenntnisse, Konferenzen, „Wissenserwerb von Kunden oder externen Anbietern".

Wissen ist das, was wir brauchen, um zu handeln. Kompetenz ist die Fähigkeit, diese Handlungen auszuführen.

Um Ziele zu erreichen, braucht es ein bestimmtes Wissen. Ein Bäcker muss wissen, wie Brot gebacken wird, im Qualitätsmanagement muss klar sein, was PDCA bedeutet etc. Es muss ein spezifisches Wissen vorhanden sein, damit Prozesse umgesetzt werden können und die Konformität der Produkte und Dienstleistungen sichergestellt ist. Sie müssen wissen, welches Wissen in Ihrem Unternehmen vorhanden ist und dieses beispielsweise in einer Qualifikationsmatrix erfassen. Dazu gehört Wissen, das beispielsweise als Patent vorhanden ist, Produktbeschreibungen oder dergleichen, aber auch Erfahrungswissen, Marktkenntnisse etc. Nur dann können Sie bestimmen, welches Wissen Sie noch brauchen.

Sie müssen dazu fähig sein, Wissenslücken zu füllen. Diesem Aspekt geht voraus, dass Sie einen Soll-Ist-Abgleich vom benötigten mit vorhandenem Wissen durchführen. So können Sie erfassen, wo sich die Lücken befinden und was Sie dazu brauchen, um diese zu füllen. Gibt es Änderungen (beispielsweise eine neue KI), dann entstehen eventuell neue Wissenslücken, die wieder gefüllt werden müssen. Wissenslücken können beispielsweise durch Schulungen, Teamarbeit, Job-Sharing, Lessons Learned geschlossen werden.

Wissen muss aktuell und verfügbar sein (aufrechterhalten werden). Es reicht nicht, wenn es nur einmalig zur Verfügung steht. Lernen aus abgeschlossenen Projekten ist beispielsweise nur möglich, wenn das gesammelte Wissen für das nächste Projekt zur

Verfügung steht und vom Projektteam genutzt wird. Wissenslandkarten oder Lessons Learned können hierbei beispielsweise unterstützen.

Das benötigte Wissen muss so vermittelt werden, dass es verstanden wird, denn nur dann kann es angewendet werden. Auch bei Veränderungen des Wissens muss dafür gesorgt werden, dass es so wie gewünscht beim Empfänger ankommt.

Das benötigte Wissen muss verfügbar sein. Dazu gehört, dass das Wissen im ausreichenden Umfang und genau dann zur Verfügung steht, wenn es gebraucht wird. Ändert sich das Wissen, dann muss auch dieses veränderte Wissen verfügbar sein, z. B. mittels einer entsprechenden Datenbank, Qualitätszirkel, Besprechungen, Teamarbeit etc.

Wenn es Veränderungen gibt wie beispielsweise technologische Entwicklungen oder Veränderungen der Anforderungen, dann muss überprüft werden, ob das vorhandene Wissen ausreicht. Wenn dies nicht der Fall sein sollte, dann muss geklärt werden, welches Wissen erforderlich ist und wie diese neue Wissenslücke geschlossen wird.

Unterstützende Werkzeuge (Auswahl)

- Weiterbildungsmaßnahmen
- Teamarbeit, Qualitätszirkel
- Wissenslandkarten
- Feedbackgespräche

Tabelle 7.9 fasst die wichtigen Aspekte zu diesem Normabschnitt zusammen.

Tabelle 7.9 Das notwendige Wissen sichern und zur Verfügung stellen – Normabschnitt 7.1.6 umsetzen

Leitfrage: Welches Wissen wird benötigt, damit Prozesse wie gewünscht umgesetzt werden und die Konformität der Produkte und Dienstleistungen erreicht wird?
Ziel: Nachweis, dass das Unternehmen über das notwendige Wissen verfügt, um die Konformität sicherzustellen
Umsetzungshinweis Ermitteln Sie, wo sich im Unternehmen Wissen befindet, das gesichert werden sollte. Weitere Leitfragen hierzu: Wo ist Wissen auf eine Person konzentriert? Wo besteht die Gefahr, dass mit einem Mitarbeiterweggang durch Krankheit, Unfall, aus Altersgründen, durch Kündigung etc. wichtiges Wissen abhandenkommt? Sichern Sie das ermittelte Wissen durch geeignete Maßnahmen, z. B.: ▪ Verteilung des Wissens auf mehrere Köpfe ▪ Dokumentation (z. B. Aufbau einer Wissensdatenbank) ▪ Schulungsunterlagen etc. (Weghorn 2022)

Tabelle 7.9 Das notwendige Wissen sichern und zur Verfügung stellen – Normabschnitt 7.1.6 umsetzen *(Fortsetzung)*

Mögliche Auditnachweise

- Informationseingangs- und -weiterleitungspunkte
- Rechtsverzeichnis
- Kundendatenbank
- Wissensdatenbank
- Messebesuche und Auswertung
- Expertenverzeichnis
- Wiki-Systeme
- Lessons-Learned-Ansätze in Projekten
- Kompetenzmatrix von Mitarbeitenden
- FMEA und Fehlerdatenbanken
- Erfahrungsaustausch
- Benchmarking
- Systematische Nachfolgeplanung und Einarbeitung

(Gietl/Lobinger 2022)

7.5.2 Allgemeines

Bis auf die Aspekte, die verpflichtend dokumentiert werden müssen, können Sie selbst entscheiden, welchen Umfang diese dokumentierte Information haben muss. Alles andere ist davon abhängig, was Sie für sich als notwendig definiert haben, damit das QMS seine angestrebten Ziele erreicht (Wirksamkeit).

Die ISO 9001 fordert an einigen Stellen, dass Sie einen schriftlichen Nachweis liefern, und dieser Nachweis muss im QMS integriert werden.

Sie müssen für Ihr Unternehmen definieren, welche Dokumentation notwendig ist, damit die Effektivität (Wirksamkeit) des QMS sichergestellt ist. Der Umfang ist davon abhängig, wie groß Ihre Organisation ist, welche Produkte und/oder Dienstleistungen Sie anbieten, von der Art der Tätigkeiten, den Prozessen, von der Komplexität der Prozesse und deren Wechselwirkung. Auch die Kompetenz der beteiligten Personen spielt eine Rolle.

Sie müssen hier berücksichtigen, ob es gesetzliche und/oder behördliche Anforderungen gibt. Es kann auch von Ihren Kunden (beispielsweise bei Qualitätssicherungsvereinbarungen) eine Pflicht zur Dokumentation definiert werden.

Die für Ihr Unternehmen als notwendig definierte dokumentierte Information muss im QMS integriert sein.

Unterstützende Werkzeuge (Auswahl)

- Verantwortungsmatrix
- Dokumentenmanagement

7.5.3 Erstellung und Aktualisierung

Die Dokumentation muss so sein, dass geplante Prozesse wie gewünscht umgesetzt werden können. Dazu gehört, dass die Dokumentation stets aktuell gehalten wird.

Die Dokumentation muss bei der Erstellung und bei Aktualisierungen angemessen gekennzeichnet werden und für alle Beteiligten eindeutig identifizierbar sein. Sie muss sich eindeutig zuordnen lassen und beim Erstellen und Aktualisieren angemessen beschrieben werden. Dabei kann es sich beispielsweise um die Betitelung, um Datumsangaben, Autorennennung der Referenznummern handeln. Wenn sich mehrere Personen beispielsweise um Aktualisierungen kümmern, sollte klar sein, wer was gemacht hat.

Für die dokumentierte Information muss ein angemessenes Format benutzt werden. Beispielsweise ist es wenig sinnvoll, wenn ein Textverarbeitungssystem benutzt wird, das nur der Ersteller installiert hat. Oder der Text in einer Sprache verfasst wird, die nur ein Teil der Beteiligten versteht. Die dokumentierte Information ist ein „lebendes" Dokument, das heißt, es wird immer wieder Veränderungen geben. Diese Veränderungen müssen eingepflegt werden können, je einfacher und leichter dies möglich ist, desto besser.

Für die dokumentierte Information muss ein angemessenes Medium benutzt werden. Liegt die dokumentierte Information als Printversion vor? Oder nur elektronisch? Ist Internetzugang erforderlich? Etc. Hier muss berücksichtigt werden, dass es sehr wahrscheinlich im Laufe der Zeit Änderungen der Dokumentation geben wird.

Es muss sichergestellt werden, dass die Eignung der dokumentierten Information überprüft wird. Ist die dokumentierte Information so, dass sie die Ziele unterstützt? Neben der Überprüfung der Eignung muss diese auch „genehmigt" (freigegeben) werden. Es muss auch sichergestellt werden, dass die Angemessenheit der dokumentierten Information überprüft wird. Ist die dokumentierte Information so, dass sie zum Unternehmen und zum QMS passt? Neben der Überprüfung der Angemessenheit muss auch diese „genehmigt" werden. Dazu ist es sinnvoll, entsprechende Verantwortlichkeiten zuzuweisen.

Wenn die Dokumentation nicht mehr geeignet und/oder angemessen sein sollte, müssen entsprechende Maßnahmen eingeleitet werden.

Unterstützende Werkzeuge (Auswahl)

- Verantwortungsmatrix
- Dokumentenmanagement

7.5.4 Steuern

„Falls zutreffend“ (ISO 9001), müssen Sie sich beim Abschnitt „7.5.3 Lenkung dokumentierter Information“ um die „Verteilung, Zugriff, Auffindung und Verwendung; Ablage/Speicherung und Erhaltung, einschließlich Erhaltung der Lesbarkeit; Überwachung von Änderungen (z. B. Versionskontrolle); Aufbewahrung und Verfügung über den weiteren Verbleib“ kümmern.

Die Verteilung der dokumentierten Information muss – wenn zutreffend – geregelt werden. Es muss sichergestellt werden, dass diejenigen, die von der dokumentierten Information betroffen sind, diese auch erhalten. Prozessdarstellungen müssen dort sein, wo sie gebraucht werden. Werden Checklisten eingesetzt, dann müssen diese verfügbar sein etc.

Die dokumentierte Information muss auch verfügbar sein, die Auffindbarkeit muss – wenn zutreffend – geregelt werden. Wissen die Beteiligten, wo sie die dokumentierte Information finden, wenn sie sie brauchen?

Die Verwendung der dokumentierten Information muss – wenn zutreffend – geregelt werden. Es muss sichergestellt werden, dass die dokumentierte Information auch verwendet werden kann, wenn sie gebraucht wird. Sie muss zu Raum und Zeit passen. Wenn sie beispielsweise in der Cloud gespeichert sein sollte, dann ist Internetzugang nötig. Es muss dabei geregelt werden, welche Rechte mit dem Zugriff verbunden sind: Kann nur gelesen werden oder auch verändert?

Es muss sichergestellt werden, dass die dokumentierte Information ausreichend geschützt wird, beispielsweise vor Beschädigungen, Verlust der Integrität, Verlust der Vertraulichkeit etc. Wenn im Homeoffice gearbeitet wird, dann muss hier zusätzlich auf Datensicherheit geachtet werden. Die ISO 9001 weist zweimal darauf hin, wenn die dokumentierte Information als Konformitätsnachweis dient, dass sie vor unbeabsichtigten Änderungen geschützt werden muss. Auf die Dokumente könnte beispielsweise ein Schreibschutz gelegt und regelmäßige Backups gemacht werden.

Sie müssen bei der dokumentierten Information auch Aufbewahrungsfristen einhalten. Die gesetzlichen Fristen liegen in Deutschland zumeist bei sechs oder zehn Jahren. Bei Unterlagen, die beispielsweise für die Steuer relevant sind, gilt zumeist eine Aufbewahrungsfrist von zehn Jahren. Wenn Sie sich unsicher sind, dann halten Sie sich am besten an die zehn Jahre. Für Prozessdarstellungen oder dergleichen gibt es keine vorgegebenen Aufbewahrungsfristen. Sie sollten sich unabhängig von den gesetzlichen Regelungen hier dennoch überlegen, wie lange Sie Ihre unterschiedlichen Dokumente aufbewahren wollen.

Änderungen bei der dokumentierten Information müssen überwacht werden. Ist nachvollziehbar, wer was wann gemacht hat und welche Version gerade aktuell ist?

Es muss sichergestellt werden, dass die dokumentierte Information auch erhalten bleibt (einschließlich Lesbarkeit). Gibt es beispielsweise Backups, falls die Dokumentation auf einem Server gespeichert sein sollte? Oder wird ein Programm zum Erstellen benutzt, das eventuell nur auf „alten" Betriebssystemen läuft?

Auch die Aufbewahrung der dokumentierten Information muss geregelt werden. Falls die Dokumentation auf einem Server steht, wie sicher ist es beispielsweise, dass der Server auch in zwei Jahren noch zur Verfügung steht?

Laut ISO 9001 muss auch – falls zutreffend – eine „Verfügung über den weiteren Verbleib" der dokumentierten Information getroffen werden.

Wenn eine dokumentierte Information nicht von Unternehmen selbst erstellt wird, sondern von extern kommt, dann muss diese angemessen gekennzeichnet werden. Ob eine externe dokumentierte Information notwendig ist, können Sie selbst entscheiden. Wichtig ist die Frage, brauchen wir diese externe dokumentierte Information, damit wir das QMS planen und umsetzen können?

Auch bei einer extern erstellten dokumentierten Information muss klar sein, wer was wie macht und wie mit Aktualisierungen, Veränderungen etc. umgegangen wird.

Unterstützende Werkzeuge (Auswahl)

- Verantwortungsmatrix
- Dokumentenmanagement
- Aushänge, Infotafeln, Rückfragen
- Wissensmanagement

Tabelle 7.10 fasst die wichtigen Aspekte zu diesem Normabschnitt zusammen.

Tabelle 7.10 Angemessen dokumentieren – Normabschnitt 7.5 umsetzen

Leitfragen
- Was müssen wir verpflichtend dokumentieren?
- Welche Dokumentation ist für uns sinnvoll?
- Welches Format und Medium wählen wir?
- Wie stellen wir sicher, dass diese Dokumentation aktuell bleibt, dass Änderungen berücksichtigt werden?
- Wer darf wann wie zugreifen?

Ziel: Sicherstellen, dass alle die Informationen bekommen, die sie brauchen, um die Konformität zu gewährleisten

Umsetzungshinweis
Bestimmen Sie die relevante Dokumentation Ihres QMS anhand zweier Kriterien:
- dokumentierte Information, die sich aus Normforderungen ergibt und
- dokumentierte Information, die von der Organisation selbst gefordert wird.

Legen Sie den Umfang für die dokumentierte Information auf Basis folgender Punkte fest:
- der Größe der Organisation und der Art ihrer Tätigkeiten, Prozesse, Produkte und Dienstleistungen,
- der Komplexität ihrer Prozesse und deren Wechselwirkungen,
- der Kompetenz der Personen.

Legen Sie eine Regelung für die Erstellung und Aktualisierung dokumentierter Informationen fest, z. B. in Form einer Verfahrensanweisung (VA).
Prüfen Sie, ob folgende Kriterien in Ihrer Regelung enthalten sind:
- Kennzeichnung und Beschreibung (z. B. Titel, Datum, Autor, Seite X von Y)
- Format (z. B. Sprache, Grafiken) und Medium (z. B. Papier, elektronisch)
- Überprüfung und Genehmigung im Hinblick auf Eignung und Angemessenheit

Legen Sie eine Regelung für die Lenkung dokumentierter Informationen fest, z. B. in Form einer Verfahrensanweisung.
Prüfen Sie, ob folgende Punkte in Ihrer Regelung berücksichtigt sind:
- Eignung der Dokumente für die jeweilige Verwendung
- Angemessener Schutz (Verfügbarkeit, Vertraulichkeit, Integrität)
- Verteilung, Zugriff, Auffindung und Verwendung (z. B. Schreib-/Leserechte)
- Ablage/Speicherung und Erhaltung, einschließlich Erhaltung der Lesbarkeit
- Überwachung von Änderungen (z. B. Versionskontrolle)
- Aufbewahrung und Verfügung über den weiteren Verbleib (was lagert wo wie lange?)
- Ggf. Fragen der Entsorgung

Dokumentierte Information externer Herkunft, die als notwendig für das QMS bestimmt wurde, muss angemessen gekennzeichnet und ebenfalls gelenkt werden.
(Weghorn 2022)

Mögliche Auditnachweise
- Änderungs- und Freigabeverfahren
- Berechtigungs- und Zugriffskonzept
- Regeln zu Umgang und Archivierung
- Datensicherungskonzept

- Codierungs- bzw. Nummernschlüssel
- Vorgaben zum Format
- Festlegung der Zuständigkeiten für Überprüfung und Genehmigung
- Liste(n) der gültigen Dokumente
- Verteilerschlüssel
- Liste(n) der notwendigen externen Dokumente
- Lenkung und Kennzeichnung von externen Dokumenten

(Gietl/Lobinger 2022)

7.6 Die Anforderungen der ISO 14001

Dieser Normabschnitt verlangt im Vergleich zur ISO 9001 wenig Zusätzliches und ist wie folgt gegliedert:

- 7.1 Ressourcen
- 7.2 Kompetenz
- 7.3 Bewusstsein
- 7.4 Kommunikation
  - 7.4.1 Allgemeines
  - 7.4.2 Interne Kommunikation
  - 7.4.3 Externe Kommunikation
- 7.5 Dokumentierte Information
  - 7.5.1 Allgemeines
  - 7.5.2 Erstellen und Aktualisieren
  - 7.5.3 Lenkung dokumentierter Information

Auch die ISO 14001 fordert, dass die Ressourcen (z. B. besondere Fähigkeiten, Spezialwissen, Ausrüstung, Entwässerungssysteme, finanzielle Mittel), die für den „Aufbau, die Verwirklichung, die Aufrechterhaltung und die fortlaufende Verbesserung des UMS“ bestimmt werden, zur Verfügung stehen. Es können hier auch Externe einbezogen werden. Verantwortlich hierfür ist die Führung.

Auch der Abschnitt zur Kompetenz entspricht weitgehend der ISO 9001. Hier geht es darum, dass die Kompetenz der Personen, die die „Umweltleistung“ beeinflussen, passen muss, damit die Anforderungen erfüllt werden können.

Wer muss in Bezug auf die Umweltleistung kompetent sein?

Laut ISO 14001 müssen dies Personen sein,

- „von deren Arbeit eine bedeutende Umweltauswirkung ausgehen kann;
- denen Verantwortlichkeit für das Umweltmanagementsystem zugewiesen wurde, einschließlich jenen:
  - die Umweltauswirkungen oder bindende Verpflichtungen bestimmen und bewerten;
  - die zum Erreichen eines Umweltziels beitragen;
  - die auf Notfallsituationen reagieren;
  - die interne Audits durchführen;
  - welche die Bewertung der Einhaltung von Verpflichtungen durchführen."

Auch bei der ISO 14001 muss gewährleistet sein, dass etwaige Wissenslücken geschlossen werden.

Es muss sichergestellt werden, dass die beteiligten Personen sich der Bedeutung der Umweltpolitik, der Umweltaspekte und der damit verbundenen Auswirkungen bewusst sind, dass sie auch wissen, welchen Beitrag sie dazu leisten und was es bedeutet, wenn sie die Anforderungen nicht erfüllen würden. Der Sinn des UMS sollte verstanden werden.

Ebenso wie bei der ISO 9001 muss auch klar sein, wer mit wem über was wann kommuniziert. Dabei müssen die bindenden Verpflichtungen berücksichtigt werden, es darf keine Widersprüche geben und die Informationen müssen verlässlich sein. Beim Aufbau der auf das UMS bezogenen Kommunikationsprozesse sollte die vorhandene Struktur des Unternehmens berücksichtigt werden.

Kommunikation im Sinne der ISO 14001

Kommunikation sollte

- „transparent sein, d. h. die Organisation legt die Art und Weise offen, wie sie die berichtete Information abgeleitet hat;
- angemessen sein, damit Informationen den Erfordernissen der relevanten interessierten Parteien entsprechen, um ihnen die Teilnahme zu ermöglichen;
- wahrheitsgetreu und nicht irreführend denjenigen gegenüber sein, die sich auf die berichtete Information verlassen;
- sachlich, präzise und vertrauenswürdig sein;
- keine relevanten Informationen ausschließen;
- verständlich für interessierte Parteien sein."

Bei der internen Kommunikation muss sichergestellt sein, dass alle Bereiche die benötigten Informationen vorliegen haben. Die Kommunikationsprozesse müssen so sein, dass die bindenden Verpflichtungen erfüllt werden können und dass alle Beteiligten den fortlaufenden Verbesserungsprozess unterstützen können. Auch die externe Kommunikation ist von den bindenden Verpflichtungen und den Kommunikationsprozessen der Organisation abhängig.

Die ISO 14001 weist zusätzlich darauf hin, dass eine Organisation auf „relevante Äußerungen bezogen auf ihr Umweltmanagementsystem reagieren" muss.

Analog zur ISO 9001 ist auch hier beim Abschnitt „Dokumentierte Information" wichtig, dass die Dokumentation zum Unternehmen passt, das beinhaltet, was die ISO 14001 fordert und wie die gewünschte Umweltleistung erreicht werden kann. Sie muss so sein, dass das UMS wie gewünscht umgesetzt werden kann. Sie muss verständlich, aktuell, verfügbar und steuerbar sein (analog zur ISO 9001). Beinhalten muss sie

- alle von der ISO 14001 geforderten Dokumente,
- alle Dokumente, die von anderen Normen, Gesetzen oder Vorschriften gefordert werden, falls diese die Erfüllung von Umweltanforderungen beeinflussen,
- alle Dokumente, die wichtig sind, damit die Anforderungen der ISO 14001 erfüllt werden können.

Dokumentierte Information

- Kompetenznachweise
- Kommunikationsnachweise („soweit angemessen")

8 Betrieb: Wertschöpfung umsetzen

Bei diesem Normabschnitt (Bild 8.1) geht es um die zentralen Prozesse (Kern-, Haupt- oder Schlüsselprozesse), also um die Prozesse, die direkt zur Wertschöpfung beitragen. Bei der Bäckerei beispielsweise sind der Vorgang des Brotbackens, das Zusammenfügen der Zutaten, das Backen an sich etc. Schlüsselprozesse, ebenso ist auch der Verkauf des Brotes ein zentraler Prozess, der zur Wertschöpfung beiträgt.

Im Abschnitt „Betrieb" wird geplant, was alles notwendig ist, damit die zentralen Prozesse so umgesetzt werden können wie gewünscht und die Produkte und Dienstleistungen so sind, wie sie sein sollen. Dazu muss auch definiert werden, wie die Prozesse und Dienstleistungen sein sollen, welche Anforderungen erfüllt werden müssen, wann diese als „erfüllt" bewertet werden und wie mit Abweichungen (Nichtkonformitäten) umgegangen wird.

Es stehen folgende Fragen im Zentrum:

- Wie können wir die Leistung erbringen, die wir erbringen wollen? Welche Prozesse sind nötig und wie können wir diese steuern?
- Welche Anforderungen gelten für unsere Produkte und Dienstleistungen? Wann gelten die Anforderungen an unsere Produkte und Dienstleistungen als erfüllt, wann geben wir diese frei? Wie überprüfen wir dies und wie gehen wir mit Abweichungen um?
- Wie kommunizieren wir mit unseren Kunden?
- Wie stellen wir sicher, dass wir dabei auch die Verbesserungsmöglichkeiten im Blick behalten?
- Wie stellen wir sicher, dass diese Aspekte laufend überwacht, überprüft und ggf. angepasst werden?

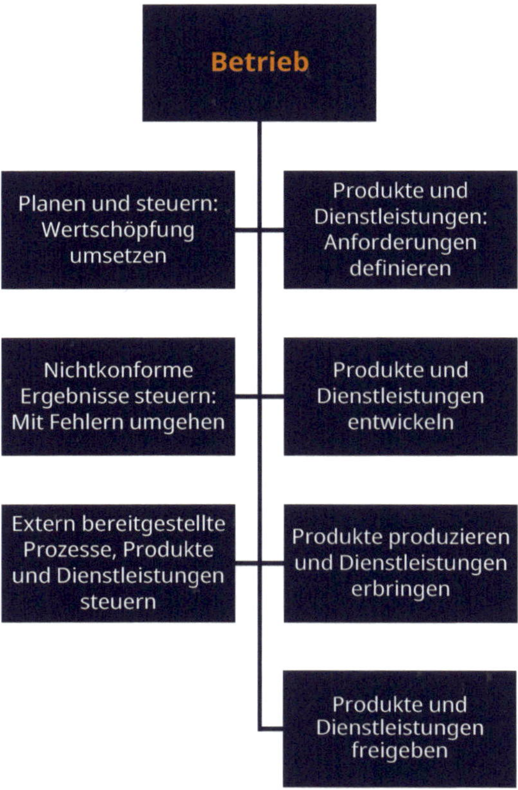

Bild 8.1 „Betrieb" im Überblick

Bei einem Audit könnten folgende Fragen gestellt werden (Weghorn 2022):

- Welche notwendigen Prozesse sind für die betriebliche Planung und Steuerung festgelegt (Kernprozesse)?
- Wie ist die Kommunikation mit Kunden geregelt?
- Wie werden Anforderungen für Produkte und Dienstleistungen bestimmt?
- Wie werden die Anforderungen in Bezug auf Produkte und Dienstleistungen vor Eingehen einer Lieferverpflichtung überprüft?
- Welche Regelung gibt es hinsichtlich Änderungen von Anforderungen?
- Wie ist der Entwicklungsprozess geregelt?
- Wie erfolgt die Entwicklungsplanung?
- Welche Eingaben für die Entwicklung gibt es?
- Wie erfolgt die Steuerung der Entwicklung?

- Welche Entwicklungsergebnisse gibt es?
- Wie erfolgt der Umgang mit Entwicklungsänderungen?
- Welche extern bereitgestellten Prozesse, Produkte und Dienstleistungen gibt es?
- Wie werden externe Anbieter bewertet?
- Wie und in welchem Umfang erfolgt eine Kontrolle von externen Bereitstellungen?
- Welche Informationen für externe Anbieter gibt es und wie werden diese bereitgestellt?
- Welche Bedingungen gib es hinsichtlich der Steuerung der Produktion und der Dienstleistungserbringung einschließlich Liefertätigkeiten und Tätigkeiten nach der Lieferung?
- Wie ist der Status der Prozessergebnisse während der gesamten Produktion und Dienstleistungserbringung in Bezug auf Überwachungs- und Messanforderungen erkennbar (Kennzeichnung) und wo ist eine eindeutige Rückverfolgbarkeit gefordert bzw. ist diese gegeben?
- Welche Anforderungen an den sorgfältigen Umgang mit Kundeneigentum oder Eigentum externer Anbieter gibt es?
- Wie und wo wird eine Erhaltung von Produkten und Waren sichergestellt?
- Welche Tätigkeiten gibt es nach der Lieferung und wie sind diese geregelt?
- Wie werden Änderungen der Produktion oder Dienstleistungserbringung dokumentiert?
- Wie erfolgt die Freigabe von Produkten und Dienstleistungen gemäß geplanten Regelungen und in geeigneten Phasen?
- Wie erfolgt der Umgang mit nichtkonformen Prozessergebnissen, Produkten und Dienstleistungen?

8.1 Planen und steuern

In diesem Abschnitt geht's um die Planung, Umsetzung und Steuerung der Prozesse sowie um die Bestimmung der für die Umsetzung erforderlichen Ressourcen, also um die operative Umsetzung der Strategie (Bild 8.2).

Es stehen folgende Fragen im Zentrum:

> Welche Prozesse und Ressourcen brauchen wir, damit die Produkte und Dienstleistungen so sind, wie sie sein sollen (Konformität; Normabschnitt 4)? Berücksichtigen wir dabei die definierten Risiken und Chancen sowie unsere Qualitätsziele (Normabschnitt 6)? Wie gehen wir mit Änderungen um? Welche Kriterien gelten, damit die Prozesse das leisten, was sie leisten sollen? Wie bewerten wir das?

Dazu zählen auch die ausgelagerten Prozesse, die für das QMS relevant sind (bei Lieferanten, Partnern etc.). Je komplexer ein Prozess, desto anspruchsvoller die Planung und Steuerung.

Ausgangsbasis bilden die unter Normabschnitt 4 erarbeiteten Themen und die Erwartungen (Anforderungen) der Stakeholder. Unter Berücksichtigung der Chancen und Risiken, die das eigene Geschäftsmodell mit sich bringen, muss die betriebliche Planung abgeleitet werden.

Bild 8.2 Der Abschnitt 8.1 der ISO 9001 im Überblick

Die Ergebnisse dieses Abschnitts müssen für das jeweilige Unternehmen „geeignet sein". Das heißt, sie müssen zum Geschäftsmodell und den Betriebsabläufen passen. Ein Fünf-Personen-Betrieb mit drei Produkten, der nur in seiner Region unterwegs ist, braucht ein weniger komplexes Wertschöpfungsmodell bzw. eine einfachere Prozesslandschaft als ein global agierendes Unternehmen mit 400 Mitarbeitenden und einem umfassenden Produktportfolio. Sie können also Ihr Wertschöpfungsmodell so gestalten, wie es für Sie sinnvoll ist.

Dokumentierte Information

Die Prozesse müssen im erforderlichen Maß dokumentiert vorliegen (Kosten-/Nutzenbetrachtung).

Es muss definiert werden, wann Produkte oder Dienstleistungen das erfüllen, was sie erfüllen sollen, wenn sie als konform gelten. Dazu brauchen Sie klar definierte Annahmekriterien, beispielsweise bei der Produktion durch das Bestimmen von Ober- und Untergrenzen, statistischen Verfahren, bildgebenden Verfahren etc. Wann eine Anforderung im Dienstleistungsbereich als erfüllt gilt, ist sehr eng an die (subjektive) Kundenzufriedenheit gekoppelt. Die Formulierung von klar definierten Annahmekriterien im Vorfeld einer Dienstleistungserbringung gestaltet sich dadurch schwieriger. Dennoch muss im Vorfeld klar sein, was die Dienstleistung enthalten muss. Im Bildungsbereich kann dies beispielsweise der Lehrplan sein. Es müssen auch hier Indikatoren bestimmt werden, wann eine Dienstleistung so ist, wie sie sein soll, und wie gemessen wird, dass sie so ist, wie sie sein soll. Im Bildungsbereich könnten dies beispielsweise die Durchfallrate, erreichter Notendurchschnitt etc. sein.

Es muss auch definiert werden, was die Prozesse leisten müssen, also was sie im Ergebnis bringen müssen. Ein Prozess muss einen messbaren Nutzen bringen, wertschöpfend sein, und von den Beteiligten eingehalten werden. Für die Prozesse müssen Annahmekriterien definiert werden. Wann ist ein Prozess so, wie er sein soll? Um diese Frage beantworten zu können, braucht es klare Kriterien, beispielsweise Kennzahlen.

Für die Prozessumsetzung müssen die erforderlichen Ressourcen definiert und zur Verfügung gestellt werden. Das Ziel ist stets, dass Produkte und/oder Dienstleistungen so sind, wie sie sein sollen. Dafür müssen Ressourcen definiert werden, damit diese Konformität erreicht werden kann.

Dabei muss auch die Prozesssteuerung sichergestellt werden, beispielsweise durch Bestimmen von Verantwortlichen, Kontroll- und Prüfverfahren, einen Plan, wie bei Abweichungen (anhand Vergleich Soll-/Ist-Werte) reagiert wird etc.

Dokumentierte Information

Die Prozesse müssen so dokumentiert werden, dass sie wie geplant umgesetzt werden können. Es muss auch dokumentiert werden, welche Anforderungen zu erfüllen sind.

Es muss auch sichergestellt werden, dass die Prozesse wie gewünscht umgesetzt werden können. Dazu ist eine entsprechende Dokumentation notwendig. Die ISO verlangt nicht, dass Sie alle Prozesse dokumentieren. Sie verlangt hier „nur", dass sie so dokumentiert werden müssen, dass sie wunschgemäß umgesetzt werden können. Können sie ohne Dokumentation umgesetzt werden, dann ist diese also erst mal nicht nötig. Allerdings ist für Prozessverbesserung, das Erkennen von Schwachstellen, die Sicherstellung der Wertschöpfung ein Mindestmaß an Prozessvisualisierung nötig. Beispielsweise scheint der Prozess des Brotverkaufens auch sehr leicht ohne Dokumentation umzusetzen zu sein. Allerdings lohnt sich auch bei sehr einfachen Prozessen ein Blick auf die Abläufe. Vielleicht ist die Verpackung für das Brot schlecht platziert. Oder das Verkaufspersonal muss ständig aneinander vorbeigehen und behindert sich dabei gegenseitig. Vieles lässt sich erst erkennen, wenn das Ganze erfasst und visualisiert wird. Und im Team dann gemeinsam nach Optimierungsmöglichkeiten gesucht wird. Eine Prozessvisualisierung lässt sich auch sehr schnell und einfach umsetzen.

Sie müssen zudem nachweisen können, dass die Produkte bzw. Dienstleistungen so sind, wie sie sein sollen (Konformität). Dazu muss klar sein, welche Anforderungen zu erfüllen sind. Und diese müssen im erforderlichen Umfang dokumentiert werden. Im „erforderlichen Umfang" bedeutet, dass die Konformität damit sichergestellt werden kann.

Unabhängig von der ISO sollten Sie immer schriftlich festhalten, welche Anforderungen Ihre Produkte oder Dienstleistungen zu erfüllen haben. Alles aus dem Gedächtnis erledigen zu wollen, kann fehleranfällig sein und ist zudem sehr an einzelne Personen gebunden. Ein Pflichtenheft kann hier beispielsweise unterstützen.

Bei der Prozessgestaltung muss auch der Umgang mit geplanten Änderungen berücksichtigt werden. Es bietet sich an, hierfür einen eigenen Prozess zu gestalten beispielsweise durch Zuweisen entsprechender Verantwortlichkeiten.

Auch die Folgen von ungeplanten Änderungen müssen bereits bei der Prozessgestaltung einkalkuliert und eingeschätzt werden. „Ungeplante Änderungen" können Chancen, Risiken oder auch neutrale Ereignisse sein. Im Falle eines Eintritts von ungeplanten Änderungen müssen Sie wissen, was zu tun ist, und bereits bei der Prozessgestaltung entsprechende Korrekturmaßnahmen definieren.

Sie müssen bei der Prozessgestaltung die möglichen Risiken und Chancen berücksichtigen. Ein Prozess sollte dabei so gestaltet werden, dass Risiken möglichst ausgeschlossen oder zumindest minimiert werden. Wenn Sie wissen, welche Risiken sich durch den Prozess oder während des Prozesses ergeben können, können Sie entsprechend darauf reagieren. Wenn der Prozess beispielsweise einen externen Dienstleister mit einbezieht, dieser unerwartet ausfällt, dann könnten Sie sofort einen Notfallplan aus der Tasche ziehen und hätten eine Alternative parat. Sollte sich eine Chance ergeben, dann sollten Sie diese erkennen und nutzen können.

Die Prozessplanung muss zu den vorhandenen betrieblichen Abläufen passen. Ein bis ins letzte Detail ausgefeiltes Prozessmanagement ergibt bei einem Zwei-Personen-Betrieb wenig Sinn. Auch in Bereichen, in denen es auf Kreativität, auf Innovationsentwicklungen ankommt, können zu viele standardisierte Prozesse hinderlich sein. Aber bestimmte Abläufe wiederholen sich in allen Bereichen, so dass sich für alle Bereiche eine Prozessbetrachtung lohnt.

Kundenanforderungen ermitteln

Geltungsbereich	Verantwortung	Ausführung	Mitwirkung	Änderungsdienst	Information
Unternehmensführung	Geschäftsleitung	Abteilungsleitung	Geschäftsleitung	Abteilungsleitung	Managementbeauftragte/r

Prozessinputs: Ergebnisse aus Kundenbefragungen, Auditberichten, Reklamationsstatistiken, Wettbewerberdaten	**Prozessergebnisse:** Kundenzufriedenheit
Prozessziel: Ermittelte und bekannt gemachte Kundenanforderungen	**Prozessintervall:** Fortlaufend
Messgrößen: • Reklamationen < 2 % • Kundenzufriedenheit > 90 % • ...	**Tools, Methoden:** 1. Auswertungstools 2. ...
Vorschriften/Richtlinien: 1. ISO 9001 2. IATF 16949	**Mitgeltende Unterlagen:** Anfrage, Angebote, Aufträge bearbeiten

Nr.	Revisionsdatum	Bearbeitet/ geändert durch	Revisionsfreigabe	Freigabedatum
1	01.01.20XX	Mayer/QMB	Schulze/GL	15.01.20XX
2				
3				

Bild 8.3 Beispiel einer Verfahrensanweisung (Brückner 2019)

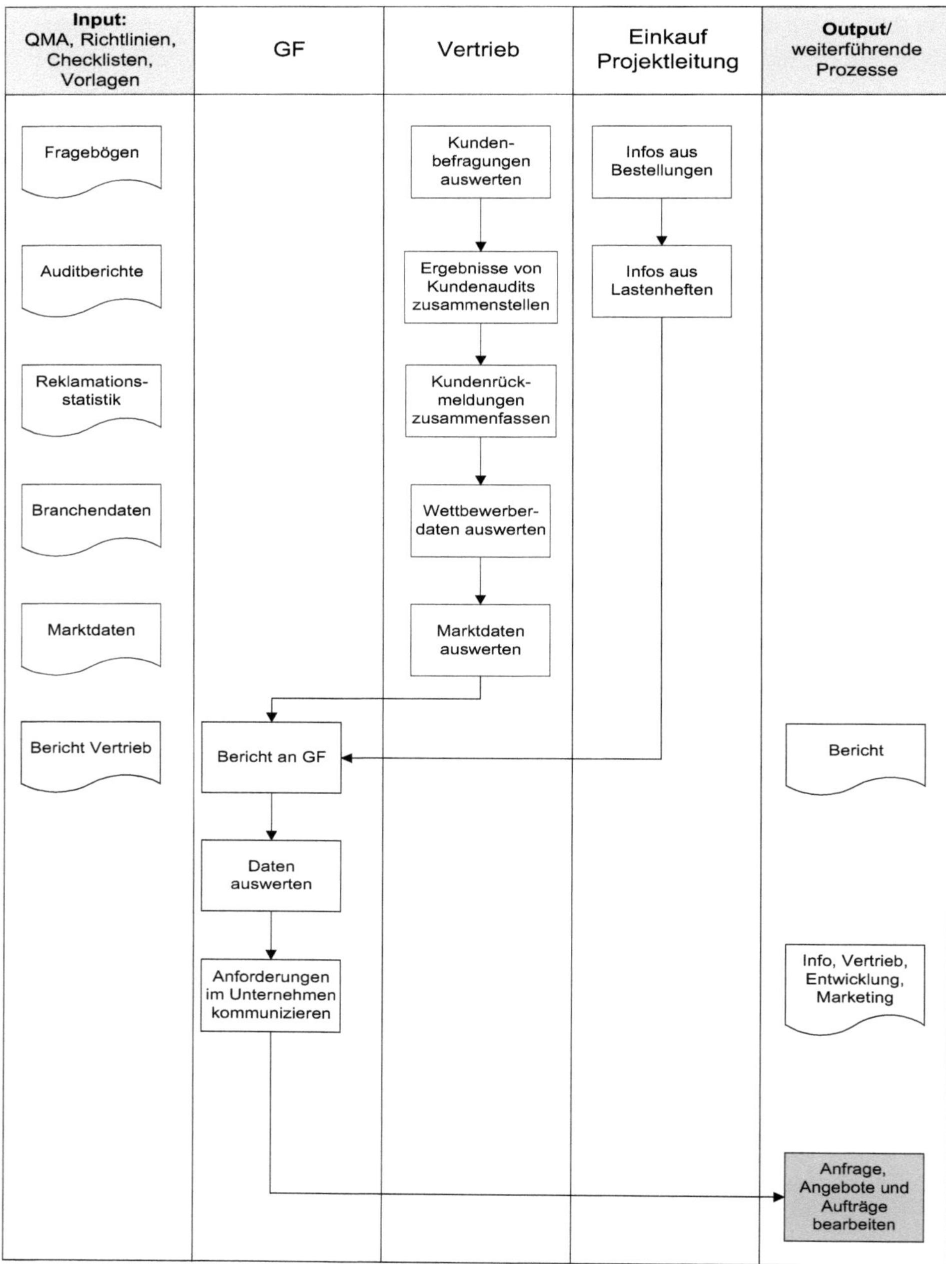

Bild 8.3 Beispiel einer Verfahrensanweisung (Brückner 2019) *(Fortsetzung)*

Die Steuerung der Prozesse muss sichergestellt sein. Prozesse müssen kontrollierbar sein, das heißt, sie müssen sich steuern lassen, beispielsweise durch ein Kennzahlensystem, durch Überwachen, Kontrollen. Auch Prozesse mit Lieferanten, Partnern etc., die das QMS beeinflussen könnten, müssen gesteuert werden können. Hier helfen beispielsweise entsprechende Verantwortungszuweisungen oder Kontrollen.

Unterstützende Werkzeuge (Auswahl)

- Prozessmanagement
- Wertstromdesign
- Risikomanagement
- Pflichtenhefte
- Checklisten
- Kennzahlensysteme
- Verfahrensanweisungen (Bild 8.3)

Tabelle 8.1 fasst die wichtigen Aspekte zu diesem Normabschnitt zusammen.

Tabelle 8.1 Betriebliche Planung und Steuerung – Normabschnitt 8.1 umsetzen

Leitfragen ▪ Welche Prozesse und Ressourcen brauchen wir, damit die Produkte und Dienstleistungen so sind, wie sie sein sollen? ▪ Berücksichtigen wir dabei die definierten Risiken und Chancen sowie unsere Qualitätsziele? ▪ Wie gehen wir mit Änderungen um? ▪ Welche Kriterien gelten, damit die Prozesse das leisten, was sie leisten sollen? Wie bewerten wir das?
Ziel: Festlegen der notwendigen Prozesse (Kern-/Haupt-/Schlüsselprozesse)
Umsetzungshinweis Erstellen Sie für alle wertschöpfenden Prozesse Verfahrensanweisungen oder Prozessbeschreibungen. Eine Visualisierung – z. B. in Form von Flussdiagrammen – ist empfehlenswert. Prüfen Sie, ob die folgenden, notwendigen Kriterien in Ihren Beschreibungen berücksichtigt sind: ▪ Anforderungen an Produkte und Dienstleistungen ▪ Annahmekriterien von Produkten, Dienstleistungen und Prozessen ▪ Notwendige Ressourcen ▪ Lenkung der Prozesse ▪ Notwendige Dokumentation ▪ Umgang mit geplanten und ungeplanten Änderungen ▪ Lenkung ausgegliederter Prozesse (Weghorn 2022)

Tabelle 8.1 Betriebliche Planung und Steuerung – Normabschnitt 8.1 umsetzen *(Fortsetzung)*

Mögliche Auditnachweise Neue Prozesse, Änderung von Prozessen: ▪ Prozess „Projektmanagement" zum Umgang mit internen Projekten (Prozessänderungen, Umstrukturierungen, Einführung von IT-Systemen, neue Standorte, Verlagerungen ...) ▪ Projektpläne zur Einführung neuer Prozesse bzw. Veränderung bestehender Prozesse ▪ Besprechungsprotokolle der Projektsitzungen ▪ Dokumentierte Pflichtenhefte ▪ Abnahme, Erstmuster bzw. Vorserienproduktion zur Sicherstellung der Wirksamkeit der Prozesse ... ▪ Änderungs- und Freigabeverfahren ▪ Planungsworkshops ▪ Maßnahmenlisten etc. Planungstätigkeiten in bestehenden Prozessen: ▪ Dienstpläne ▪ Kapazitätspläne ▪ Terminpläne ▪ Arbeitspläne ▪ Versandpläne (Gietl/Lobinger 2022)

8.2 Anforderungen für Produkte und Dienstleistungen definieren

In diesem Normabschnitt (Bild 8.4) geht es darum, die Anforderungen an Produkte und Dienstleistungen zu definieren, und zwar so zu definieren, dass auch Abweichungen festgestellt werden können.

Die zentralen Fragen lauten:

> Wie sollen unsere Produkte und Dienstleistungen sein? Welche Anforderungen sollen sie erfüllen? Was wünschen unsere Kunden? Und wie wollen wir mit unseren Kunden kommunizieren? Können wir unsere Versprechungen auch wirklich einhalten? Wie messen wir, ob die Anforderungen erfüllt werden? Was tun wir, wenn die Anforderungen nicht erfüllt werden?

Dokumentierte Information

Die Ergebnisse der Überprüfung, ob die Anforderungen erfüllt werden, und neue Anforderungen müssen dokumentiert werden.

Bild 8.4 Der Abschnitt 8.2 der ISO 9001 im Überblick

8.2.1 Kommunikation mit den Kunden

Ohne Kunden funktioniert kein Geschäftsmodell! Entscheidend für den langfristigen Erfolg ist die Qualität der Kommunikation mit den Kunden. Die ISO 9001 fordert zwar nicht generell einen Prozess für die Kommunikation mit den Kunden. Sie sollten sich aber schon klar darüber sein, welche zentrale Rolle der Kunde in Ihrem Geschäftsmodell spielt und wie sich die Kommunikation mit dem Kunden in Ihrer Prozesslandschaft widerspiegelt, also wer, wo, wie und warum mit den Kunden kommuniziert.

Es muss sichergestellt werden, dass sich Kunden über das Produkt oder die Dienstleistung informieren können. Dazu muss geklärt werden:

Wer braucht die Informationen? Warum wird die Information gebraucht (Zweck, z.B. Werbung)? Wie wird die Information zur Verfügung gestellt (Katalog, Internet, Social Media, Kundenberater etc.)?

Für den Umgang mit Kundenfeedback ist ein eigener Prozess erforderlich. Kundenfeedback ist enorm wertvoll für jede Weiterentwicklung! Beschwerden sollten beispielsweise nicht als unangenehmes Übel definiert werden, sondern als Chance zur Verbesserung. Bei der Produktentwicklung könnten Sie beispielsweise von der ersten Sekunde weg Kunden einbinden. Es muss klar sein, wie Sie direkt mit dem Feedback umgehen und wie Sie dieses Feedback nutzen (Verbesserungsprozess).

Auch für den Umgang mit Kundeneigentum ist ein eigener Prozess erforderlich. Der Umgang mit Kundeneigentum erfordert eine klare Regelung: Wer, wann, was, wie und warum? Dazu ist es sinnvoll, vorab mit dem Kunden einen Vertrag abzuschließen und alle Punkte gemeinsam zu erarbeiten. Bei Kundeneigentum kann es sich beispielsweise um reklamierte Ware, Wartungsprodukte etc. handeln.

Falls zutreffend, müssen spezifische Anforderungen für Notfallmaßnahmen definiert werden. Besteht eine Gefahr, dass beispielsweise ein Hackerangriff droht oder sonst eine Gefährdung durch die Produkte oder Dienstleistungen auftreten könnte wie plötzlich brennende Akkus oder falsche Medikation im Krankenhaus, dann müssen Anforderungen an Notfallmaßnahmen definiert werden.

Es muss geklärt werden, wer mit wem wie und wann kommuniziert, beispielsweise bei Produktrückrufen, bei Rechtsproblemen im Projektgeschäft, bei öffentlichen Stellungnahmen etc. Sinnvoll ist auch, im Vorfeld ein Krisenteam mit den jeweiligen Verantwortungs- und Befugniszuweisungen zu definieren und sich die wichtigsten Kontaktdaten zusammenzustellen wie beispielsweise Behörden, Polizei oder Pressekontakte.

Unterstützende Werkzeuge (Auswahl)

- Prozessmanagement
- Definition von Notfallmaßnahmen

Tabelle 8.2 fasst die wichtigen Aspekte zu diesem Normabschnitt zusammen.

Tabelle 8.2 Die Kommunikation mit den Kunden regeln – Normabschnitt 8.2.1 umsetzen

Leitfrage: Wer kommuniziert wo, wie und warum mit dem/den Kunden?
Ziel: Regelung der Kommunikation mit den Kunden
Umsetzungshinweis Legen Sie in einem Abschnitt der dokumentierten Information oder des QM-Handbuchs fest, auf Basis welcher Werkzeuge und Methoden die Kommunikation mit dem Kunden stattfindet. Prüfen Sie Ihre Beschreibung auf folgende Punkte: ▪ Bereitstellung von Informationen über Produkte und Dienstleistungen (Flyer, Webauftritt etc.) ▪ Umgang mit Anfragen, Verträgen oder Aufträgen, einschließlich Änderungen

- Erhalt von Kundenmeinungen und Kundenbeschwerden
- Handhabung/Lenkung von Kundeneigentum (siehe hierzu Normabschnitt 8.5.3)
- Ggf. spezifische Anforderungen an Notfallmaßnahmen

Stellen Sie sicher, dass Sie für Ihre dargestellten Instrumente entsprechende Nachweise aus der täglichen Praxis vorweisen können.
(Weghorn 2022)

Mögliche Auditnachweise
- Prospekte, Datenblätter, Bedienungsanleitungen, Homepageinhalte, Verpackungsbeilagen etc.
- Definition von Kundenansprechpartnern
- Regelmäßiges Kontaktieren
- Gesprächsleitfäden für Kundengespräche
- Regelungen zur Aktualisierung von Bedienungsanleitungen, Prospekten, Produktdatenblättern
- Übersicht Notfallmaßnahmen
- Beschwerdemanagement

8.2.2 Bestimmung

Nur wenn Sie wissen, wie das Ergebnis aussehen soll, können Sie bewusst darauf hinarbeiten, das Ergebnis zu erreichen!

Es muss klar sein, wie die Produkte und Dienstleistungen sein sollen, welche Anforderungen sie erfüllen sollen (festgelegt sind). Eine Anforderung ist eine Erwartung, ein Wunsch oder ein Erfordernis. Die Anforderungen müssen immer unter Berücksichtigung des Wettbewerbsumfelds definiert und erfüllt werden können. Dabei müssen Sie die gesetzlichen und behördlichen Anforderungen berücksichtigen.

Sie müssen wissen, was die Kunden erwarten. Dieser Aspekt ist für jedes Unternehmen zentral, schließt Kunden-, Umfeld- und Unternehmensanalysen mit ein und muss im Regelfall durch eine Vielzahl von Maßnahmen abgedeckt werden. Bei einem Start-up wird hier vielleicht bei null gestartet, alle anderen dürften bereits entsprechende Produkt- bzw. Dienstleistungsbeschreibungen vorliegen haben, auf die sich aufbauen lässt. Anforderungen können sich allerdings verändern, auch das muss berücksichtigt werden.

Bei der Definition der Anforderungen müssen auch die Anforderungen berücksichtigt werden, die das Unternehmen selbst definiert hat. Selbst definierte Anforderungen eines Bäckers wären beispielsweise, dass ausschließlich regionale Rohstoffe verwendet werden, oder bei einem Produktionsunternehmen, dass das Produkt

Funktionen hat, die Konkurrenzprodukte nicht haben. In einer Massagepraxis könnte eine selbst definierte Anforderung beispielsweise sein, dass jeder Kunde einen Bademantel bekommt.

Alle Zusagen (z.B. bei der Werbung), die im Zusammenhang mit den angebotenen Produkten oder Dienstleistungen gemacht werden, müssen auch erfüllt werden können, beispielsweise durch ein entsprechendes unterstützendes (einforderndes) Verhalten der Führung.

Unterstützende Werkzeuge (Auswahl)

- Checklisten
- Pflichtenheft
- Anforderungsmanagement
- Juristische Unterstützung

Tabelle 8.3 fasst die wichtigen Aspekte zu diesem Normabschnitt zusammen.

Tabelle 8.3 Anforderungen definieren – Normabschnitt 8.2.2 umsetzen

Leitfragen ▪ Wie sollen unsere Produkte und Dienstleistungen sein? ▪ Welche Anforderungen sollen sie erfüllen? ▪ Was wünschen unsere Kunden? ▪ Wie messen wir, ob die Anforderungen erfüllt werden?
Ziel: Bestimmung der Anforderungen für Produkte und Dienstleistungen
Umsetzungshinweis Stellen Sie für alle wertschöpfenden Prozesse sicher, dass diese einen Prozessschritt enthalten, in dem Anforderungen an Produkte und Dienstleistungen für (potenzielle) Kunden gezielt ermittelt und festgelegt werden. Prüfen Sie, ob hierbei folgende Punkte berücksichtigt sind: ▪ Festlegung der Anforderungen an das Produkt und die Dienstleistung ▪ Festlegung gesetzlicher und behördlicher Anforderungen/Rahmenbedingungen ▪ Festlegung eigener Rahmenbedingungen der Organisation (Weghorn 2022)
Mögliche Auditnachweise ▪ Kundendatenbank ▪ Installation von Kundenfokusgruppen ▪ Kundenbefragungen ▪ Marktforschung und Wettbewerbsanalysen ▪ Liste von Gesetzen und behördlichen Forderungen mit Aktualisierungsverantwortlichen ▪ Anforderungsberücksichtigung bei Prozessdarstellungen ▪ Stakeholderanalyse

8.2.3 Überprüfung

Bei der „Überprüfung der Anforderungen für Produkte und Dienstleistungen" geht es darum, dass ein Unternehmen überprüft, ob die gemachten Versprechungen auch eingehalten werden, und zwar bevor der Kunde das Produkt oder die Dienstleistung erhält (Konformität). Wenn in einem Katalog beispielsweise beschrieben wird, dass der Aufkleber klebt, dann muss er auch kleben. Und sollte der Aufkleber nicht kleben, dann darf dies nicht erst der Kunde feststellen.

Bevor ein Angebot an den Kunden geht, muss überprüft werden, ob die vom Kunden definierten Anforderungen erfüllt werden. Die Überprüfung beinhaltet die Lieferung, Serviceleistungen etc. Sie müssen hier folgende Frage beantworten: Sind wir dazu fähig, die technischen, logistischen, terminlichen, kaufmännischen und juristischen Anforderungen zu erfüllen? Werden nicht alle vom Kunden definierten Anforderungen voll erfüllt, dann sollten Sie dies gemeinsam mit dem Kunden klären und eine neue Lösung suchen.

Auch die Anforderungen, die als selbstverständlich vorausgesetzt werden können, müssen erfüllt werden. Ein Auto muss beispielsweise fahren können, die Türen müssen sich öffnen lassen, die Scheibenwischer müssen funktionieren etc. Also Anforderungen, die „für den festgelegten oder den beabsichtigten Gebrauch, soweit bekannt, notwendig sind", müssen im Vorfeld überprüft werden.

Es muss, bevor ein Angebot an den Kunden geht, auch überprüft werden, ob die vom Unternehmen selbst definierten Anforderungen erfüllt werden. Der Kunde ist kein Produkttester, sondern er kann berechtigterweise erwarten, dass die versprochenen Anforderungen erfüllt werden.

Ebenso muss im Vorfeld überprüft werden, ob gesetzliche und behördliche Anforderungen erfüllt werden. Gesetzliche und/oder behördliche Anforderungen müssen immer erfüllt werden. Eine Nichterfüllung kann juristische Konsequenzen nach sich ziehen. Sie machen sich unter Umständen strafbar, Garantieleistungen werden eventuell eingefordert, es könnte Regressansprüche geben etc. Werden beispielsweise in einem Restaurant Hygienevorschriften nicht eingehalten, werden die Kunden sehr schnell ausbleiben oder das Restaurant wird von den Behörden geschlossen.

Bevor ein Angebot an den Kunden geht, muss auch überprüft werden, ob die individuell vereinbarten Anforderungen erfüllt werden. Es kann spezielle vertraglich vereinbarte oder auftragsspezifische Anforderungen geben, die von den sonstigen Anforderungen abweichen. Auch hier muss überprüft werden, ob diese Anforderungen erfüllt werden.

Gibt es Abweichungen zwischen den sonstigen Anforderungen und vertraglich vereinbarten oder auftragsspezifischen Anforderungen, dann müssen diese geklärt werden. Es kann sein, dass die Prozesse nicht mehr passen, dass es erhöhte Fehlerquellen gibt etc. Sie müssen sicherstellen, dass mögliche Wechselwirkungen zwischen individuell vereinbarten und sonstigen Anforderungen betrachtet und geklärt werden.

Wenn Sie eine Kundenanforderung, die nicht dokumentiert vorliegt, erfüllen, also annehmen wollen, dann müssen Sie diese vorher bestätigen. Viele Probleme sind darin begründet, dass es Missverständnisse gibt. Und eine Bestätigung kann die Gefahr solcher Missverständnisse verringern.

Dokumentierte Information

Falls zutreffend, müssen Sie die Ergebnisse der Überprüfung der Anforderungen dokumentieren. Bei der Dokumentation müssen Sie auch gesetzliche Forderungen wie beispielsweise Haftungsaspekte oder Aufbewahrungsdauer berücksichtigen.

Werden neue Anforderungen formuliert, dann müssen diese dokumentiert vorliegen.

Unterstützende Werkzeuge (Auswahl)

- Prüf- und Kontrollpläne
- Checklisten

Tabelle 8.4 fasst die wichtigen Aspekte zu diesem Normabschnitt zusammen.

Tabelle 8.4 Erfolgreiche Umsetzung der Anforderungen überprüfen – Normabschnitt 8.2.3 umsetzen

Leitfragen ▪ Halten wir unsere Versprechungen ein? ▪ Stellen wir sicher, dass wir dies überprüfen, bevor das Produkt an den Kunden geht bzw. die Dienstleistungserbringung erfolgt?
Ziel: Sicherstellen, dass, bevor das Produkt an den Kunden geht oder die Dienstleistungserbringung erfolgt, die Erfüllung der Anforderungen überprüft wird
Umsetzungshinweis Stellen Sie für alle wertschöpfenden Prozesse sicher, dass in einem eigenen Prozessschritt die ermittelten Anforderungen an Produkte und Dienstleistungen von der Organisation erfüllt werden können (Vertragsprüfung). Prüfen Sie, ob hierbei folgende Punkte berücksichtigt sind: ▪ Prüfung, ob die vom Kunden festgelegten Anforderungen erfüllt werden können ▪ Prüfung, inwiefern Anforderungen an die Lieferung oder Tätigkeiten nach der Lieferung betroffen sind ▪ Prüfung, inwieweit nicht angegebene Anforderungen notwendig sind

- Prüfung, ob alle gesetzlichen und behördlichen Anforderungen erfüllbar sind
- Prüfung, ob alle Zusagen/Anforderungen der Organisation erfüllbar sind
- Prüfung ggf. anderer Anforderungen aus Vertrag oder Auftrag

Legen Sie fest, auf welche Weise Aufträge bestätigt werden – auch wenn der Kunde keine dokumentierte Angabe über seine Anforderungen macht. Die Nachweise müssen Informationen über das Ergebnis der Prüfung sowie jegliche neuen Anforderungen an das Produkt/ die Dienstleistung beinhalten. Außerdem sind die Nachweise für eine festgelegte Frist zu archivieren.

(Weghorn 2022)

Mögliche Auditnachweise

- Nachweisbare Machbarkeitsüberprüfung vor Eingehen von Lieferverpflichtungen
- Auftragsdokumentation
- Auftragsbestätigungen
- Prozessdarstellungen
- Verantwortlichkeitsmatrix
- Prüfprotokolle

8.2.4 Änderungen

Ändern sich Anforderungen, dann müssen Sie wissen, wie Sie damit umgehen. Die betroffenen Mitarbeitenden müssen laut ISO 9001 informiert und Dokumente angepasst werden. Über diese Anforderung der Norm hinausgehend müssen Sie auch die Chancen und Risiken in Bezug auf die Änderungen betrachten und ggf. überprüfen, ob die Prozesse noch passen.

Sind Mitarbeitende von einer Änderung der Anforderung betroffen, dann müssen diese informiert werden. Es muss sichergestellt sein, dass alle die Information(en) bekommen, die sie brauchen. Das Ziel muss immer sein, dass die Produkte und Dienstleistungen so sind, wie sie sein sollen. Und das muss auch bei etwaigen Änderungen sichergestellt werden.

Dokumentationen dienen dazu, dass jemand, der eine bestimmte Information braucht, diese auch erhält und sich informieren kann. Und das kann nur erfolgreich funktionieren, wenn die Dokumentationen aktuell sind. Änderungen, die sich auf die Dokumentation auswirken, müssen zeitnah berücksichtigt werden, damit Prozesse eingehalten und Ziele erreicht werden können.

Unterstützende Werkzeuge (Auswahl)

- Dokumentenmanagement
- Kommunikation
- 5S
- Qualitätszirkel

Tabelle 8.5 fasst die wichtigen Aspekte zu diesem Normabschnitt zusammen.

Tabelle 8.5 Mit Anforderungsänderungen erfolgreich umgehen – Normabschnitt 8.2.4 umsetzen

Leitfragen ▪ Haben wir die von den Änderungen betroffenen Mitarbeitenden informiert? ▪ Haben wir die Dokumente entsprechend angepasst?
Ziel: Regelung im Umgang mit Änderungen von Anforderungen
Umsetzungshinweis Stellen Sie für alle wertschöpfenden Prozesse sicher, dass Änderungen von Anforderungen an Produkte und Dienstleistungen nach einer klaren Regelung erfolgen. Prüfen Sie, ob folgende Punkte hierbei berücksichtigt sind: ▪ Anpassung der relevanten Dokumente ▪ Information der zuständigen Personen über die Änderungen (Weghorn 2022)
Mögliche Auditnachweise ▪ Machbarkeitsüberprüfung ▪ Auftragsdokumentation ▪ Auftragsbestätigungen ▪ Notfallpläne ▪ Prozessdarstellungen ▪ Dokumentenlenkung ▪ Risikobetrachtung

8.3 Produkte und Dienstleistungen entwickeln

In einem sich immer schneller ändernden Umfeld wird die dauerhafte Entwicklung von neuen Produkten und Dienstleistungen immer mehr zu einem zentralen Erfolgsfaktor. Auch wenn Sie heute vielleicht ein sehr erfolgreiches Geschäftsmodell haben sollten, kann sich das morgen schon rapide verändern.

Bei der Entwicklung (Bild 8.5) stehen folgende Fragen im Zentrum:

> Wird ein Entwicklungsprozess gebraucht (Situationen, Projekte etc.)? Wie muss der Entwicklungsprozess aufgebaut sein, damit später die Neuentwicklung realisiert werden kann? Welcher Input ist nötig? Wie lässt sich das Ganze steuern und wie gehen wir mit Änderungen um?

Dokumentierte Information

Sie müssen einen Nachweis erbringen, dass die Anforderungen an die Entwicklung erfüllt werden. Ebenso müssen Sie die Steuerungsmaßnahmen für die Entwicklung, die Entwicklungsergebnisse sowie die Maßnahmen bei Entwicklungsänderungen dokumentieren.

Bild 8.5 Der Abschnitt 8.3 der ISO 9001 im Überblick

Dieser Normabschnitt bezieht sich auf Entwicklungen, wenn etwas neu konzipiert wird, erfunden wird, wenn es was mit Innovation zu tun hat. Ein Schulungskonzept beispielsweise, das zwar neue Lerninhalte berücksichtigt, aber die Schulung an sich nicht verändert, ist im Sinne der Norm keine Entwicklung. Auch ein neuer Tisch eines Schreiners ist keine Entwicklung. Wenn allerdings die Schulung noch nie dagewesene didaktische Elemente enthält oder im Tisch eine KI integriert ist, die mit der Lampe kommuniziert und entsprechend der Stimmung der am Tisch sitzenden Menschen die Helligkeit regelt, dann handelt es sich um Entwicklungen.

8.3.1 Allgemeines

Produkte und Dienstleistungen müssen immer wieder verbessert, verändert, den sich ändernden Bedingungen angepasst werden; neue Angebote kommen hinzu, alte Angebote fallen weg. Wird neu konzipiert, gestaltet, so verändert, dass neue Ressourcen oder Kompetenzen erforderlich sind, dann ist ein Entwicklungsprozess notwendig, mit dem die neue oder geänderte Dienstleistung oder das Produkt realisiert werden kann. Bei der Norm müssen auch beim Entwicklungsprozess immer die zwei Punkte „Sicherstellen der Konformität" und „Erhöhung der Kundenzufriedenheit" im Blick behalten werden. Sie können den Entwicklungsprozess auslagern. Wichtig ist allerdings, dass die Steuerung in Ihren Händen bleibt.

Dokumentierte Information

Ist kein Entwicklungsprozess vorhanden, muss dies mit Begründung dokumentiert werden.

Wenn Sie keinen Entwicklungsprozess haben und auch keinen umsetzen wollen, dann müssen Sie dies begründen und entsprechend dokumentieren. Sie müssen in diesem Fall nachweisen, dass Ihre Produkte und Dienstleistungen durch den fehlenden Entwicklungsprozess trotzdem die gewünschten Anforderungen erfüllen (Konformität erreichen) und eine Steigerung der Kundenzufriedenheit unterstützt wird. Nur dann können Sie diesen Punkt als „nicht zutreffend" deklarieren. Eine Einschätzung Ihrerseits, dass es diesen Prozess nicht brauche, ist nicht ausreichend. Allerdings steht ein fehlender Entwicklungsprozess etwas im Widerspruch zum fortlaufenden Verbesserungsansatz. Es dürfte also nicht einfach sein, diese Anforderung auszuschließen.

Sie müssen also einen Entwicklungsprozess definieren, umsetzen und gewährleisten (aufrechterhalten), der die anschließende Produktion und Dienstleistungserbringung sicherstellt.

Unterstützende Werkzeuge (Auswahl)

- Prozessmanagement
- Verantwortungsmanagement

Tabelle 8.6 fasst die wichtigen Aspekte zu diesem Normabschnitt zusammen.

Tabelle 8.6 Entwicklungsprozess definieren – Normabschnitt 8.3.1 umsetzen

Leitfragen ▪ Haben wir einen Entwicklungsprozess definiert? ▪ Ist sichergestellt, dass die Neukonzeption realisiert werden kann? ▪ Ist sichergestellt, dass wir den Entwicklungsprozess steuern können?
Ziel: Regelung des Entwicklungsprozesses
Umsetzungshinweis Legen Sie in Form einer eigenen Verfahrensanweisung (VA) oder einem Abschnitt im QM-Handbuch dar, wie der Entwicklungsprozess geregelt, umgesetzt und aufrechterhalten wird. Es sollte die Eignung in Bezug auf die anschließende Produktion und Dienstleistungserbringung dargestellt werden. Wenn keine Entwicklung im Sinne dieser Norm vorliegt, dann erklären Sie schriftlich oder in einem entsprechenden Abschnitt des QM-Handbuchs diesen Normpunkt als nicht anwendbar. (Weghorn 2022)
Mögliche Auditnachweise ▪ Prozessbeschreibung „Entwicklung“ oder ein Projektmanagementhandbuch ▪ Liste der aktuellen Entwicklungsprojekte ▪ Nachweisbare Entwicklungspläne, die ständig aktualisiert werden

8.3.2 Entwicklungsplanung

Im Zentrum des Normabschnitts „Entwicklungsplanung“ steht die Frage, was alles bei der Planung der Entwicklung zu berücksichtigen ist. Ein Bäcker mit einer Bäckerei, der nun auch Sojabrot anbieten will, muss anders planen, als ein global agierender Medizinproduktehersteller, der ein neues Medikament entwickeln will. Dieser Aspekt ist eng an die Unternehmensstrategie geknüpft, muss das Umfeld (z. B. Wettbewerb) und die eigenen Fähigkeiten berücksichtigen. Auch der zeitliche Aspekt spielt hier eine zentrale Rolle.

Im Ergebnis liegt eine Beschreibung Ihres gesamten Entwicklungsprozesses vor. Wie aufwendig und detailliert das Ganze ist, ist von der Art und vom Umfang der Entwicklung abhängig.

Es ist ein Unterschied, ob es sich um beispielsweise die Entwicklung eines Schulungsangebotes handelt oder um die Entwicklung eines neuartigen Kunststoffs. Die Art der Entwicklungstätigkeit muss bei der Entwicklungsplanung berücksichtigt werden.

Auch die unterschiedliche Entwicklungszeit muss bei der Entwicklungsplanung berücksichtigt werden. Die Entwicklungszeit kann sich erheblich unterscheiden. Die Entwicklung eines Medikaments dauert im Regelfall mehrere Jahre, die Entwicklung einer App muss hingegen schnell erfolgen, sonst ist sie bereits veraltet, bevor sie auf den Markt kommt.

Bei der Entwicklungsplanung muss auch der Umfang der Entwicklung berücksichtigt werden. Dieser wirkt sich direkt auf das Ressourcenmanagement aus.

Auch die einzelnen Prozessphasen müssen berücksichtigt werden. Je nach Phase des Prozesses gelten unterschiedliche Anforderungen, das muss bei der Planung berücksichtigt werden.

Ebenso muss bei der Entwicklungsplanung die Verifizierung und Validierung des Produkts bzw. der Dienstleistung berücksichtigt werden. Verifizierung bedeutet, dass überprüft wird, ob das Produkt bzw. die Dienstleistung den festgelegten Anforderungen entspricht. Validierung bedeutet, dass überprüft wird, ob das Produkt bzw. die Dienstleistung so eingesetzt werden kann wie geplant, ob es gebrauchstauglich ist. Produkte bzw. Dienstleistungen müssen im Ergebnis valide und verifiziert sein.

Bei der Entwicklungsplanung müssen die Prozessverantwortlichen definiert und die entsprechenden Verantwortlichkeiten zugewiesen werden. Nur wenn die Verantwortlichkeiten klar sind, können Ziele erreicht werden. Die Beteiligten müssen wissen, wer für was verantwortlich ist. Auch die Prozessbefugnisse müssen definiert und zugewiesen werden.

Im Rahmen der Entwicklungsplanung müssen der notwendige interne und externe Ressourcenbedarf ermittelt werden. Entwicklung hat immer was mit etwas Neuem zu tun, und für Neues müssen die erforderlichen Ressourcen definiert werden.

Die Schnittstellen zwischen den am Entwicklungsprozess beteiligten Personen müssen gesteuert werden. Das muss bei der Entwicklungsplanung berücksichtigt werden. Bei den Schnittstellen gibt es die größten Reibungsverluste. Sie erfordern daher besondere Aufmerksamkeit.

Bei der Entwicklungsplanung müssen Kunden oder Anwender in den Entwicklungsprozess eingebunden werden. Der Kunde ist zentral! Und je früher Kunden oder Anwender eingebunden werden, desto wahrscheinlicher ist, dass nicht am Kunden vorbeientwickelt wird. Methoden wie Design Thinking binden den Kunden sehr früh direkt in die Entwicklung mit ein, aber die Einbindung kann auch beispielsweise via Befragungen erfolgen.

Dokumentierte Information

Die Erfüllung der Anforderungen an die Entwicklung muss als dokumentierte Information bestätigt werden, beispielsweise anhand eines Pflichtenhefts, einer Checkliste, eines Maßnahmenkatalogs etc.

Bei der Entwicklungsplanung müssen die Anforderungen an die anschließende Produktion oder Dienstleistungserbringung definiert werden. Nur dann kann überprüft werden, ob die Anforderungen überhaupt erfüllt werden können.

Es muss auch die aus Stakeholder-Sicht notwendige Steuerungsebene berücksichtigt werden. Die ISO bezieht sich hier auf die Erwartungen der Stakeholder, im Speziellen die Erwartungen der Kunden, wobei es auch unabhängig von den Anforderungen der Stakeholder möglich sein muss, den Entwicklungsprozess zu steuern.

Unterstützende Werkzeuge (Auswahl)

- Prozessmanagement
- Scrum; Projektmanagement
- Checklisten
- Pflichtenheft
- Design Thinking
- Design for Six Sigma

Tabelle 8.7 fasst die wichtigen Aspekte zu diesem Normabschnitt zusammen.

Tabelle 8.7 Entwicklung planen – Normabschnitt 8.3.2 umsetzen

Leitfrage: Haben wir alles bei der Planung der Entwicklung berücksichtigt?
Ziel: Regelung der Entwicklungsplanung
Umsetzungshinweis Legen Sie ein Instrument fest, mit dem Entwicklungsstufen (Meilensteine, Quality Gates, Phasen) sowie zugehörige Lenkungsmaßnahmen festgelegt und dargestellt werden können (z. B. Projektmanagementprogramm). Prüfen Sie, ob Ihr Instrument folgende Anforderungen der Norm berücksichtigt: ▪ Art, Dauer und Umfang der Entwicklungstätigkeiten ▪ Erforderliche Prozessstufen einschließlich notwendiger Prüfungen ▪ Entwicklungsverifizierung (Prüfung gegen vorgegebene Forderungen) und Entwicklungsvalidierung (Prüfung auf den Anwendungszweck) ▪ Verantwortungen und Befugnisse ▪ Internen und externen Ressourcenbedarf ▪ Steuerung von Schnittstellen zwischen verschiedenen beteiligten Parteien ▪ Einbindung von Kunden, Anwendern oder Nutzergruppen ▪ Anforderungen an die anschließende Produktion und Dienstleistungserbringung ▪ Steuerungsebene, die von allen interessierten Parteien erwartet wird ▪ Dokumentierte Informationen, um zu bestätigen, dass die Anforderungen an die Entwicklung erfüllt wurden Legen Sie für alle Ihre Produkte einen Entwicklungsplan an. (Weghorn 2022)

Tabelle 8.7 Entwicklung planen – Normabschnitt 8.3.2 umsetzen *(Fortsetzung)*

Mögliche Auditnachweise

- Interdisziplinäre Zusammensetzung der Projektgruppen (idealerweise mit Vertretern des/der Kunden)
- Verantwortlichkeitsmatrix
- Entwicklungspläne
- Meilensteinplanung
- Anwendung von Methoden wie Scrum, Design Thinking etc.
- Ressourcenmanagement
- Prozessschnittstellen
- Verifizierung
- Validierung
- Dokumentierte Information

8.3.3 Entwicklungseingaben

Bei dem Aspekt „Entwicklungseingaben“ geht es um die wesentlichen Anforderungen, die das zu entwickelnde Produkt oder die zu entwickelnde Dienstleistung erfüllen muss. Sie müssen erst mal wissen, wie das Ergebnis ausschauen sollte, welche Eigenschaften die Lösung haben sollte.

Wenn Sie im Auftrag eines Kunden handeln, dann können Sie mit diesem die gewünschten Anforderungen genau durchgehen und vereinbaren (Pflichtenheft). Wenn Sie ein Produkt oder eine Dienstleistung auf dem freien Markt anbieten, dann können Sie die Anforderungen „selbst“ definieren (unter Berücksichtigung der behördlichen und gesetzlichen Anforderungen sowie der geltenden Standards). Sie sollten allerdings auch unabhängig von der Norm versuchen, so nah wie möglich am Kunden zu sein.

Bei der Neuentwicklung muss der geplante Funktionsumfang berücksichtigt werden. Für welchen Anwendungszweck sollte die Neuentwicklung geeignet sein? Welche Funktionalität sollte die Entwicklung haben? Ein Fahrzeug sollte beispielsweise fahren können, etwas transportieren können, in der Nacht leuchten können. Auch der geplante Leistungsumfang muss berücksichtigt werden. Was sollte das Ergebnis leisten können? Beim Auto ist beispielsweise die erreichbare Geschwindigkeit oder ein besonders niedriger Energieverbrauch dem Leistungsumfang zuzurechnen.

Es müssen auch bisherige Erfahrungen genutzt werden. Damit Sie diese nutzen können, müssen die Personen, die sie nutzen sollen, ebenfalls darauf zugreifen können, beispielsweise durch die Implementierung von Teams, Wissensdatenbanken, Lessons Learned.

Bei der Neuentwicklung müssen gesetzliche und behördliche Anforderungen sowie die geltenden Normen berücksichtigt werden. Verlangt der Auftraggeber beispielsweise die Umsetzung der ISO 9001, dann muss dies auch gleich bei der Neuentwicklung eingeplant werden. Ein weiteres Beispiel ist die IATF 16949, deren Umsetzung sehr häufig die Automobilhersteller von ihren Zulieferern verlangen.

Neben den Normen kann es weitere Standards geben (beispielsweise Hygienestandards), die Sie bei der Neuentwicklung berücksichtigen müssen. Wenn Sie für Ihr Unternehmen selbst Standards entwickelt haben, dann müssen Sie diese bei der Neuentwicklung berücksichtigen.

Berücksichtigt werden müssen zudem mögliche Fehler, die durch die Neuntwicklung entstehen können. Sie sollten immer im Blick behalten, was alles im negativen Sinne passieren könnte. Und die Risiken, die mit einer Neuentwicklung verbunden sind, sind häufig enorm. Es lohnt sich, diese so früh wie möglich einzuplanen.

Die Entwicklungseingaben müssen zum Entwicklungszweck passen. Die Eingaben müssen angemessen sein, also zu dem passen, was Sie mit der Neuentwicklung erreichen wollen.

Die Entwicklungseingaben müssen vollständig sein. Fehlt ein Teil, dann kann dies im Nachhinein sehr teuer werden. Je später eine Anforderung im Entwicklungsprozess berücksichtigt wird, desto teurer wird zumeist die Umsetzung.

Die Entwicklungseingaben müssen eindeutig sein und von allen Beteiligten verstanden werden. Dazu sind klare, eindeutige Formulierungen nötig. Die Entwicklungseingaben müssen zudem widerspruchsfrei sein. Zielkonflikte erfordern eine besondere Aufmerksamkeit und Widersprüche müssen aufgelöst werden. Allerdings handelt es sich bei Innovationen häufig um eine Lösung, die im Widerspruch zum Bisherigen stehen kann. Insofern kann diese Widerspruchsfreiheit nicht immer erreicht werden.

Unterstützende Werkzeuge (Auswahl)

- Mess- und Prüfpläne
- Checklisten
- Risikomanagement

Tabelle 8.8 fasst die wichtigen Aspekte zu diesem Normabschnitt zusammen.

Tabelle 8.8 Entwicklungsziel definieren – Normabschnitt 8.3.3 umsetzen

Leitfragen ▪ Haben wir die wesentlichen Anforderungen definiert, die das zu entwickelnde Produkt oder die zu entwickelnde Dienstleistung erfüllen muss? ▪ Wissen wir, wie das Ergebnis ausschauen sollte, welche Eigenschaften die Lösung haben sollte?
Ziel: Definition der Entwicklungseingaben

Tabelle 8.8 Entwicklungsziel definieren – Normabschnitt 8.3.3 umsetzen *(Fortsetzung)*

Umsetzungshinweis Legen Sie für jedes Produkt ein Lastenheft an und listen Sie hier die Eingaben (Input) für Ihr jeweiliges Produkt aus Kundensicht auf (WAS). Auf Basis des Lastenhefts erstellen Sie ein Pflichtenheft, in dem Sie darlegen, wie Sie die Anforderungen an das Produkt umsetzen möchten (WIE). Prüfen Sie, ob Ihre Lasten- und Pflichtenhefte folgende Anforderungen an Entwicklungseingaben berücksichtigen: ▪ Funktions- und Leistungsanforderungen ▪ Gewonnene Information aus vorangegangenen Entwicklungstätigkeiten ▪ Gesetzliche und behördliche Anforderungen (Rechtsregister) ▪ Normen, Standards oder Verfahrensregeln, zu deren Umsetzung sich die Organisation verpflichtet hat ▪ Mögliche Konsequenzen aus Fehlern (Risikoanalyse) ▪ Keine Widersprüchlichkeiten Eingaben müssen angemessen, vollständig und eindeutig sein. Bewahren Sie die Nachweise hierzu auf. (Weghorn 2022)
Mögliche Auditnachweise ▪ Lastenheft ▪ Pflichtenheft ▪ Risikomanagement ▪ Lessons-Learned-Bericht

8.3.4 Steuerungsmaßnahmen

Beim Abschnitt „Steuerungsmaßnahmen für die Entwicklung" geht es darum, dass sich die Entwicklung bewusst lenken lässt und die gewünschten Ergebnisse erreicht werden. Die ISO verlangt, dass die Entwicklungsergebnisse bewertet, verifiziert und validiert werden. Dazu müssen die gewünschten Ergebnisse definiert und das Erreichen dieser Ergebnisse überprüft werden.

Die notwendige Überprüfung der Entwicklung sowie die geforderte Verifizierung und Validierung unterscheiden sich voneinander. Die ISO schreibt nicht vor, ob diese gemeinsam oder in einer bestimmten Reihenfolge durchzuführen sind. Sie können die Umsetzung also so gestalten, wie sie am besten für Ihr Unternehmen passt.

Verifizierung bedeutet, dass die Ergebnisse mit den Vorgaben verglichen werden. Die Frage, die mit dieser Überprüfung beantwortet wird, lautet: Ist das Ergebnis so, wie es sein soll?

Wenn die Vorgabe beispielsweise lautet, dass ein Text verständlich formuliert wird, dann kann dieser Text von Versuchspersonen gelesen und hinsichtlich Verständlichkeit bewertet werden. Wird dieser Text dann als verständlich bewertet, dann ist die Vorgabe erfüllt, die Erfüllung überprüft und bestätigt und somit verifiziert. Verifizierung überprüft und bestätigt, ob das Material, die Verfahren, die Inhalte etc. wie geplant eingesetzt werden.

Die Validierung überprüft, ob ein Produkt oder eine Dienstleistungserbringung auch im Gebrauch oder in der Anwendung das gewünschte Ergebnis bringt. Wird ein Text zwar als verständlich bewertet, aber keiner der Versuchspersonen kann die Inhalte wiedergeben, dann ist das Ergebnis nicht validiert. Eine Lampe muss nicht nur ein- und ausgeschaltet werden können, sondern auch eine bestimmte Leuchtkraft für eine bestimmte Zeit liefern, muss bruchsicher sein usw.

Eine Validierung kann als „Test auf Gebrauchstauglichkeit" definiert werden.

Die gewünschten Ergebnisse des Entwicklungsprozesses müssen definiert werden. Es muss klar sein, was mit dem Entwicklungsprozess erreicht werden soll und wie das Erreichen der Ergebnisse bewertet wird. Nur wenn klar ist, wie was bewertet wird, können Abweichungen erfasst werden, beispielsweise anhand eines Pflichtenhefts.

Es muss überprüft werden, ob die gewünschten Ergebnisse der Entwicklung erreicht werden. Wie oft Sie diese Überprüfung durchführen, ist von der Komplexität der Entwicklung abhängig.

Es muss verifiziert werden, ob die Ergebnisse der Entwicklung die in den Entwicklungseingaben enthaltenen Anforderungen erfüllen. Also ob das Ergebnis so ist, wie es sein soll. Die Verifizierung überprüft die Umsetzung der in den Entwicklungseingaben definierten Anforderungen. Bei der Verifizierung handelt es sich im Gegensatz zur Validierung eher um eine theoretische Betrachtung, ob die Anforderungen erfüllt werden. Berücksichtigt beispielsweise das Konzept, die Zeichnung etc. die definierten Anforderungen?

Die Gebrauchstauglichkeit der neuen Produkte und Dienstleistungen muss validiert werden. Die neuen Produkte und Dienstleistungen müssen die Anforderungen erfüllen, „die sich aus der vorgesehenen Anwendung oder dem beabsichtigten Gebrauch ergeben". Validierung ist im Gegensatz zur Verifizierung ganz konkret und zielt darauf ab, ob das Produkt oder die Dienstleistung auch in der Praxis das erfüllt, was sie erfüllen sollen. Beispielsweise kann mit einem Prototypentest festgestellt werden, wie etwas beim Kunden ankommt und ob es so eingesetzt werden kann wie geplant.

Werden bei der Überprüfung, der Verifizierung oder der Validierung der Neuentwicklung Probleme erkannt, so müssen Maßnahmen eingeleitet werden, wie mit diesen Problemen umgegangen wird.

Dokumentierte Information

Die Steuerungsmaßnahmen (Verifizierung, Validierung) für die Entwicklung müssen als dokumentierte Information vorliegen. Die ISO fordert zwar nicht, dass Sie Ihre Entscheidungen begründen, allerdings hilft Ihnen dies bei der Begründung der gewählten Maßnahmen.

Unterstützende Werkzeuge (Auswahl)

- Pflichtenheft
- Prozessmanagement
- Projektmanagement; Scrum
- Regelmäßige Reviews
- Mess- und Prüfpläne

Tabelle 8.9 fasst die wichtigen Aspekte zu diesem Normabschnitt zusammen.

Tabelle 8.9 Entwicklungsprozess steuern – Normabschnitt 8.3.4 umsetzen

Leitfragen ▪ Lässt sich die Entwicklung bewusst lenken? ▪ Haben wir die gewünschten Ergebnisse definiert und lassen sich diese erreichen? ▪ Überprüfen wir, ob wir die gewünschten Ergebnisse erreicht haben?
Ziel: Sicherstellen, dass die Entwicklung gesteuert wird
Umsetzungshinweis Beschreiben Sie in Ihrer Verfahrensanweisung Entwicklung oder im QM-Handbuch in einem eigenen Abschnitt, wie die Lenkung der Entwicklung erfolgt. Der Normtext spricht von „Steuerungsmaßnahmen für den Entwicklungsprozess". Es geht um die Darstellung von Maßnahmen, die eine erfolgreiche Entwicklung sicherstellen sollen. Prüfen Sie, ob die Beschreibung Ihrer Maßnahmen folgende Punkte vorsieht: ▪ Klare Definition der zu erzielenden Ergebnisse ▪ Planmäßige Entwicklungsprüfungen (Meilensteinprüfungen) ▪ Verifizierung (Prüfung gegen die Entwicklungseingaben) ▪ Validierung (Prüfung auf den beabsichtigen Gebrauch) ▪ Einleitung von Maßnahmen bei Problemen aus Verifizierung und Validierung Dokumentieren Sie für Ihre Entwicklungsprodukte die obigen Punkte in geeigneter Form gemäß Ihrem Verfahren und bewahren Sie diese Nachweise auf. (Weghorn 2022)

Mögliche Auditnachweise

- Meilensteinplanung
- Validierung als Test auf Gebrauchstauglichkeit
- Verifizierung (Vergleich zwischen Pflichtenheft und jeweiligen Entwicklungsergebnissen)
- Meilensteinprotokolle mit Ampelfunktion und Maßnahmenlisten
- Anwendung von Methoden wie Scrum
- Leistungsindikator

8.3.5 Entwicklungsergebnisse

Ein Entwicklungsergebnis beschreibt, welche Anforderungen mit der Neuentwicklung erfüllt werden sollen. Dazu gehört, dass die definierten Anforderungen umgesetzt werden können. Es muss also klar sein, was es alles dazu braucht, damit die gewünschten Ergebnisse erreicht werden können (Ressourcen). Ein Pflichtenheft oder eine Beschreibung einer Dienstleistung sind Beispiele für Entwicklungsergebnisse.

Die Ergebnisse der Neuentwicklung müssen die in den Entwicklungseingaben definierten Anforderungen erfüllen. Diese Ergebnisse müssen überprüfbar sein. Dabei geht es vor allem um die Funktionalität und Leistungsfähigkeit sowie die Einhaltung der gesetzlichen Vorschriften, Standards etc.

Die Ergebnisse müssen auch so sein, dass sich die Neuentwicklung umsetzen lässt. Die Prozesse müssen passen. Wenn nicht, müssen entweder die Neuentwicklung oder die Prozesse angepasst werden.

Wenn zutreffend, müssen die Entwicklungsergebnisse die Anforderungen an die Überwachung berücksichtigen. Die Bewertungskriterien müssen aussagekräftig sein und dem Zweck dienen. Dabei kann es sich beispielsweise um Toleranz- oder Mindestwerte handeln, deren Einhaltung überwacht werden muss.

Wenn zutreffend, müssen die Entwicklungsergebnisse die Anforderungen an die Messung berücksichtigen. Die Messmittel müssen passen.

Es müssen auch die Annahmekriterien der Neuentwicklung definiert sein. Also ab wann passt die Entwicklung? Diese Annahmekriterien können direkt bei den Entwicklungsergebnissen enthalten sein, aber es kann auch darauf verwiesen werden.

Dokumentierte Information

Die Entwicklungsergebnisse müssen als dokumentierte Information vorliegen. Form oder Format sind dabei egal.

Die Neuentwicklung muss sich für den geplanten Zweck eignen. Ein zehn Kilo schweres Smartphone würde sich beispielsweise nicht für den vorgesehenen Zweck eignen.

Welche Eigenschaften muss die Neuentwicklung haben, damit sie so eingesetzt werden kann, wie beabsichtigt? Diese Frage müssen Sie beantworten.

Es muss gewährleistet sein, dass die Neuentwicklung niemanden gefährdet. Ein Smartphone mit sehr scharfen Kanten bedeutet eine Gefahr für den User. Solche Gefahren sind zu vermeiden. Eine Neuentwicklung muss ordnungsgemäß bereitgestellt werden.

Unterstützende Werkzeuge (Auswahl)

- Regelmäßige Reviews
- Mess-, Prüf- und Überwachungspläne
- QFD
- Kennzahlensysteme

Tabelle 8.10 fasst die wichtigen Aspekte zu diesem Normabschnitt zusammen.

Tabelle 8.10 Kriterien für Entwicklungsergebnisse bestimmen – Normabschnitt 8.3.5 umsetzen

Leitfragen ▪ Haben wir die gewünschten Ergebnisse definiert? ▪ Können die definierten Anforderungen umgesetzt werden? ▪ Wissen wir, was wir dazu brauchen?
Ziel: Beschreibung der Entwicklungsergebnisse
Umsetzungshinweis Beschreiben Sie in Ihrer Verfahrensanweisung Entwicklung oder im QM-Handbuch in einem eigenen Abschnitt, welche Anforderungen an Entwicklungsergebnisse geregelt sind. Prüfen Sie, ob folgende Punkte bei Ihrer Regelung berücksichtigt sind. Entwicklungsergebnisse müssen ▪ die Anforderungen an die Entwicklungseingaben erfüllen, ▪ sich für anschließende Prozesse eignen, ▪ die Anforderungen an die Überwachung und Messung sowie ggf. Annahmekriterien enthalten oder auf sie verweisen, ▪ die Eigenschaften von Produkten und Dienstleistungen festlegen, die für den vorgesehenen Zweck sowie für deren sichere und ordnungsgemäße Bereitstellung von wesentlicher Bedeutung sind. Bewahren Sie die produktspezifischen Nachweise hierzu auf. (Weghorn 2022)
Mögliche Auditnachweise ▪ Prüfberichte ▪ Tauglichkeitsprüfung/Prototypentests

8.3.6 Entwicklungsänderungen

Gibt es Änderungen bei oder nach der Entwicklung, dann müssen Sie sicherstellen, dass weiterhin die Konformität sichergestellt wird, also dass das Ergebnis so ist, wie es sein soll. Dazu muss klar sein, wie mit Änderungen umgegangen wird, wie sie ermittelt, gesteuert und überwacht werden.

Änderungen an den Anforderungen oder an den Prozessen können sich in vielerlei Hinsicht auswirken. Sie müssen sich hier also auch um den berüchtigten Rattenschwanz kümmern. Dieser Rattenschwanz wird gerne bei Änderungen, die noch nach der Entwicklung entstehen, vernachlässigt und benötigt daher besondere Aufmerksamkeit.

Es muss ein Prozess definiert werden, wie Sie notwendige Entwicklungsänderungen ermitteln. Sie sollten beispielsweise immer wissen, wie die Marktsituation aussieht, ob neue technologische Entwicklungen zu erwarten sind etc. Änderungen können sich auch aus Feedbackschleifen mit Kunden ergeben (z. B. durch Reklamationen).

Wenn Entwicklungsänderungen notwendig werden, muss klar sein, wie Sie mit den Änderungen umgehen. Wer ist für was verantwortlich? Welche Auswirkungen hat das Ganze? Braucht es Ressourcen? Etc.

Die Konformität muss auch bei Entwicklungsänderungen sichergestellt sein und alle Anforderungen müssen erfüllt werden.

Dokumentierte Information

Entwicklungsänderungen müssen als dokumentierte Information vorliegen. Auch die Ergebnisse von Überprüfungen in Bezug auf die Entwicklungsänderungen müssen als dokumentierte Information vorliegen. Die Überprüfung der Konformität ist aus Sicht der Norm verpflichtend. Es muss dokumentiert vorliegen, wer die Änderung der Entwicklung autorisiert hat.

Es muss zudem dokumentiert werden, was Sie tun wollen, um mögliche negative Auswirkungen von Entwicklungsänderungen zu verhindern, also wie Sie mit den möglichen Risiken umgehen wollen. Dazu müssen Sie im Vorfeld eine Risikobetrachtung durchführen und mögliche Wechselwirkungen betrachten.

Unterstützende Werkzeuge (Auswahl)

- Prozessmanagement
- Dokumentenmanagement
- Änderungsmanagement

Tabelle 8.11 fasst die wichtigen Aspekte zu diesem Normabschnitt zusammen.

Tabelle 8.11 Mit Entwicklungsänderungen umgehen – Normabschnitt 8.3.6 umsetzen

Leitfragen ▪ Ist bei Entwicklungsänderungen weiterhin die Konformität sichergestellt? ▪ Haben wir definiert, wie mit Änderungen umgegangen wird, wie sie ermittelt, gesteuert und überwacht werden?
Ziel: Regelung des Umgangs mit Entwicklungsänderungen
Umsetzungshinweis Beschreiben Sie in Ihrer Verfahrensanweisung Entwicklung oder im QM-Handbuch in einem eigenen Abschnitt, wie mit Entwicklungsänderungen verfahren werden soll. Die Organisation muss Änderungen im notwendigen Umfang ermitteln, prüfen und so lenken, dass die geforderte Konformität mit den Anforderungen gewährleistet werden kann. Führen Sie ein Instrument zur Dokumentation von Entwicklungsänderungen ein (z. B. in Form eines speziellen Formblattes) und berücksichtigen Sie folgende Punkte: ▪ Entwicklungsänderung ▪ Ergebnisse von Überprüfungen ▪ Autorisierung der Änderungen ▪ Eingeleitete Maßnahmen zur Vorbeugung Bewahren Sie die zugehörigen Nachweise auf. (Weghorn 2022)
Mögliche Auditnachweise ▪ Change-Request-Dokumentation für Änderungen ▪ Prozessdarstellung des Umgangs mit Änderungen

8.4 Extern Bereitgestelltes steuern

Alles, was von externen Partnern, Lieferanten, Dienstleistern etc. benötigt wird, muss das QMS unterstützen (Bild 8.6). Es muss gesteuert, überwacht und auf Abweichungen reagiert werden. Dabei stehen folgende Fragen im Zentrum:

> Welche Risiken (und Chancen) sind mit dem Einbinden externer Anbieter verbunden? Wie können wir sicherstellen, dass von externen Anbietern bereitgestellte Produkte, Dienstleistungen oder Prozesse so sind, dass sie die Konformität unserer Produkte und Dienstleistungen nicht gefährden? Wie gehen wir mit Abweichungen um? Welche Informationen müssen wir zur Verfügung stellen?

Dokumentierte Information

Dokumentiert werden müssen bei diesem Normabschnitt die Bewertungskriterien sowie die Konsequenzen aus dieser Bewertung.

Bild 8.6 Der Abschnitt 8.4 der ISO 9001 im Überblick

8.4.1 Allgemeines

Die ISO sieht drei Fälle vor, in denen Sie steuernd aktiv sein müssen:

- Wenn Sie extern bereitgestellte Produkte oder Dienstleistungen in Ihre eigenen Produkte oder Dienstleitungen integrieren, z. B. Zulieferteile,
- wenn ein externer Anbieter in Ihrem Auftrag handelt und Ihre Produkte und Dienstleistungen direkt dem Kunden anbietet (zumeist direkte Kundenaufträge, die ausgelagert werden) oder
- wenn ein Prozess oder Teile eines Prozesses von einem externen Anbieter übernommen werden (Outsourcing).

Diese drei Fälle können sich überschneiden und lassen sich nicht immer klar voneinander abgrenzen. In allen Fällen, ob überschneidend oder nicht, müssen Sie Kriterien definieren, wie Sie die externen Anbieter beurteilen, auch neu beurteilen, auswählen und die Leistung überwachen. Das Ziel dabei ist, dass die Produkte und Dienstleistungen so sind, wie sie sein sollen, also den Anforderungen entsprechen (Konformität).

Sie müssen nachvollziehbare Auswahlkriterien für Ihre Lieferanten bzw. externen Anbieter formulieren, beispielsweise Preise, räumliche Nähe, Sortiment, Konditionen, Lieferfähigkeit, Zertifizierung nach ISO 9001 etc. Sie müssen Ihre externen Anbieter regelmäßig überwachen und bewerten, beispielsweise anhand von Qualitätskriterien, Güte der Zusammenarbeit etc. Wie oft Sie eine Bewertung vornehmen, schreibt die ISO 9001 nicht vor. Es bietet sich an, diese einmal jährlich vorzunehmen.

Es muss definiert werden, was und welche Unterstützung Sie von externen Anbietern benötigen. Beispielsweise ist es für Nicht-Softwareentwickler zumeist sinnvoller, etwaige Softwareentwicklung auszulagern bzw. fertige Komponenten zuzukaufen, als selbst zu entwickeln. Dieser Aspekt ist auch eine strategische Entscheidung. Sie müssen sich also klar darüber werden, was Sie selbst erbringen können und was Sie extern erbringen lassen und dabei mögliche Konsequenzen mitdenken. Der Begriff „externe Anbieter“ schließt Lieferanten oder externe Projektunterstützung mit ein.

Die ISO verlangt, dass auch die extern bereitgestellten Prozesse die definierten Anforderungen erfüllen. Dazu muss klar sein, welche Anforderungen das sind. Es könnte sich hierbei beispielsweise darum handeln, dass Lieferanten die ISO 9001 umsetzen müssen, dass die externen Prozesse auf Nachhaltigkeit setzen etc.

Auch extern bereitgestellte Produkte oder Dienstleistungen müssen die im Vorfeld definierten Anforderungen erfüllen. Bei den Produkten kann es sich beispielsweise um physikalische oder technische Eigenschaften, die das Produkt erfüllen muss, handeln. Diese Eigenschaften könnten beispielsweise in einem Lastenheft festgehalten werden. Bei einer Dienstleistung könnte es sich hierbei beispielsweise um einen 24-Stunden-Service handeln, der sich um Kundenprobleme kümmert, und bei dem dann genau definiert wird, wie mit Anfragen umgegangen werden soll. Bei einem Schulungsunternehmen könnte es sich beispielsweise um Richtlinien für die Unterrichtsgestaltung handeln.

Sie müssen Auswahlkriterien für die externen Anbieter definieren. Zudem müssen Kriterien definiert sein, wie externe Anbieter beurteilt werden. Dazu gehört auch, dass es Maßnahmen (Konsequenzen) bei Abweichungen geben muss.

Die definierten Beurteilungskriterien der Leistung der externen Anbieter müssen messbar sein. Nur wenn die Leistung messbar ist, können Abweichungen klar festgestellt werden. Die mögliche ISO-Zertifizierung lässt sich beispielsweise mit ja/nein messen.

Es müssen auch Kriterien definiert werden, wie vorhandene externe Anbieter neu bewertet werden. Es genügt nicht, dass externe Anbieter einmalig beurteilt werden, sondern die Beurteilung muss fortlaufend erfolgen.

Dokumentierte Information

Es muss dokumentiert werden, wie Sie Ihre externen Anbieter bewerten und was aus der Bewertung folgt (Konsequenzen).

Unterstützende Werkzeuge (Auswahl)

- Lastenheft
- Lieferantenbewertung
- Kennzahlen

Tabelle 8.12 fasst die wichtigen Aspekte zu diesem Normabschnitt zusammen.

Tabelle 8.12 Mit Externen zusammenarbeiten – Normabschnitt 8.4.1 umsetzen

Leitfrage: Haben wir Kriterien definiert, wie wir die externen Anbieter (z. B. Lieferanten) beurteilen, auch neu beurteilen, auswählen und die Leistung überwachen?
Ziel: Regelung des Umgangs mit extern bereitgestellten Prozessen, Produkten und Dienstleistungen
Umsetzungshinweis Beschreiben Sie (ggf. in einem eigenen Abschnitt im QM-Handbuch) kurz, wie in der Organisation der Umgang mit extern bereitgestellten Prozessen, Produkten und Dienstleistungen erfolgt. Lenkungsmaßnahmen sind hier erforderlich, wenn ▪ Produkte und Dienstleistungen externer Anbieter in eigene Produkte und Dienstleistungen integriert werden, ▪ Produkte und Dienstleistungen durch externe Anbieter direkt dem Kunden bereitgestellt werden, ▪ Prozesse, Teilprozesse oder Funktionen von einem externen Anbieter bereitgestellt werden. Legen Sie eine Liste für diese Lieferanten und Dienstleister an. Legen Sie Kriterien für die Beurteilung fest, z. B. Qualität, Preis, Service etc. Benoten Sie die Lieferanten nach einem einfachen Schulnotensystem oder nach objektiven Kenngrößen wie Liefertreue, Lieferfehler oder Ähnlichem. Bewahren Sie Nachweise zur Lieferantenbeurteilung und Lieferantengesprächen auf. (Weghorn 2022)
Mögliche Auditnachweise ▪ Beschriebener Beschaffungsprozess ▪ Lieferantenbewertung in Form eines Bepunktungssystems ▪ Lieferantenaudits als Werkzeug zur Lieferantenauswahl

8.4.2 Art und Umfang der Steuerung

Das Ziel ist stets, dass die Produkte und Dienstleistungen so sind, wie sie sein sollen, also dass die Anforderungen erfüllt werden und Konformität erreicht wird. Extern Bereitgestelltes darf dies im Sinne der ISO nicht „nachteilig beeinflussen". Sie müssen die möglichen Auswirkungen beachten, also „risikobasiert denken". Sie stehen als Auftraggeber in der entsprechenden Verantwortung. Extern Bereitgestelltes gehört zum Anwendungsbereich des QMS. Sie müssen festlegen, wie Sie Ihre externen Anbieter steuern, z. B. durch Lieferantenaudits oder sonstige Bewertungen. Sie müssen auch festlegen, wie sie sicherstellen, dass das extern Bereitgestellte so ist, wie es sein soll. Wie Sie das genau umsetzen, schreibt die ISO 9001 nicht vor.

Werden Prozesse ausgelagert, dann müssen diese im QMS integriert sein, sich in der eigenen Prozesslandschaft widerspiegeln. Extern bereitgestellte Prozesse, Produkte und Dienstleistungen müssen regelmäßig überprüft werden, ob sie die definierten Anforderungen erfüllen, beispielsweise durch Kontrollen, anhand einer Checkliste etc.

Die festgelegten Steuerungsmaßnahmen betreffen den externen Anbieter zum einen direkt und sind losgelöst vom Ergebnis. Beispielsweise könnte der Zulieferer direkt in die Produktentwicklung mit einbezogen werden. Sie müssen zum anderen auch Maßnahmen festlegen, wie Sie die Ergebnisse der externen Anbieter steuern wollen. Diese Maßnahmen sind davon abhängig, wie sehr das extern Bereitgestellte das eigene Angebot beeinflusst. Je stärker der Einfluss, desto wichtiger die Steuerung! Bei der Steuerung kann es sich beispielsweise um Wareneingangsprüfungen handeln, bei denen Qualitätskontrollen durchgeführt werden und die Ware dann bei Abweichung reklamiert wird. Bei einem Callcenter um Mitschnitte der Gespräche, die dann nach festgelegten Kriterien ausgewertet werden.

Die möglichen Auswirkungen von extern bereitgestellten Prozessen, Produkten oder Dienstleistungen müssen berücksichtigt werden. Hierbei geht es um das Erfüllen der Kundenanforderungen sowie der gesetzlich und behördlichen Anforderungen. Die Beantwortung setzt voraus, dass Sie definiert haben, wie sich das Externe auf die Konformität auswirken könnte. Es könnte beispielsweise zu längeren Lieferzeiten kommen oder zu Know-how-Verlust.

Sie müssen auch überprüfen, ob die definierten Maßnahmen zur Steuerung der externen Anbieter wirklich steuernd wirken, beispielsweise anhand von Stichprobenkontrollen, Befragungen etc.

Unterstützende Werkzeuge (Auswahl)

- Prozessmanagement
- Checklisten
- Stichproben
- Überprüfungen
- Audits

Tabelle 8.13 fasst die wichtigen Aspekte zu diesem Normabschnitt zusammen.

Tabelle 8.13 Extern Bereitgestelltes steuern – Normabschnitt 8.4.2 umsetzen

Leitfragen ▪ Ist sichergestellt, dass extern Bereitgestelltes das Erreichen der Konformität nicht „nachteilig beeinflusst"? ▪ Haben wir die Art und den Umfang einer entsprechenden Steuerung geregelt?
Ziel: Bestimmen der Art und des Umfangs der Steuerung von extern Bereitgestelltem
Umsetzungshinweis Beschreiben Sie (ggf. in einem eigenen Abschnitt im QM-Handbuch) kurz, wie sichergestellt wird, dass extern bereitgestellte Prozesse, Produkte und Dienstleistungen die Fähigkeit, konforme Produkte und Dienstleistungen zu liefern, nicht nachteilig beeinflussen. Prüfen Sie, ob in Ihrer Beschreibung folgende Punkte berücksichtigt werden: ▪ Lenkung der extern bereitgestellten Prozesse durch das QMS ▪ Maßnahmen zur Lenkung externer Anbieter ▪ Auswirkungen auf die eigene Fähigkeit, Kundenanforderungen sowie gesetzliche und behördliche Anforderungen zu erfüllen ▪ Wirksamkeit der angewendeten Lenkungsmaßnahmen des externen Anbieters ▪ Verifizierung und andere Tätigkeiten, die das Erfüllen der Anforderungen an extern bereitgestellte Prozesse, Produkte und Dienstleistungen sicherstellen (Wareneingangsprüfung) Setzen Sie die Regelungen in Abhängigkeit von den betrachteten extern bereitgestellten Prozessen, Produkten und Dienstleistungen in die Praxis um und sammeln Sie hierfür geeignete Nachweise. (Weghorn 2022)
Mögliche Auditnachweise ▪ Prüfplanung ▪ Definierte Bewertungskriterien (z. B. Reklamationen, ppm-Statistiken) ▪ Qualitätsvereinbarungen ▪ Lastenhefte ▪ Wareneingangsprüfung ▪ Kommunikationsnachweise mit den externen Anbietern ▪ Anforderungsübersichten

8.4.3 Informationen für externe Anbieter

Externe Anbieter müssen so informiert werden, dass sie die Anforderungen erfüllen können. Sie müssen daher genau wissen, wie die Anforderungen an den Prozess, das Produkt, die Dienstleistung lauten. Es muss auch klar sein, ob die Anforderungen wie gewünscht erfüllt werden, ob die Produkte, Dienstleistungen, Prozesse, die benutzten Methoden oder die verwendete Ausrüstung so genehmigt bzw. freigegeben werden. Diese Informationen müssen „angemessen" sein.

Ein externer Anbieter muss also alle Informationen bekommen, die benötigt werden, um den Prozess wie gewünscht zu gestalten und um das Produkt/die Dienstleistung wie gewünscht bereitzustellen, beispielsweise anhand eines Lastenhefts, eines entsprechend ausformulierten Vertrags etc.

Dem externen Anbieter muss mitgeteilt werden, dass das Produkt/die Dienstleistung wie geplant umgesetzt werden kann („ist genehmigt") und dass die verwendeten Methoden passen. Die Automobilindustrie verlangt beispielsweise häufig, dass die Methode 8D (acht Disziplinen) eingesetzt wird. Ebenso muss mitgeteilt werden, dass die verwendete Ausrüstung passt (den Anforderungen entspricht). Es können beispielsweise erhöhte Sicherheitsansprüche an dem Umgang mit Daten gestellt werden. Entspricht das Produkt/die Dienstleistung den Anforderungen („ist freigegeben"), dann muss dies mitgeteilt werden.

Dem externen Anbieter muss auch mitgeteilt werden, welche Kompetenz die beteiligten Personen haben müssen (Kompetenz nach ISO 9000: „Fähigkeit, Wissen und Fertigkeiten anzuwenden, um beabsichtigte Ergebnisse zu erzielen"). Zu der benötigten Kompetenz gehört auch die erforderliche Qualifikation.

Zudem muss der externe Anbieter wissen, welche Bedeutung sein Beitrag hat. Der externe Anbieter muss über die Maßnahmen, mit denen er gesteuert und seine Leistung überwacht wird, informiert werden. Transparenz und Offenheit sind für jede Beziehung förderlich! Sie müssen sicherstellen, dass dem externen Anbieter die Maßnahmen, mit denen die Verifizierung und die Validierung erfolgen, mitgeteilt werden. Die Verifizierung und/oder Validierung kann durch Sie oder durch Ihren Kunden durchgeführt werden.

Die Informationen, die der externe Anbieter bekommt, müssen vorher auf Angemessenheit überprüft werden, beispielsweise anhand des Vier-Augen-Prinzips.

Unterstützende Werkzeuge (Auswahl)

- Kommunikation
- Lastenheft
- Vertrag
- Qualitätssicherungsvereinbarung

Tabelle 8.14 fasst die wichtigen Aspekte zu diesem Normabschnitt zusammen.

Tabelle 8.14 Externe Anbieter richtig informieren – Normabschnitt 8.4.3 umsetzen

Leitfragen ▪ Haben wir sichergestellt, dass die externen Anbieter so informiert werden, dass sie die Anforderungen erfüllen können? ▪ Werden die Anforderungen wie gewünscht erfüllt? ▪ Sind die Produkte, Dienstleistungen, Prozesse, die benutzten Methoden oder die verwendete Ausrüstung genehmigt bzw. freigegeben? ▪ Sind diese Informationen „angemessen"?
Ziel: Definition und Bereitstellung der Informationen für externe Anbieter
Umsetzungshinweis Beschreiben Sie (ggf. in einem eigenen Abschnitt im QM-Handbuch) kurz, wie die Kommunikation hinsichtlich der Anforderungen mit externen Anbietern grundsätzlich erfolgt. Die Organisation muss dabei die Angemessenheit der Anforderungen vor deren Bekanntgabe gegenüber externen Anbietern sicherstellen. Prüfen Sie, ob in Ihrer Beschreibung folgende Punkte berücksichtigt werden: ▪ Bereitzustellende Prozesse, Produkte und Dienstleistungen ▪ Genehmigung oder Freigabe von Produkten, Dienstleistungen, Methoden, Prozessen oder Ausrüstungen ▪ Kompetenz/Qualifikation des Personals ▪ Zusammenwirken des Anbieters mit der Organisation ▪ Steuerung und Überwachung der Leistung von externen Anbietern ▪ Verifizierungs- und Validierungstätigkeiten, die die Organisation oder deren Kunde beabsichtigt, beim externen Anbieter durchzuführen (Weghorn 2022)
Mögliche Auditnachweise ▪ Anforderungsübersichten ▪ Interne Bewertungsprotokolle über die Angemessenheit von Anforderungen ▪ Geplante Lieferantenaudits ▪ Gesprächsprotokolle mit Lieferanten ▪ Vereinbarungen mit Lieferanten

8.5 Produktion und Dienstleistung realisieren

Dieser Normabschnitt (Bild 8.7) konzentriert sich auf die konkrete Umsetzung der Produktion und die Dienstleistungserbringung. Es muss klar sein, wie die Produktion (Planung, Durchführung und Ergebnisse der Fertigung einschließlich Zeitplanung) oder die Dienstleistung (Einsatzplanung der Personen, Zeitplanung etc.) realisiert wird, wobei es erhebliche Unterschiede zwischen den Bereichen Produktion und Dienstleistung in der Praxis geben kann.

In diesem Normabschnitt stehen folgende Fragen im Zentrum:

> Wie lässt sich die Produktion steuern? Wie lässt sich die Dienstleistung steuern? Wie müssen die Bedingungen sein, damit das Ganze beherrschbar ist und beherrschbar bleibt? Wie kann während der Produktion und Dienstleistungserbringung sichergestellt werden, dass die gewünschten Anforderungen erfüllt werden?

Bild 8.7 Der Abschnitt 8.5 der ISO 9001 im Überblick

Dokumentierte Information

Die Merkmale der Produkte, Dienstleistungen oder Tätigkeiten sowie die zu erzielenden Ergebnisse müssen dokumentiert werden. Ist eine Rückverfolgbarkeit notwendig, dann muss dies auch als dokumentierte Information vorliegen. Wird das Eigentum eines Kunden oder eines externen Anbieters, das dem Unternehmen überlassen wurde, als unbrauchbar eingeschätzt, dann muss dies dokumentiert werden. Falls eine Änderung notwendig ist, müssen folgende Aspekte dokumentiert werden: Ergebnisse der Überprüfung der Änderungen, „die Personen, die die Änderung autorisiert haben, sowie jegliche notwendige Tätigkeiten, die sich aus der Überprüfung ergeben".

8.5.1 Steuerung

Bei diesem Abschnitt geht's um die Steuerung der Produktion und der Dienstleistungserbringung. Die Norm bezeichnet dies als das „Herstellen beherrschter Bedingungen". Alle Anforderungen dieses Abschnitts stehen unter der Überschrift „falls zutreffend". Allerdings dürften diese Anforderungen in den allermeisten Fällen auch zutreffend sein.

Auch wenn die ISO 9001 hier nicht explizit eine Prozessdarstellung fordert, so ist sie dennoch sehr sinnvoll. Nur wenn Sie wissen, wie ein Prozess ausschaut, welche Wechselwirkungen, Verzweigungen etc. vorhanden sind, können Sie den Prozess beherrschen. In der Produktion kommen bei der Prozesssteuerung zumeist statistische Verfahren wie z. B. SPC (Statistical Process Control) zum Einsatz. In der Dienstleistungserbringung werden beispielsweise Indikatoren wie Reklamationsquoten, Kundentreue, Mitarbeiterfluktuation oder auch Befragungen eingesetzt. Erstellen Sie hierfür einen Prüfplan.

Dokumentierte Information

Falls zutreffend, muss Folgendes dokumentiert werden:

- Merkmale des zu produzierenden Produkts bzw. der zu erbringenden Dienstleistung
- Merkmale der durchzuführenden Tätigkeit bei der Produktrealisation/bei der Dienstleistungserbringung
- Gewünschte Ergebnisse der Produktion/der Dienstleistungserbringung

Falls zutreffend, muss/müssen …

- … die Merkmale des zu produzierenden Produkts bzw. der zu erbringenden Dienstleistung dokumentiert werden. Sie müssen definieren, welche Eigenschaften das Produkt/die Dienstleistung haben soll. Bei Bedarf kann die Beschreibung der Eigenschaften mit der Tätigkeitsbeschreibung kombiniert werden. Unterstützen können beim Produkt beispielsweise Produkt- oder Kundenspezifikationen, Zutatenlisten, Ablaufdarstellungen, Komponentenlisten etc., bei der Dienstleistungserbringung Arbeitsanweisungen, Pflichtenheft, Projektbeschreibungen etc.
- … die Merkmale der durchzuführenden Tätigkeit bei der Produktrealisation/bei der Dienstleistungserbringung dokumentiert werden. Die Tätigkeitsbeschreibung kann mit der Beschreibung der Produkteigenschaften kombiniert werden. Dabei kann es sich beispielsweise um Tätigkeitsbeschreibungen, Ablaufdarstellungen oder Prozessdarstellungen handeln.
- … die gewünschten Ergebnisse der Produktion/der Dienstleistungserbringung dokumentiert vorliegen, beispielsweise anhand des Anforderungskatalogs.
- … die für die Überwachung und Messung der Produktion/der Dienstleistungserbringung benötigten Ressourcen verfügbar sein und auch eingesetzt werden, also dass die Überwachung und Messung auch wirklich erfolgen, beispielsweise durch Kontrollen, Rückfragen, Verantwortungszuweisung, automatisierte Alarmsysteme, Prüfpläne etc.
- … bei der Produktion/bei der Dienstleistungserbringung nach wichtigen Prozessschritten eine Überprüfung erfolgen, ob das Gewünschte erreicht wurde. Nach „geeigneten Phasen" (Meilensteine) muss verifiziert werden, ob die Kriterien „zur Steuerung von Prozessen oder Ergebnissen sowie die Annahmekriterien für Produkte und Dienstleistungen erfüllt werden". Bei der Buchproduktion ist das beispielsweise die Prozesskontrolle, die nach dem Druck der Bögen erfolgt, nach dem Zuschneiden der Bögen, nach beim Binden etc. Dabei wird beispielsweise gemessen, ob die Seitenränder im Toleranzbereich sind, ob die Farben passen, ob die gewünschte Festigkeit erreicht wird etc. Mit einem Soll-/Ist-Abgleich wird festgestellt, ob die Annahmekriterien erfüllt werden. Bei einem Schulungsunternehmen kann dies beispielsweise nach den Prüfungen erfolgen. Formulieren Sie die Annahmekriterien möglichst klar und eindeutig.
- … für die Umsetzung der Prozesse eine geeignete Infrastruktur genutzt werden. Welche IT ist beispielsweise nötig? Welche Ausstattung? Welche Methoden werden eingesetzt?
- … für die Umsetzung der Prozesse eine geeignete Umgebung genutzt werden. Kann die Entwicklungsabteilung beispielsweise wirklich neben der lauten Produktionshalle gut arbeiten?

- … Sie für die Umsetzung der Produktion/der Dienstleistungserbringung kompetente Personen bestimmen. Dazu gehört, dass alle erforderlichen Qualifikationen vorhanden sind. Sie müssen nachvollziehbar darstellen können, welche Kompetenzen erforderlich sind und ob für die Umsetzung Personen eingesetzt werden, die die hierfür erforderlichen Kompetenzen und Qualifikationen besitzen. Ein Gabelstapler braucht beispielsweise einen entsprechenden Führerschein. Eine Dozentin für Biotechnologie braucht ein entsprechendes Studium und didaktisches Können. Wie Sie das nachweisen, bleibt Ihnen überlassen.
- … die Ergebnisse validiert werden, wenn während der Produktion/der Dienstleistungserbringung keine Überwachung der Prozessschritte erfolgt. Das ist beispielsweise dann der Fall, wenn es keine sinnvoll eingrenzbaren Prozessschritte gibt, die Überwachung wesentlich aufwendiger wäre als mögliche Fehler. Bei einer neuen Massagetechnik ist es beispielsweise vielleicht nicht möglich, einzelne Prozessschritte abzugrenzen. Hier erfolgt dann eine Validierung nach der kompletten Massageanwendung.
- … Maßnahmen umgesetzt werden, die menschliche Fehler verhindern, beispielsweise durch Schulung der Mitarbeitenden, Einsatz von Checklisten, besondere Visualisierungen etc.
- … notwendige Freigabeprozesse bei der Prozessumsetzung gesteuert werden, beispielsweise durch entsprechende Verantwortungszuweisungen.
- … Liefertätigkeiten und notwendige Tätigkeiten nach der Lieferung gesteuert werden, beispielsweise wenn Wartungsverträge einzuhalten sind.

Unterstützende Werkzeuge (Auswahl)

- Prozessmanagement
- Kennzahlensystem
- Mess- und Prüfpläne
- SPC

Tabelle 8.15 fasst die wichtigen Aspekte zu diesem Normabschnitt zusammen.

Tabelle 8.15 Produktion und Dienstleistungserbringung steuern – Normabschnitt 8.5.1 umsetzen

Leitfrage: Haben wir (falls zutreffend) sichergestellt, dass wir die Produktion/die Dienstleistungserbringung steuern können?
Ziel: Definition beherrschter Bedingungen in Bezug auf die Steuerung der Produktion und Dienstleistungserbringung

Tabelle 8.15 Produktion und Dienstleistungserbringung steuern – Normabschnitt 8.5.1 umsetzen *(Fortsetzung)*

Umsetzungshinweis Beschreiben Sie (ggf. in einem eigenen Abschnitt im QM-Handbuch) kurz, wie in der Organisation sichergestellt wird, dass die Produktion und die Dienstleistungserbringung unter beherrschten Bedingungen erfolgen. Prüfen Sie, ob die folgenden grundsätzlichen Aussagen enthalten sind, die den Begriff „beherrschte Bedingungen" näher charakterisieren. Beherrschte Bedingungen enthalten: ▪ Dokumentierte Informationen über die Merkmale von Produkten/Dienstleistungen ▪ Dokumentierte Informationen über durchzuführende Tätigkeiten und Ergebnisse ▪ Überwachungs- und Messtätigkeiten sowie Annahmekriterien für Produkte und Dienstleistungen ▪ Nutzung einer geeigneten Infrastruktur und Prozessumgebung ▪ Benennung kompetenter Personen einschließlich deren Qualifikation ▪ Validierung/Neuvalidierung der Fähigkeit von Prozessen, wenn das resultierende Ergebnis nicht durch anschließende Überwachung oder Messung verifiziert werden kann ▪ Umsetzung von Maßnahmen zur Verhinderung menschlicher Fehler ▪ Freigabe von Produkten und Dienstleistungen, Liefertätigkeiten und Tätigkeiten nach der Lieferung (Weghorn 2022)
Mögliche Auditnachweise ▪ Festlegung von Prozessen in Form von Prozessbeschreibungen, Arbeitsanweisungen, Formularen, Prüfanweisungen, EDV-Workflow, Checklisten ▪ Etablierte Genehmigungsverfahren bei Änderungen und Einführung neuer Prozesse für Werkzeuge, Maschinen, erforderliche Mitarbeiterqualifikation, Einstellparameter, Prüfmittel etc. ▪ Schriftliche Kundenfreigaben ▪ Ergebnisse von internen Q-Kontrollen ▪ Prüf- und Messergebnisse ▪ Ergebnisse aus internen Audits (Gietl/Lobinger 2022)

8.5.2 Kennzeichnung und Rückverfolgbarkeit

Prozessergebnisse müssen aus Sicht der Norm aus zwei Gründen gekennzeichnet werden, und zwar

- wenn dies für das Sicherstellen der Konformität der Produkte und Dienstleistungen notwendig ist,
- wenn dies durch die Überwachungs- und Messanforderungen notwendig ist (z. B. bei fehlerhafter Ware).

Wenn Rückverfolgbarkeit notwendig ist, dann muss diese gesteuert (steuerbarer Prozess) und dokumentiert werden. Ist eine Rückverfolgbarkeit notwendig, beispielsweise aufgrund gesetzlicher oder behördlicher Vorgaben, Vereinbarungen mit Kunden, Personalplänen etc., dann müssen die Prozessergebnisse entsprechend gekennzeichnet werden. Bei Reklamationen, Notfällen oder dergleichen kann so die Leistungserbringung rückverfolgt werden. Vor allem in sensiblen Bereichen ist eine lückenlose Rückverfolgbarkeit sehr zu empfehlen.

Dokumentierte Information

Ist eine Rückverfolgbarkeit notwendig, dann muss diese als dokumentierte Information vorliegen, beispielsweise anhand von Abschlussberichten, Liefervereinbarungen, Leistungsbeschreibungen, Protokollen etc.

Zur Kennzeichnung und eindeutigen Identifikation bieten sich beispielsweise an:

- Eindeutige Nummerierung (Artikelnummer, Bestellnummer, Auftragsnummer, Gerätenummer, Versuchsnummer, Typnummer, Seriennummer, Prüfmittelnummer, Rechnungsnummer etc.)
- Benennung des/der Verantwortlichen (Bestellung, Auftrag, Bearbeitung, Kunde etc.)
- Beschreibung (Zeichnungen, Flussdiagramm etc.)
- Datierung (Bestellung, Freigaben etc.)

Die Prozessergebnisse müssen während der gesamten Produktion so gekennzeichnet werden, dass klar ist, welche Produkte die Anforderungen erfüllen und welche nicht, beispielsweise anhand von Prüfprotokollen, Sicherheitsdatenblätter etc. Auch bei der Dienstleistungserbringung müssen Prozessergebnisse so gekennzeichnet werden, dass klar ist, welche Dienstleistungen die gewünschten Anforderungen erfüllen und welche nicht, beispielsweise anhand von Checklisten, Zwischenberichten etc.

Unterstützende Werkzeuge (Auswahl)

- Prozessmanagement
- Checklisten

Tabelle 8.16 fasst die wichtigen Aspekte zu diesem Normabschnitt zusammen.

Tabelle 8.16 Prozessergebnisse dokumentieren – Normabschnitt 8.5.2 umsetzen

Leitfragen ▪ Ist sichergestellt, dass die Prozessergebnisse gekennzeichnet werden? ▪ Ist sichergestellt, dass, wenn Rückverfolgbarkeit notwendig ist, diese gesteuert und dokumentiert wird?
Ziel: Kennzeichnung der Überwachungs- und Messanforderung, ggf. mit Rückverfolgbarkeit
Umsetzungshinweis Legen Sie für Ihre (wertschöpfenden) Prozesse fest, an welchen Stellen Ergebnisse von Prozessen wie gekennzeichnet werden müssen (z. B. Aufkleber, Anhänger). Stellen Sie sicher, dass der (Bearbeitungs-)Status von Vorgängen jederzeit erkennbar ist. Dies ist insbesondere wichtig, wenn erkennbar sein muss, ob Überwachungs- und Messanforderungen erfüllt sind (Statuskennzeichnung). An den Stellen, wo eine Rückverfolgbarkeit gefordert ist (gesetzlich oder vom Kunden), muss eine eindeutige Kennzeichnung eingeführt werden (LOT- oder Seriennummern) und diese Nummern müssen rückverfolgbar dokumentiert werden, damit im Notfall ein Rückruf eingeleitet werden könnte. (Weghorn 2022)
Mögliche Auditnachweise ▪ Arbeitsanweisungen zur Kennzeichnung und Rückverfolgbarkeit ▪ Begleitpapiere, z. B. Laufzettel ▪ Fertigungspläne ▪ Aktualisierung von Projektplänen ▪ Versandverfolgung ▪ EDV-Aufzeichnungen ▪ Status von Prüfungen durch Definition von Lagerplätzen ▪ Kennzeichnungen am Produkt ▪ Prüfnachweise ▪ Sperrzettel ▪ Freigaben (Gietl/Lobinger 2022)

8.5.3 Eigentum der Kunden oder der externen Anbieter

Beim Eigentum des Kunden oder der externen Anbieter kann es sich um „Materialien, Bauteile, Werkzeuge und Ausrüstungen, Betriebsstätten, geistiges Eigentum und personenbezogene Daten“ handeln. Wenn sich in Ihrem Unternehmen Eigentum eines Kunden oder eines externen Anbieters befindet oder von Ihnen verwendet wird, dann müssen Sie sorgfältig damit umgehen.

Überlassenes Eigentum eines Kunden oder eines externen Anbieters (z. B. Bauteile, Patente, Pläne) muss ...

- ... als solches erkennbar sein und dementsprechend gekennzeichnet werden.
- ... verifiziert werden.
- ... geschützt werden.
- ... gesichert werden, z. B. durch eine zusätzliche Datensicherung.

Wenn das Eigentum des Kunden oder des externen Anbieters verloren geht, beschädigt wird oder sonst als unbrauchbar eingeschätzt wird, dann muss dies dem Kunden oder dem externen Anbieter mitgeteilt werden. Und es muss dokumentiert werden, was genau passiert ist.

Dokumentierte Information

Geht das Eigentum des Kunden oder eines externen Anbieters verloren, oder wird es beschädigt oder als unbrauchbar eingeschätzt, dann muss dokumentiert werden, was genau passiert ist.

Unterstützende Werkzeuge (Auswahl)

- Prozessmanagement
- Kommunikationstechniken

Tabelle 8.17 fasst die wichtigen Aspekte zu diesem Normabschnitt zusammen.

Tabelle 8.17 Mit externem Eigentum umgehen – Normabschnitt 8.5.3 umsetzen

Leitfrage: Haben wir sichergestellt, dass wir mit dem Eigentum eines Kunden oder eines externen Anbieters sorgfältig umgehen?
Ziel: Definition der Anforderungen im Umgang mit Kundeneigentum oder mit dem Eigentum externer Anbieter
Umsetzungshinweis Beschreiben Sie (ggf. im QM-Handbuch in einem eigenen Abschnitt), an welchen Stellen Sie mit Kundeneigentum in Berührung kommen (z. B. Beistellprodukte, überlassene Messmittel, Reparaturware, Daten, geistiges Eigentum, vergessene Ware). Legen Sie dann für die verschiedenen Typen Kundeneigentum fest, wie Sie damit in der Praxis umgehen, um Ihrer Sorgfaltspflicht nachzukommen (Kennzeichnung, Verifizierung, Schutz und Sicherung). Sollte Kundeneigentum beschädigt oder unbrauchbar werden oder komplett verloren gehen, so muss hier eine geeignete Kommunikation mit dem Kunden stattfinden und ein schriftlicher Nachweis über den Sachverhalt archiviert werden. (Weghorn 2022)

Tabelle 8.17 Mit externem Eigentum umgehen – Normabschnitt 8.5.3 umsetzen *(Fortsetzung)*

Mögliche Auditnachweise
▪ Werkzeuge, Pendelverpackungen, Patente, Produktionsmuster, beigestellte Produkte in Form von Rohmaterial, Halbfertigwaren ▪ Schutz geistigen Eigentums durch Verschwiegenheitsverpflichtungen, Zugangskontrollen, Schutz vor Hackerangriffen etc. ▪ Arbeitsanweisung zum Umgang mit Kundeneigentum ▪ Bestandsliste über Kundeneigentum ▪ Kennzeichnung (Etiketten, Gravuren, Inventarisierung etc.) ▪ Regelungen für Konsignationslager ▪ Korrespondenz mit den Kunden ▪ Protokolle über Verifizierung und durchgeführte Instandhaltung ▪ Eingangsprüfungen ▪ Projektpläne zur Einführung neuer Prozesse bzw. Veränderung bestehender Prozesse (Gietl/Lobinger 2022)

8.5.4 Erhaltung

„Erhaltung“ bezieht sich darauf, dass Produkte während der Produktion nicht beeinträchtigt (beschädigt, verdorben oder Ähnliches) werden und Dienstleistungen wie gewünscht umgesetzt werden können. Dieser Normabschnitt schließt folgende Aspekte mit ein: „Kennzeichnung, Handhabung, Schutz vor Verunreinigung, Verpackung, Lagerung, die Übertragung oder den Transport und den Schutz“. Dazu gehören beispielsweise auch Diebstahlsicherung, Hygienemaßnahmen, keine Unterbrechung der Kühlkette, Schutz vor Nässe, Kälte, Schädlingen etc.

Wie erfolgt beispielsweise die Kennzeichnung? Ist das Verfallsdatum gut erkennbar? Gibt es spezielle Vorgaben, wie das Produkt behandelt oder transportiert werden muss? Ist es zerbrechlich? Wie kann das Produkt beim Transport geschützt werden? Muss es gekühlt werden? Braucht es bei der Lagerung bestimmte Reinheitsanforderungen oder bestimmte Temperaturen? Ist ein bestimmter Schutz erforderlich? Vor Einbruch oder vor Feuchtigkeit? Ist bei der Dienstleistungserbringung ein bestimmter Schutz erforderlich? Können Hackerangriffe vermieden werden? Braucht es ein bestimmtes Umfeld (z. B. Ruhe) und ist gewährleistet, dass dies während der Umsetzung erhalten bleibt?

Unterstützende Werkzeuge (Auswahl)

- Qualitätszirkel
- Ursache-Wirkungs-Analysen

Tabelle 8.18 fasst die wichtigen Aspekte zu diesem Normabschnitt zusammen.

Tabelle 8.18 Sorgfalt walten lassen – Normabschnitt 8.5.4 umsetzen

Leitfrage: Haben wir sichergestellt, dass Produkte während der Produktion nicht beeinträchtigt (beschädigt, verdorben oder Ähnliches) werden und Dienstleistungen wie gewünscht umgesetzt werden können?
Ziel: Sicherstellung der Erhaltung von Produkten und Dienstleistungen
Umsetzungshinweis Stellen Sie fest, wo Sie in Ihrer Organisation eine Erhaltung von Produkten und Prozessergebnissen sicherstellen müssen (Beschreibung). Eine Erhaltung schließt die Kennzeichnung, die Handhabung, den Schutz vor Verunreinigung, die Verpackung, die Lagerung, die Übertragung oder den Transport und den Schutz mit ein. Legen Sie für die verschiedenen Erhaltungsanforderungen geeignete Maßnahmen fest, wie die Erhaltung sichergestellt werden kann. Bei Vorgaben hinsichtlich begrenzter Haltbarkeit oder Vorgabe einer Lagertemperatur kann beispielsweise mithilfe einer Lagerprüfliste in angemessenen Abständen eine Lagerprüfung dokumentiert werden. Ein Akku, der gelagert wird und regelmäßig aufgeladen werden muss, sollte mit dem nächsten Ladedatum gekennzeichnet werden etc. (Weghorn 2022)
Mögliche Auditnachweise ▪ Lagerungsvorschriften ▪ Reinigungspläne ▪ Konservierungsvorschriften ▪ Versandregelungen ▪ Lagerbelegungs- und Entnahmepläne ▪ Lagerfristen und ggf. Getrennthaltung ▪ Versandetikettierung ▪ Verfallsdatenüberwachung ▪ Verpackungsvorschriften ▪ Anweisungen zum innerbetrieblichen Transport ▪ Lagergrundsätze (Gietl/Lobinger 2022)

8.5.5 Tätigkeiten nach der Lieferung

Bei Tätigkeiten nach der Lieferung kann es sich um Tätigkeiten handeln, die „aufgrund von Gewährleistungsbestimmungen, vertragliche Pflichten, wie Instandhaltung, und ergänzende Dienstleistungen wie Wiederverwertung oder Entsorgung" anfallen. Dazu gehören beispielsweise auch technischer Support, Installationsarbeiten, Wartung oder Schulungsmaßnahmen. Also alles, was den Gebrauch des Produkts oder die Ergebnisse der Dienstleistung einschließt.

Sind Anforderungen definiert, die nach der Auslieferung erfolgen, dann müssen diese erfüllt werden. Wenn Sie beispielsweise vereinbart haben, das Produkt zu installieren, dann muss diese Installation auch erfolgen. Das Gleiche gilt bei der Dienstleistungserbringung. Wird beispielsweise bei einem Kosmetikstudio versprochen, sollte die Haarentfernung nicht erfolgreich sein, dann gibt's das Geld zurück, dann muss diese Anforderung auch erfüllt werden.

Bei der Definition der Anforderungen, die nach der Auslieferung des Produkts/nach der Dienstleistungserbringung erfolgen, müssen gesetzliche und behördliche Anforderungen berücksichtigt werden, z.B. Garantie- oder Gewährleistungsansprüche oder Einsatz zugelassener Medikamente.

Mögliche unerwünschte Folgen, die nach der Auslieferung des Produkts erfolgen, müssen ermittelt und entsprechende Gegenmaßnahmen definiert werden. Lösen sich eventuell Farbpigmente bei den Kinderspielzeugen ab? Was kann dagegen getan werden? Auch mögliche unerwünschte Folgen, die nach der Dienstleistungserbringung erfolgen, müssen bei der Definition der Anforderungen berücksichtigt werden. Beispielsweise könnte nach der Massage ein Problem mit der Wirbelsäule auftreten. Mögliche unerwünschte Folgen müssen ermittelt und entsprechende Gegenmaßnahmen definiert werden.

Die Art des Produkts/der Dienstleistungserbringung muss dabei berücksichtigt werden. Dabei kann es sich um Fragen handeln wie beispielsweise: Wird das Produkt nur von einem Kunden genutzt oder von vielen? Ist es ein Muss-, Kann- oder Nice-to-have-Produkt? Wird es einmal benutzt oder immer wieder? Ist es ein Endprodukt? Ist eine Direktwartung nötig oder auch eine Fernwartung möglich? Ist es eine personenbezogene, sachbezogene, produktbegleitende oder originäre Dienstleistung? Solche Fragen müssen bei der Definition der Anforderungen, die nach der Auslieferung des Produkts erfolgen, berücksichtigt werden.

Auch die Nutzung des Produkts/der Dienstleistungserbringung muss bei der Definition der Anforderungen, die nach der Auslieferung des Produkts bzw. Dienstleistungserbringung erfolgen, berücksichtigt werden. Zu diesem Aspekt gehören beispielsweise Wartung, Updates, notwendige Ersatzleistungen bei Verschleiß oder die Nutzung bereitgestellter Informationen.

Im Sinne der Norm muss die gesamte Lebensdauer des Produkts betrachtet werden. Dies muss bei der Definition der Anforderungen, die nach der Auslieferung des Produkts erfolgen, berücksichtigt werden. Das schließt Themen wie Recycling oder Entsorgung mit ein. Auch bei Dienstleistungen muss die gesamte Lebensdauer der Dienstleistung betrachtet werden. Die Lebensdauer kann sich beispielsweise auf Aktualisierungen von Informationen beziehen, wie sie beispielsweise notwendig werden, wenn sich ein Standard ändert.

Die Kundenanforderungen sind zentral und müssen bei der Definition der Anforderungen, die nach der Auslieferung des Produkts bzw. nach der Dienstleistungserbringung erfolgen, berücksichtigt werden, beispielsweise durch das Einrichten einer 24-Stunden-Hotline. Auch die Rückmeldungen von Kunden müssen hier berücksichtigt werden.

Unterstützende Werkzeuge (Auswahl)

- Prozessmanagement
- Maßnahmenplanung
- Ressourcenplanung

Tabelle 8.19 fasst die wichtigen Aspekte zu diesem Normabschnitt zusammen.

Tabelle 8.19 Tätigkeiten nach der Lieferung regeln – Normabschnitt 8.5.5 umsetzen

Leitfrage: Haben wir die Tätigkeiten, die „aufgrund von Gewährleistungsbestimmungen, vertragliche Pflichten, wie Instandhaltung, und ergänzende Dienstleistungen wie Wiederverwertung oder Entsorgung" anfallen, geregelt?
Ziel: Regelung der Tätigkeiten nach der Lieferung
Umsetzungshinweis Ermitteln Sie, welche Tätigkeiten es gibt, die nach einer Lieferung von Produkten oder Dienstleistungserbringung erbracht werden müssen (grundsätzliche Beschreibung). Tätigkeiten nach der Lieferung entstehen z. B. aus Gewährleistungen, vertraglichen Pflichten (z. B. Instandhaltung) oder ergänzenden Dienstleistungen wie Wiederverwertung oder Entsorgung. Prüfen Sie, ob folgende Punkte in Ihrem Verfahren sichergestellt sind: ▪ Gesetzliche und behördliche Anforderungen ▪ Mögliche unerwünschte Folgen ▪ Art, Nutzung und beabsichtigte Lebensdauer der Produkte und Dienstleistungen ▪ Kundenanforderungen ▪ Rückmeldungen von Kunden Tragen Sie prozessspezifische Regelungen in die entsprechende Verfahrensanweisung für Ihre Kernprozesse ein. (Weghorn 2022)

Tabelle 8.19 Tätigkeiten nach der Lieferung regeln – Normabschnitt 8.5.5 umsetzen *(Fortsetzung)*

Mögliche Auditnachweise ▪ Gewährleistungsbestimmungen ▪ Entsorgungspflichten ▪ Wartungs- und Inspektionsprozesse ▪ Serviceprozesse ▪ Verpflichtungen zur Marktbeobachtung (Gietl/Lobinger 2022)

8.5.6 Überwachung von Änderungen

Egal was passiert, die ISO 9001 verlangt stets, dass die Konformität der Produkte und Dienstleistungen erfüllt wird, dass die Produkte und Dienstleistungen so sind, wie sie sein sollen, und die definierten Anforderungen erfüllen. Ebenso müssen auch die Anforderungen der Norm und des QMS erfüllt werden. Es kann beispielsweise eine Maschine aufgrund eines technischen Defekts oder ein Schulungsangebot aufgrund von Krankheit ausfallen. Es kann zu Lieferschwierigkeiten kommen oder es können sich Marktbedingungen ändern, die eine schnelle Reaktion erfordern. Hierzu müssen Maßnahmen definiert, umgesetzt und gesteuert werden. Dieser Normabschnitt verlangt, dass geplante und ungeplante Änderungen überprüft, bewertet und gesteuert werden.

Dokumentierte Information

- Gibt es Veränderungen in der Produktion oder Dienstleistungserbringung, dann müssen diese dokumentiert werden und als dokumentierte Information vorliegen.
- Auch die Ergebnisse von Überprüfungen bei Produktions- bzw. Dienstleistungsveränderungen müssen als dokumentierte Information vorliegen.
- Es muss auch dokumentiert vorliegen, wer die Änderung autorisiert (genehmigt) hat.
- Zudem muss dokumentiert werden, was Sie tun wollen, um mögliche negativen Auswirkungen zu verhindern.
- Die Sicherstellung der Dokumentation muss bereits bei der Planung berücksichtigt werden.

Unterstützende Werkzeuge (Auswahl)

- Dokumentenmanagement
- Prozessmanagement
- Mess- und Prüfpläne

Tabelle 8.20 fasst die wichtigen Aspekte zu diesem Normabschnitt zusammen.

Tabelle 8.20 Änderungen systematisch überprüfen und dokumentieren – Normabschnitt 8.5.6 umsetzen

Leitfrage: Ist die Konformität trotz der Änderungen weiterhin sichergestellt?
Ziel: Dokumentation und Steuerung von Änderungen
Umsetzungshinweis Legen Sie eine grundsätzliche Regelung für Änderungen in der Produktion oder der Dienstleistungserbringung im QM-Handbuch oder als dokumentierte Information fest. Die Regelung muss folgende Aussagen enthalten: ▪ Änderungen werden auf ihre Notwendigkeit geprüft. ▪ Änderungen werden nur in dem Umfang umgesetzt, dass die Konformität mit den Anforderungen sichergestellt ist. Legen Sie für in der Praxis stattfindende Änderungen ein Instrument (z. B. Formblatt) fest, in dem folgende Punkte dokumentiert werden können: ▪ Ergebnisse der Überprüfung der Änderung ▪ die Personen, die die Änderung angewiesen haben ▪ Beschreibung der notwendigen Maßnahmen (Weghorn 2022)
Mögliche Auditnachweise ▪ Arbeitsanweisung Freigabe/Änderungsmanagement ▪ Nachweise über Änderungen an Prozessen mit Verfolgung ▪ Verantwortungsregelungen in Form von Stellenbeschreibungen oder Eskalationsmodellen (Gietl/Lobinger 2022)

8.6 Produkte und Dienstleistungen freigeben

Sie müssen nachweisen, welchen Freigabeprozess Ihre Produkte oder Dienstleistungen durchlaufen und welche Annahmekriterien Sie definiert haben. Die zentralen Fragen dieses Normabschnitts (Bild 8.8) lauten:

Wann werden Produkte und Dienstleistungen freigegeben? Wann erfüllen sie die definierten Anforderungen?

Werden die Anforderungen erfüllt, dann erfolgt ein Konformitätsnachweis. Dieser Nachweis kann auch von externen Stellen wie vom Kunden selbst, einer Zertifizierungsstelle etc. erfolgen. Ist diese externe Abnahme nicht vorgesehen, dann können Sie sich diesen Konformitätsnachweis selbst ausstellen. Wichtig ist, dass alle definierten Anforderungen auch wirklich umgesetzt werden und kein Produkt oder keine Dienstleistungserbringung „fehlerhaft" an den Kunden geht.

Es geht also darum, dass Sie Qualitätskontrollen während und/oder zum Abschluss der Produktion bzw. Dienstleistungserbringung durchführen. Erstellen Sie hierfür beispielsweise einen Prüfplan und bewahren Sie alle Prüf- oder Messprotokolle, Freigaben etc. auf.

Dokumentierte Information

Wichtig ist bei der Dokumentation des Nachweises der Rückverfolgbarkeit, wer die Freigabe genehmigt hat, und der Nachweis, dass alle Annahmekriterien erfüllt werden.

Bild 8.8 Der Abschnitt 8.6 der ISO 9001 im Überblick

Die ISO verlangt eine Überprüfung, ob die Produkte oder die Dienstleistung die definierten Anforderungen erfüllen, nach „geeigneten Phasen“. Je komplexer Ihre Produkte, desto sinnvoller ist es, nicht nur das Endprodukt zu überprüfen, sondern die Verifizierung nach wichtigen Prozessschritten vorzunehmen. Zu dem Punkt gehören alle klassischen Qualitätssicherungsverfahren. Bei Produktionslinien ist es beispielsweise häufig so, dass jedes Produkt nach jedem Schritt automatisiert überprüft wird. Bei einem Projekt könnte beispielsweise diese Überprüfung nach jedem erreichten Meilenstein erfolgen.

Bevor Produkte an den Kunden gehen oder eine Dienstleistung erbracht wird, muss sichergestellt sein, dass die Anforderungen erfüllt werden. Die ISO schreibt, „erst nach zufriedenstellender Umsetzung der geplanten Vorkehrungen“ dürfen Produkte ausgeliefert oder Dienstleistungen erbracht werden. Produkte, die nicht die Anforderungen erfüllen, könnten beispielsweise sofort aussortiert und gesondert gekennzeichnet werden. Bei der Dienstleistung können beispielsweise Checklisten, Probeläufe, Tests mit Versuchspersonen, Gutachten etc. unterstützen.

Eine Ausnahme ist, wenn Sie dies anders vereinbart haben. Die Genehmigung könnte beispielsweise direkt durch den Kunden erfolgen oder von einer anderen Stelle wie z. B. einer Zertifizierungsstelle.

Dokumentierte Information

Sie müssen die Konformität mit den Annahmekriterien mittels einer dokumentierten Information nachweisen können, z. B. anhand der Prüfergebnisse.

Es muss rückverfolgbar sein, wer was wie genehmigt hat und dies muss als dokumentierte Information vorliegen.

Unterstützende Werkzeuge (Auswahl)

- Prüfpläne
- Bewertungsbögen
- Checklisten
- Prozessmanagement

Tabelle 8.21 fasst die wichtigen Aspekte zu diesem Normabschnitt zusammen.

Tabelle 8.21 Produkte und Dienstleistungen freigeben – Normabschnitt 8.6 umsetzen

Leitfragen ▪ Wann werden Produkte und Dienstleistungen freigegeben? ▪ Wann erfüllen sie die definierten Anforderungen?
Ziel: Definition der Freigabeprozesse
Umsetzungshinweis Legen Sie für Ihre (wertschöpfenden) Prozesse fest, an welchen Stellen eine Freigabe für den weiteren Fortgang erfolgen muss. Diese Freigabeschritte grenzen wichtige Phasen voneinander ab. Tragen Sie diese Freigaben/Phasenabschlüsse in Ihre Verfahrensanweisung Kernprozesse ein. Eine grundsätzliche Regelung kann im QM-Handbuch erfolgen (z. B., dass Sonderfreigaben ausschließlich durch die Geschäftsführung erfolgen dürfen). Eine Freigabe gegenüber dem Kunden darf erst nach zufriedenstellender Vollendung der festgelegten Tätigkeiten zur Verifizierung der Konformität erfolgen. Eine Ausnahme hiervon wäre, wenn die Freigabe von einer zuständigen Stelle und ggf. durch den Kunden erfolgt (Sonderfreigabe). Bewahren Sie dokumentierte Informationen hierzu auf, die einen Nachweis der Konformität sowie eine Rückführung auf die freigebenden Personen zulassen. (Weghorn 2022)
Mögliche Auditnachweise ▪ Freigabenachweise der Endkontrolle ▪ Freigabenachweise nach allen Zwischenkontrollen ▪ Dokumentierte Sonderfreigaben durch Kunden ▪ Dokumentierte Sonderfreigaben durch autorisierte Stellen (Gietl/Lobinger 2022)

8.7 Nichtkonformes steuern

Was tun, wenn die Konformität nicht erreicht wird? Darum geht es in diesem Normabschnitt (Bild 8.9). Es stehen folgende Fragen im Zentrum:

> Wie können wir verhindern, dass fehlerhafte Produkte oder Dienstleistungen ausgeliefert (in Gebrauch kommen) bzw. erbracht werden? Wie beheben wir auftretende Fehler?

Dokumentierte Information

Es müssen eine Beschreibung der Nichtkonformität, der getroffenen Korrekturmaßnahmen und alle Sonderfreigaben sowie ein Nachweis, wer die getroffenen Korrekturmaßnahmen genehmigt hat, als dokumentierte Information vorliegen.

Bild 8.9 Der Abschnitt 8.7 der ISO 9001 im Überblick

Fehler sollten ggf. auch im Managementreview (Abschnitt 9.3) und beim fortlaufenden Verbesserungsprozess (Kapitel 10) thematisiert werden.

Nichtkonforme Ergebnisse (Fehler) müssen gekennzeichnet werden. Damit soll verhindert werden, dass Fehlerhaftes an den Kunden ausgeliefert wird, in die Anwendung kommt oder weiterverarbeitet wird, beispielsweise durch die Kennzeichnung mit roten Aufklebern.

Der Umgang mit Fehlern muss gesteuert werden, also kontrolliert erfolgen. Es muss klar sein, wer was warum macht und was passiert, wenn etwas nicht gemacht werden würde.

Sie müssen Maßnahmen definieren, wie Sie mit Fehlern umgehen wollen. Diese sind von der Art der Abweichung abhängig und wie sie sich auf die Konformität der Produkte oder Dienstleistungen auswirken. Je größer die Auswirkung, desto wichtiger die Maßnahmen! Sie müssen auch Maßnahmen für Nichtkonformität definieren, wenn die Produkte bereits ausgeliefert oder die Dienstleistung bereits erbracht wurde oder gerade durchgeführt wird. Zu den Maßnahmen gehören im Sinne der ISO 9001 „Korrektur; Aussonderung, Sperrung, Rückgabe oder Aussetzung der Bereitstellung von Produkten und Dienstleistungen; Benachrichtigen des Kunden; Einholen der Autorisierung zur Annahme mit Sonderfreigabe." Bei den Maßnahmen könnte es sich beispielsweise um sofortigen Ersatz, Rückerstattung, Einsatz von Notfallplänen handeln.

Mit der Fehlerkorrektur muss sichergestellt sein, dass der Fehler behoben ist. Das Ziel einer Korrektur der Nichtkonformität muss das Erreichen der Konformität sein. Und diesen Anspruch müssen Sie mit einer Korrektur erfüllen.

Dokumentierte Information

Tritt ein Fehler (Nichtkonformität) auf, dann muss dieser beschrieben und dokumentiert werden. Auch die eingeleiteten Korrekturmaßnahmen und alle damit verbundenen Sonderfreigaben müssen beschrieben und dokumentiert werden.

Ebenso muss dokumentiert werden, wer die Korrekturmaßnahme genehmigt hat (Rückverfolgbarkeit).

Unterstützende Werkzeuge (Auswahl)

- Prozessmanagement
- Kontinuierlicher Verbesserungsprozess (KVP)
- 8D
- FMEA
- Qualitätszirkel

Tabelle 8.22 fasst die wichtigen Aspekte zu diesem Normabschnitt zusammen.

Tabelle 8.22 Mit Abweichungen (Nichtkonformitäten) umgehen – Normabschnitt 8.7 umsetzen

Leitfragen ▪ Was tun, wenn die Konformität nicht erreicht wird? ▪ Wie können wir verhindern, dass fehlerhafte Produkte oder Dienstleistungen ausgeliefert (in Gebrauch kommen) bzw. erbracht werden? ▪ Wie beheben wir auftretende Fehler?
Ziel: Regelung des Umgangs mit nichtkonformen Prozessergebnissen, Produkten und Dienstleistungen
Umsetzungshinweis Legen Sie in Form einer Verfahrensanweisung oder in einem Abschnitt im QM-Handbuch fest, wie mit fehlerhaften Produkten/Dienstleistungen umgegangen werden muss. Prüfen Sie Ihre Beschreibung auf folgende Punkte, die in Ihrer Regelung enthalten sein müssen: ▪ Kennzeichnung fehlerhafter Produkte oder Prozessergebnisse ▪ Lenkung fehlerhafter Produkte, sodass ein unbeabsichtigter Gebrauch oder eine Auslieferung verhindert wird ▪ Festlegung von Sofortmaßnahmen (Korrektur)

- Festlegung von Korrekturmaßnahmen (Ursachenbeseitigung), auch wenn Fehler erst nach der Lieferung oder während der Dienstleistungserbringung erkannt werden
- Aussonderung, Zurückhaltung/Sperrung („Sperrlager"), Rückgabe, Aussetzung der Bereitstellung von Produkten oder Dienstleistungen
- Benachrichtigen der Kunden
- Einholen der Autorisierung zur Verwendung im aktuellen Zustand oder zur erneuten Bereitstellung (Sonderfreigabe)
- Verifizierung der Konformität nach einer Korrekturmaßnahme

Legen Sie fest, über welche Instrumente die diesbezügliche Dokumentation erfolgt. Folgende Punkte sind in jedem Fall gefordert:

- Beschreibung der Nichtkonformität (Was, Wann, Wer, Wie viel, Womit, Wie)
- Eingeleitete und durchgeführte Maßnahmen
- Sonderfreigaben
- Verantwortliche Personen

(Weghorn 2022)

Mögliche Auditnachweise

- Prozessbeschreibung zum Fehlermanagement
- Abteilungsweise Arbeitsanweisungen zur Fehlerhandhabung
- Sperren fehlerhafter Produkte mittels Sperrbändern, Sperrlager, Kennzeichnung im EDV-System
- Sperrverweise
- Fehlermeldungsformulare
- Befugnisregelungen zur Sperrung und Freigabe
- Informationspflichten bei erkannten Fehlern
- Fehlerartendefinition
- Erste Schritte des 8D-Reports
- Sofortmaßnahmen zu internen Fehlern
- Reklamationsbearbeitungsnachweise

(Gietl/Lobinger 2022)

8.8 Die Anforderungen der ISO 14001

In der ISO 14001 ist dieser Abschnitt wie folgt gegliedert:

- 8.1 Betriebliche Planung und Steuerung
- 8.2 Notfallvorsorge und Gefahrenabwehr

Planung und Steuerung

Auch bei der ISO 14001 müssen die Prozesse so gestaltet werden, dass die Anforderungen an das UMS erfüllt und die geplanten Maßnahmen umgesetzt werden können. Die Prozesse müssen sich steuern und aufrechterhalten lassen. Damit Prozesse steuerbar sind, müssen wie bei der ISO 9001 entsprechende Konformitätskriterien definiert werden, diese überwacht, gemessen und ggf. gegengesteuert werden.

Wichtig ist, dass die Prozesse effektiv (wirksam) sind und die gewünschten Ergebnisse erreicht werden. Welche Methoden dabei eingesetzt werden, ist abhängig vom jeweiligen Unternehmen.

Methoden (Beispiele aus der ISO 14001)

„Solche Methoden können umfassen:

- die Gestaltung von Prozessen auf eine Art, die Fehler verhindert und konsistente Ergebnisse sicherstellt;
- der Einsatz von Technologie, um Prozesse zu steuern und ungünstige Ergebnisse zu verhindern (d. h. technische Steuerungen);
- der Einsatz von kompetentem Personal zur Sicherstellung der gewünschten Ergebnisse;
- die Durchführung von Prozessen auf eine festgelegte Art;
- die Überwachung oder Messung von Prozessen zur Überprüfung der Ergebnisse;
- die Bestimmung der Verwendung und Menge erforderlicher dokumentierter Information."

Zu den geplanten Änderungen vermerkt die ISO 14001, dass diese überwacht werden müssen. Die Folgen ungeplanter Änderungen müssen eingeschätzt und je nach Einschätzung müssen entsprechende Maßnahmen definiert werden, wie damit im Falle eines Eintritts umgegangen werden soll, um mögliche negative Auswirkungen zu vermindern.

Auch ausgegliederte Prozesse müssen im Sinne der ISO 14001 „gesteuert oder beeinflusst" werden können. Das „Wie" muss im UMS festgelegt werden. Externe Anbieter oder Vertragspartner müssen über die zentralen Umweltanforderungen informiert werden.

Bei der Steuerung externer Anbieter können („dürfen") laut der ISO 14001 folgende Aspekte berücksichtigt werden:

- „Umweltaspekte und damit verbundene Umweltauswirkungen;
- die mit der Herstellung ihrer Produkte oder der Bereitstellung ihrer Dienstleistungen verbundenen Risiken und Chancen;
- die bindenden Verpflichtungen der Organisation."

Die definierten Umweltanforderungen müssen auch beim Entwicklungsprozess des Produkts bzw. der Dienstleistung berücksichtigt werden. Dabei muss der gesamte Lebensweg betrachtet werden. Dazu gehört beispielsweise auch, dass Umweltanforderungen für die Beschaffung definiert werden oder dass berücksichtigt wird, wie sich Transport oder die Entsorgung auf die Umwelt auswirken. Kunststoff beispielsweise ist bei der Herstellung wesentlich weniger „umweltschädlich" als Papier, die Probleme entstehen erst am Ende des Lebenswegs.

„Umweltanforderungen sind die umweltbezogenen Erfordernisse und Erwartungen der Organisation, die sie für interessierte Parteien festlegt und ihnen kommuniziert (z. B. eine interne Funktion wie Beschaffung; ein Kunde, ein externer Anbieter)." (ISO 14001)

Notfallvorsorge und Gefahrenabwehr

Tritt ein Notfall oder eine Gefahr ein, dann muss das Unternehmen darauf vorbereitet sein. Im Sinne der ISO 14001 müssen entsprechende Prozesse vorhanden sein, um darauf möglichst gut und schnell reagieren zu können. Es muss in solchen Fällen auch klar sein, was wie zu tun ist, um negative Auswirkungen auf die Umwelt zu verhindern oder zu mindern bzw. Gefahren abzuwehren.

Tritt ein Notfall ein oder droht eine Gefahr, dann muss entsprechend reagiert werden. Wenn beispielsweise giftige Chemikalien auslaufen, muss auf Anhieb klar sein, wer was wie zu tun hat: Muss evakuiert werden? Muss die Feuerwehr, die Bevölkerung, die Polizei oder naheliegende Krankenhäuser informiert werden? Kann die Chemikalie abgesaugt werden? Etc.

Laut der ISO 14001 sollten folgende Aspekte berücksichtigt werden:

- „die angemessensten Methoden für die Reaktion auf eine Notfallsituation;
- interne und externe Kommunikationsprozesse;
- die erforderlichen Maßnahmen für die Verhinderung oder Minderung von Umweltauswirkungen;

- Minderung und durchzuführende Maßnahmen als Reaktion bei verschiedenen Arten von Notfallsituationen;
- das Erfordernis der Bewertung nach Notfällen, um Korrekturmaßnahmen zu bestimmen und zu verwirklichen;
- regelmäßige Prüfung geplanter Maßnahmen der Gefahrenabwehr;
- Schulung von Personal zur Gefahrenabwehr;
- eine Liste von Schlüsselpersonal und Hilfsdiensten, einschließlich Kontaktdaten (z. B. Feuerwehr, Reinigungsdienste nach Leckagen);
- Evakuierungswege und Sammelpunkte;
- die Möglichkeit gegenseitiger Unterstützung mit benachbarten Organisationen."

Diese Prozesse und die geplanten „Gefahrenabwehrmaßnahmen" müssen regelmäßig überprüft und ggf. angepasst werden (PDCA). Wenn möglich, dann sollten auch die geplanten Maßnahmen regelmäßig getestet werden.

Allen relevanten Stakeholder müssen „in angemessener Form" Informationen über die Notfallvorsorge und Gefahrenabwehr zur Verfügung gestellt werden. Eventuell sind spezielle Schulungen nötig.

Dokumentierte Information

Dokumentiert werden muss so, dass die Prozesse wie geplant umgesetzt werden können.

9 Bewertung der Leistung: Ergebnisse bewerten und Konsequenzen daraus ziehen

In diesem Normabschnitt (Bild 9.1) geht es um die Bewertung der eigenen Leistung. Bei der Leistung handelt es sich um messbare Ergebnisse, die sich auf Produkte, Dienstleistungen, Prozesse, Tätigkeiten sowie Systeme beziehen und sich aus dem Managen der Qualitätsaspekte (z.B. Kundenzufriedenheit, Fehlerfreiheit etc.) ergeben. Es steht also die Frage im Zentrum, wie wirksam (effektiv) die umgesetzten Aktivitäten sind und welche zukünftigen Aktivitäten sich davon ableiten lassen. Es ist Aufgabe der Führungskräfte, mittels der Managementbewertung zukünftige Handlungsfelder zu erschließen und die Weichen für eine mögliche Verbesserung zu stellen. Die Bewertung der Leistung sollte möglichst objektiv sein. Sie liefert die Basis für weitere Entscheidungen, und zwar für Entscheidungen, die faktenbasiert sind.

Es stehen folgende Fragen im Zentrum:

- Wie erfolgt die Bewertung unserer Leistung (Leistung der Organisation)?
- Wie überwachen und messen wir die Wirksamkeit (Effektivität) unseres QMS, die Konformität von Produkten und Dienstleistungen, die Qualität der Prozesse, die Kundenzufriedenheit sowie unsere Managementprozesse?
- Wie und wie oft führen wir unsere internen Audits durch?
- Wie analysieren und bewerten wir die Ergebnisse und welche Konsequenzen ziehen wir daraus?

Wirksamkeit ist das „Ausmaß, in dem geplante Tätigkeiten verwirklicht und geplante Ergebnisse erreicht werden". (ISO 9000:2015)

Bei der Managementbewertung müssen auch die ermittelten Einflussfaktoren (Themen) sowie die relevanten Stakeholder berücksichtigt werden. Die Ergebnisse der Bewertungen wiederum müssen sich in Ihrer Maßnahmenplanung wiederfinden.

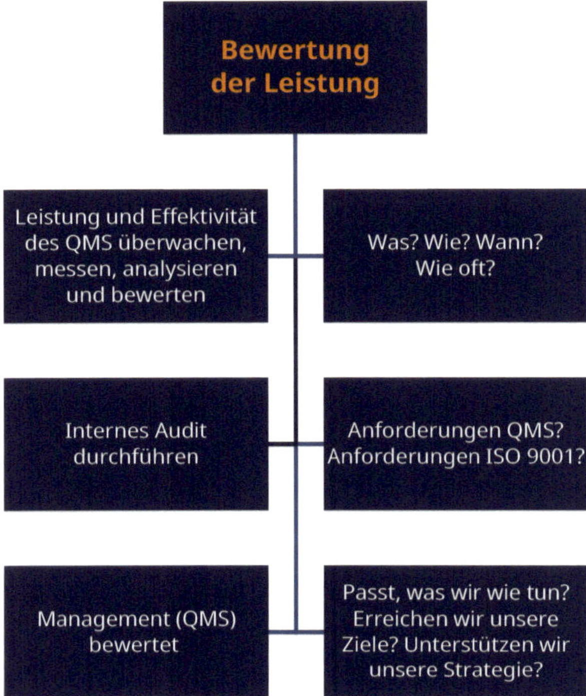

Bild 9.1 „Bewertung der Leistung" im Überblick

Bei einem Audit könnten folgende Fragen gestellt werden (Weghorn 2022):

- Wie erfolgt die Bewertung der Leistung der Organisation?
- Wie erfolgt die Analyse über die Wahrnehmung des Kunden (Kundenzufriedenheit)?
- Wie erfolgt eine Analyse und Beurteilung von Daten und Informationen, die sich aus Überwachung, Messung und anderen Quellen ergeben?
- In welcher Form erfolgen interne Audits und welche Auditkriterien gibt es?
- Wie werden Audits dokumentiert?
- Welche Aspekte (Eingaben) behandelt die Managementbewertung (Bewertung des QMS)?
- Welche Entscheidungen und Maßnahmen enthält die Managementbewertung?

9.1 Überwachen, messen, analysieren und bewerten

Überwachung bedeutet, dass der Zustand eines Produkts, einer Dienstleistung, einer Tätigkeit, eines Prozesses oder eines Systems bestimmt wird. Eine Messung liefert einen konkreten Wert. Überwachung und Messung sind im Regelfall eng verknüpft.

Analyse bedeutet, dass verschiedene Möglichkeiten aufgezeigt werden, dass nicht nur beschrieben wird, sondern auch erklärt. Dazu zählen u.a. klassifizieren, interpretieren, erzählen oder theoretisieren.

Bewertung bezieht sich darauf, was die Analyse konkret für ein Unternehmen bedeutet. Hier wird ein Urteil über die vorliegenden Zahlen, Werte etc. abgegeben. Die ISO übersetzt Bewertung mit „Bestimmung der Eignung, Angemessenheit und Wirksamkeit eines Objekts, festgelegte Ziele zu erreichen".

Bei diesem Normabschnitt (Bild 9.2) stehen folgende Fragen im Zentrum:

> Was und wie wollen wir messen? Wie analysieren wir die Daten? Wie gehen wir bei der Bewertung vor? Wie, wie oft und wann messen, analysieren und bewerten wir die Kundenzufriedenheit, die Konformität der Produkte und Dienstleistungen, Leistung, Effektivität (Wirksamkeit) sowie den Verbesserungsbedarf des QMS, die Wirksamkeit unserer durchgeführten Maßnahmen zum Umgang mit Chancen und Risiken und die Leistung externer Anbieter?

Bild 9.2 Der Abschnitt 9.1 der ISO 9001 im Überblick

Dokumentierte Information

Die Ergebnisse der Leistungsbewertung und der Bewertung der Wirksamkeit des QMS müssen als dokumentierte Information vorliegen.

9.1.1 Allgemeines

In diesem Abschnitt müssen Sie definieren, was Sie überwachen und messen müssen, welche Methoden Sie wählen, wann Sie das Ganze durchführen, analysieren und bewerten. Die Anforderungen an die Überwachung und Messungen sind eng mit dem Entwicklungsprozess (Abschnitt 8.3) verknüpft. Mit der Analyse der Daten können Sie auch den Erfolg von Verbesserungsmaßnahmen etc. bewerten.

Überwachung und Messung zielen darauf ab, dass die Konformität von Produkten und Dienstleistungen sichergestellt wird.

Sie können eine Dienstleistung, ein Produkt, einen Prozess, eine Tätigkeit oder ein System überwachen und messen. Bei der Überwachung kann es sich um eine Prüfung, Beobachtung, Beaufsichtigung oder dergleichen handeln. Bei der Messung müssen Sie definieren, welchen konkreten Wert Sie ermitteln wollen. Sollte ein Bauteil beispielsweise 3 cm lang sein, dann ist die Länge zu messen. Oder bei einer Schulung könnte es sich bei dem Messwert um die Durchfallrate handeln, beispielsweise < 5 %.

Nur wenn Sie wissen, was konkret erreicht werden soll, können Sie Abweichungen erkennen.

Sie müssen dabei Aspekte wie Gültigkeit, Zuverlässigkeit, Dokumentation etc. berücksichtigen. Ebenso berücksichtigen müssen Sie, dass die Personen, die die Überwachung und Messung durchführen, die erforderliche Kompetenz aufweisen.

Sie müssen auch definieren, welche Methoden Sie zur Überwachung, Messung, Analyse und Bewertung einsetzen wollen. Dabei müssen Sie sicherstellen, dass Sie mit den verwendeten Methoden gültige (valide) Ergebnisse erzielen. Unterstützen können hierbei Kennzahlen, Datenanalysen, manuelle und automatische Messungen etc.

Die Durchführung der Überwachung, Messung, Analyse und Bewertung muss jeweils terminiert werden. Bei der Produktion werden häufig automatisierte Verfahren eingesetzt, die alle vier Aspekte fortlaufend übernehmen, es könnte sich aber auch um Stichprobenprüfungen handeln, die beispielsweise stündlich durchgeführt werden. Bei einem Schulungsunternehmen würden sich z. B. Termine wie nach dem ersten Modul, während der Halbzeit des Kurses und zum Schluss anbieten.

Dokumentierte Information

Die Ergebnisse der Leistungsbewertung und der Effektivität (Wirksamkeit) des QMS müssen nachgewiesen werden können. Dazu muss eine „geeignete" dokumentierte Information vorliegen.

Unterstützende Werkzeuge (Auswahl)

- Mess- und Prüfplan
- Soll-/Ist-Vergleich mit festgelegten Messzeitpunkten
- Zeitpläne/Terminpläne

Tabelle 9.1 fasst die wichtigen Aspekte zu diesem Normabschnitt zusammen.

Tabelle 9.1 Anforderungen an die Überwachung und Messung definieren – Normabschnitt 9.1.1 umsetzen

Leitfragen ▪ Was müssen wir überwachen und messen? ▪ Welche Methoden wählen wir? ▪ Wann führen wir das Ganze durch? Wann analysieren und bewerten wir?
Ziel: Definition der Anforderungen an Überwachung und Messung
Umsetzungshinweis Legen Sie einen Abschnitt in der dokumentierten Information oder im QM-Handbuch an, der folgende Grundsatzaussagen zur Bewertung der Leistung der Organisation enthält: ▪ Es ist festgelegt, was überwacht und gemessen werden muss. ▪ Es sind die Methoden zur Überwachung, Messung, Analyse und Bewertung festgelegt, um gültige Ergebnisse sicherzustellen. ▪ Es ist festgelegt, wann die Überwachung und Messung durchzuführen ist. ▪ Es ist festgelegt, wann die Ergebnisse der Überwachung und Messung zu analysieren und zu bewerten sind. Führen Sie die Analysen gemäß den gemachten Vorgaben durch und bewahren Sie geeignete Nachweise der Ergebnisse auf. Das Fazit dieser Ergebnisse ist in die Managementbewertung einzubringen (siehe Normabschnitt 9.3). (Weghorn 2022)
Mögliche Auditnachweise ▪ Prüfplanungskonzept ▪ Kennzahlenübersichten ▪ Kennzahlen pro Prozess ▪ SPC-Überwachung von Prozessen ▪ Reviewberichte ▪ Prüfpläne

Tabelle 9.1 Anforderungen an die Überwachung und Messung definieren – Normabschnitt 9.1.1 umsetzen *(Fortsetzung)*

- Prüfschritte in Workflows
- Stichprobenpläne
- Prüfanweisungen
- Auswerteverfahren (Datenanalysen)
- Fehler-/Ausschussquoten
- Fehlerschwerpunkte, Trends
- Qualitätsberichte

(Gietl/Lobinger 2022)

9.1.2 Kundenzufriedenheit

In diesem Normabschnitt geht es darum, wie Sie die Kundenzufriedenheit messen und bewerten. Kundenzufriedenheit bezieht sich darauf, inwieweit die Erwartungen und Wünsche des Kunden erfüllt werden. Eine zentrale Forderung der ISO ist die Verbesserung der Kundenzufriedenheit. Diese können Sie nur verbessern, wenn Sie wissen, was der Kunde will, ob diese Wünsche stabil sind oder sich verändern und ob Sie diese Wünsche und Erwartungen erfüllen. Die Wünsche und Erwartungen müssen nicht zwingend explizit vom Kunden formuliert werden. Viele Innovationen generieren erst entsprechende Wünsche.

Beispiele zur Ermittlung der Kundenzufriedenheit

Die ISO nennt einige Beispiele, wie Sie die Kundenzufriedenheit ermitteln können:

„Kundenbefragungen, Rückmeldungen durch den Kunden zu gelieferten Produkten und erbrachten Dienstleistungen, Treffen mit Kunden, Analysen der Marktanteile, Anerkennungen, Gewährleistungsansprüche und Berichte von Händlern".

Wie oft die Kundenzufriedenheit ermittelt werden sollte, schreibt die ISO nicht vor. Sinnvoll erscheint einmal pro Jahr. Wenn Sie sich in einem sehr schnelllebigen Markt befinden, dann könnte dies auch öfter notwendig sein. Sinnvoll ist, dass Sie die Entwicklung der Kundenzufriedenheit nachvollziehen können. Verwenden Sie also bei jeder Messung die gleichen Messkriterien. Kombinieren Sie Ihre Befragungen auch mit wirtschaftlichen Kennzahlen. Wenn beispielsweise die Zufriedenheit steigt, aber zugleich die Absatzzahlen sinken, dann ist trotz gestiegener Kundenzufriedenheit Handlungsbedarf gegeben.

Überprüfen Sie Ihre Messkriterien hinsichtlich Plausibilität. Es kann immer auch zu Veränderungen kommen, die nichts mit Ihrem Angebot zu tun haben.

Wie viele Kunden Sie befragen sollten, schreibt die ISO nicht vor. Bei einem Schulungsanbieter kann es beispielsweise sinnvoll sein, dass alle Teilnehmenden einen (oder auch mehrere) Bewertungsbogen der Schulung ausfüllen. Wird hingegen beispielsweise ein „wiederverwendbarer Trinkbecher für unterwegs" angeboten, dann könnte die Ermittlung der Kundenzufriedenheit auf Tests mit Versuchspersonen basieren.

Die Ermittlung der Kundenzufriedenheit muss zu Ihrem Unternehmen passen!

Unabhängig von der ISO sollten Sie immer versuchen, möglichst nah an Ihren Kunden zu sein. Kunden wechseln leicht zu einem anderen Anbieter. Und Sie werden es nur sehr selten erleben, dass Kunden Sie hiervon im Vorfeld informieren. Diese Kunden sind dann einfach weg.

Für die allermeisten Unternehmen ist es überlebensnotwendig, Veränderungen der Kundenzufriedenheit möglichst schnell wahrzunehmen, um darauf passend reagieren zu können.

Sie müssen also definieren, wie Sie die Erwartungen (Anforderungen) Ihrer Kunden erfassen wollen, beispielsweise anhand von Befragungen, Einbindung des Kunden in die Entwicklung, Konkurrenzanalysen etc. Im Sinne der ISO müssen Sie die Kundenerwartungen auch immer im Blick behalten (überwachen). Hierfür bieten sich beispielsweise die Überprüfung von Kennzahlen (z.B. Absatzzahlen, Reklamationsquoten) nach festgelegten Zeitpunkten, Wiederholung der Befragung, Einholen von Feedback etc. an. Sie müssen dabei immer wieder überprüfen, ob sich die Erwartungen Ihrer Kunden verändert haben, beispielsweise anhand von Soll-/Ist-Vergleichen der Kennzahlen, Vergleich der unterschiedlichen Befragungsergebnisse etc.

Wichtig ist, dass Sie regelmäßig überprüfen, ob Ihre Produkte oder Dienstleistungen weiterhin die Wünsche und Erwartungen (Anforderungen) Ihrer Kunden erfüllen, beispielsweise durch ein Reklamationsmanagement, Kundenbefragungen, Auswertung von Händlerberichten etc.

Unterstützende Werkzeuge (Auswahl)

- Kundenbefragungen
- Kennzahlensysteme
- Workshops
- Mess- und Prüfpläne

Tabelle 9.2 fasst die wichtigen Aspekte zu diesem Normabschnitt zusammen.

Tabelle 9.2 Kundenzufriedenheit ermitteln – Normabschnitt 9.1.2 umsetzen

Leitfragen ▪ Wissen wir, was unsere Kunden wollen? ▪ Erfüllen wir diese Wünsche und Erwartungen?
Ziel: Ermittlung der Kundenzufriedenheit
Umsetzungshinweis Legen Sie ein Verfahren fest, wie die Wahrnehmung von Kunden über den Erfüllungsgrad ihrer Anforderungen überwacht werden kann, z. B. als Verfahrensanweisung oder in Form eines Abschnitts im QM-Handbuch. Ziel ist eine mögliche Messung der Kundenzufriedenheit. Schaffen Sie die für die praktische Umsetzung notwendigen Arbeitswerkzeuge wie Formblätter zur Kundenbefragung, Gesprächsprotokolle, Besuchsberichte etc. Führen Sie die Werkzeuge gemäß Ihrem Verfahren ein und sammeln Sie Daten, damit diese später analysiert werden können (siehe Normabschnitt 9.1.3). (Weghorn 2022)
Mögliche Auditnachweise ▪ Maßnahmenpläne aus persönlichen Kundengesprächen ▪ Indirekte Kennzahlen zur Kundenzufriedenheit (Wiederholkäuferrate, Marktanteil, Kundenabwanderungsrate, Kundenzugewinnrate etc.) ▪ Kundenzufriedenheitsanalysen ▪ Erhaltene Lieferantenbewertungen (durch unsere Kunden) ▪ Benchmarking ▪ Auswertungen von Mailings und Telefonaktionen ▪ Analysieren der Gründe für Gutschriften ▪ Besuchsberichte ▪ Auswertung Händleraussagen ▪ Zufriedenheitsspontanäußerungen ▪ Kundenbefragung ▪ Analyse der Marktanteile ▪ Gewährleistungsansprüche ▪ Händlerberichte (Gietl/Lobinger 2022)

9.1.3 Analyse und Bewertung

Die Ergebnisse der Überwachung und Messung müssen analysiert und bewertet werden. Dazu eignen sich beispielsweise statistische Verfahren. Welche Methode Sie wählen, ist Ihnen freigestellt. Nutzen Sie hierfür auch die Ergebnisse Ihrer internen Audits.

Diese Analyse und Bewertung muss beim Managementreview mitberücksichtigt werden.

Die Konformität der Produkte und Dienstleistungen sowie der Kundenzufriedenheit muss anhand der Analyseergebnisse aus Überwachung und Messung bewertet werden. Ebenso müssen die Leistung (erreichte Ergebnisse) und die Wirksamkeit (Effektivität; das Richtige tun) des QMS bewertet werden. Zur Leistungsbewertung gehört, dass Kennzahlen mit betrachtet werden. Eine sinnvolle Bewertung kann nur erfolgen, wenn alle Zahlen berücksichtigt werden (z. B. anhand der Balanced Scorecard). Sie müssen, um die Wirksamkeit nachzuweisen, klare Ursache-Wirkungs-Ketten oder Regelkreise aufzeigen können.

Auch die Umsetzung der Planung muss bewertet werden. Ebenso die Maßnahmen im Umgang mit Chancen und Risiken. Wurde mit den Maßnahmen tatsächlich das erreicht, was erreicht werden sollte? Leisten die externen Anbieter (Lieferanten) das, was sie leisten sollen? Auch diese Leistung muss bewertet werden.

Schließlich muss auch der Verbesserungsbedarf des QMS anhand der Analyseergebnisse aus Überwachung und Messung bewertet werden. Dieser ermittelte Verbesserungsbedarf muss dann wiederum in die Planung mit einfließen (PDCA).

Unterstützende Werkzeuge (Auswahl)

- Managementreviews
- Workshops
- Balanced Scorecard
- SWOT-Analyse
- Qualitätszirkel

Tabelle 9.3 fasst die wichtigen Aspekte zu diesem Normabschnitt zusammen.

Tabelle 9.3 Ergebnisse analysieren und bewerten – Normabschnitt 9.1.3 umsetzen

Leitfrage: Ist sichergestellt, dass wir die Ergebnisse der Überwachung und Messung analysieren und bewerten?
Ziel: Analyse und Beurteilung von Daten und Informationen, die sich aus Überwachung, Messung und anderen Quellen ergeben
Umsetzungshinweis Führen Sie Analysen und Bewertungen zu folgenden Punkten durch: ▪ Konformität der Produkte/Dienstleistungen ▪ Grad der Kundenzufriedenheit (siehe Normabschnitt 9.1.2) ▪ Leistung und Wirksamkeit des QMS ▪ Wirksamkeit der Umsetzung der Planung ▪ Wirksamkeit von Maßnahmen bzgl. Risiken und Chancen ▪ Leistung externer Anbieter ▪ Bedarf an Verbesserungen Die Ergebnisse der Analysen und Beurteilung sollten Sie in die Managementbewertung einbringen. **Hinweis:** Die Anwendung statistischer Methoden ist nicht (mehr) explizit gefordert, jedoch kann eine dem Stand der Technik entsprechende Beurteilung/Analyse ohne sie in der Regel nicht umgesetzt werden. (Weghorn 2022)
Mögliche Auditnachweise ▪ Statistiken zu Unternehmenskennzahlen ▪ Statistiken zu Prozesskennzahlen ▪ Statistische Auswertungen (Trendanalysen, Schwerpunkte, Korrelationen)/Pareto-Diagramme, Histogramme ▪ Q-Regelkarten (Gietl/Lobinger 2022)

9.2 Intern auditieren

Die ISO verlangt, dass Sie regelmäßig interne Audits durchführen. Sie sollten damit nachweisen, ob Sie die Anforderungen des QMS und der ISO 9001 erfüllen, das QMS effektiv umgesetzt und aufrechterhalten wird. Mit einem internen Audit können Sie auch notwendige Verbesserungen erkennen sowie Risiken identifizieren. „Intern“ bezieht sich darauf, dass das Unternehmen selbst das Audit durchführt. Unter einem externen Audit wird verstanden, dass beispielsweise eine Zertifizierungsgesellschaft ein Audit durchführt, dass also von einer „externen“ Stelle der Ist-Zustand erfasst wird.

Ein Audit ist ein systematischer, unabhängiger und dokumentierter Prozess zur Erlangung von Auditnachweisen und zu deren objektiver Auswertung, um zu bestimmen, inwieweit Auditkriterien erfüllt sind (ISO 9000:2015). Mit einem Audit werden Sachverhalte auf Basis von Nachweisen objektiv bewertet. Dazu werden Auditinterviews durchgeführt.

Anders formuliert ist ein Audit eine Überprüfung anhand einer Checkliste, ob bestimmte Aspekte umgesetzt wurden oder nicht.

Bei diesem Normabschnitt (Bild 9.3) stehen folgende Fragen im Zentrum:

> Wie planen und führen wir unsere internen Audits durch? Wie oft führen wir Audits durch? Welche Kriterien gelten dabei? Welche Methoden und Berichterstattung nutzen wir? Welche Auditoren wählen wir?

Im Sinne der Norm müssen Sie „ein oder mehrere Auditprogramme planen, aufbauen, verwirklichen und aufrechterhalten“. In einem Auditprogramm wird festgelegt, wer was wie auditiert. Die ISO 19011 dient hierbei als Orientierung.

Ein internes Audit muss auch die unternehmensspezifischen sowie die gesetzlichen und behördlichen Anforderungen berücksichtigen.

Bild 9.3 Der Abschnitt 9.2 der ISO 9001 im Überblick

Neben dem Nachweis, dass Vorgaben eingehalten werden, geht es bei internen Audits auch darum, Verbesserungsmöglichkeiten zu finden (Bild 9.4). Es sollte nicht darum gehen, einen Schuldigen zu finden, sondern darum, dass Fehler als Chance zur Verbesserung interpretiert werden. Versuchen Sie dementsprechend, einen konstruktiven Umgang mit Fehlern zu implementieren: Wo stehen wir? Wo wollen wir hin? Was müssen wir tun, damit das klappt?

Bei einem internen Audit wird der aktuelle Stand überprüft. Zu empfehlen ist, dass ein interdisziplinäres Team in einem Projekt für die Durchführung der internen Audits verantwortlich ist.

Zertifizierungsgesellschaften verlangen zumeist, dass alle drei Jahre das komplette QMS intern auditiert wird. Wie oft Sie ein internes Audit durchführen, schreibt die ISO 9001 nicht vor. Sie müssen allerdings den Abstand zwischen den einzelnen internen Audits definieren, wobei die ISO diese Abstände nicht weiter spezifiziert. Bei sensiblen Bereichen wie Krankenhäusern ist es sinnvoll, häufiger zu überprüfen, ob alles noch passt. Bei einer automatisierten Produktion können die Zeiträume vermutlich weiter gefasst werden. Es bietet sich an, das interne Audit im Vorfeld des Managementreviews durchzuführen.

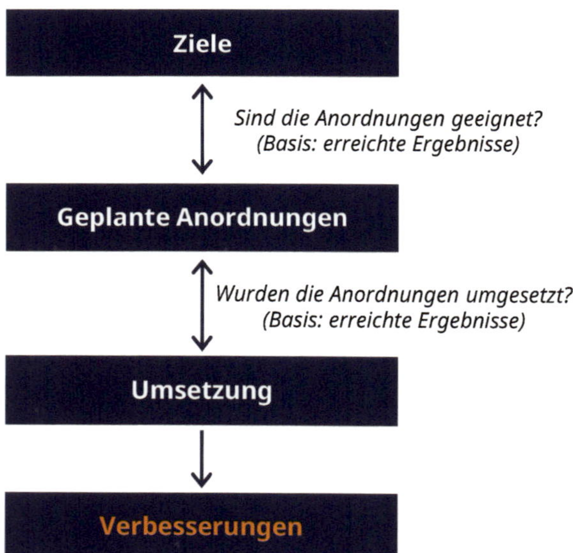

Bild 9.4 Aufgabe des Auditors: Verbesserungsmöglichkeiten identifizieren (Gietl/Lobinger 2022)

Auch die im internen Audit verwendeten Methoden müssen definiert werden. Hierfür bieten sich beispielsweise Befragungen/Interviews, Beobachtung, Checklisten an.

Es muss im internen Audit klar sein, wer was macht. Die Verantwortlichkeiten müssen geregelt sein. Bei jeder Zuweisung von Verantwortlichkeiten muss immer auch die zur Ausübung erforderliche Kompetenz gewährleistet sein.

Inhalte einer Auditcheckliste

- Ergebnisse vorangegangener Audits
- Systemanforderungen (Verfahrens-, Arbeitsanweisungen etc.)
- Ziele des Unternehmens
- Behördliche und gesetzliche Anforderungen
- Anforderungen unternehmensspezifischer Standards
- Aktuelle Ergebnisse
- Normanforderungen

Die Anforderungen an die Planung des internen Audits müssen definiert sein, also was braucht es alles, damit das interne Audit geplant werden kann (z. B. personelle Ressourcen, Software, weitere Befugnisse). Es muss auch definiert werden, wer was wann wie an wen berichtet. Muss das Ganze beispielsweise in Deutsch und Englisch sein, muss es digital verfügbar sein? Dabei müssen die Bedeutung der betroffenen Prozesse, die Änderungen mit Einfluss auf das Unternehmen und die Ergebnisse vorheriger Audits berücksichtigt werden (Bild 9.5).

Auditplan für das Jahr 20XX

Nr.	Zu auditierender Bereich	Auditor/Auditorin	Termin	Status
403	Geschäftsleitung	Huber	Oktober	1
102	Vertrieb	Huber	Oktober	1
...	...	...	...	...

Erstellt am	Erstellt von	Unterschrift
Geprüft am	Geprüft von	Unterschrift
Genehmigt am	Genehmigt von	Unterschrift

1: Audit geplant
2: Audit durchgeführt
3: Korrekturmaßnahme(n) erforderlich
4: Korrekturmaßnahme(n) eingeleitet
5: Korrekturmaßnahme(n) überprüft
6: Wirksamkeit der Korrekturmaßnahme(n) bestätigt
7: Wirksamkeit der Korrekturmaßnahme(n) nicht bestätigt

Bild 9.5 Beispiel eines Auditplans

Dokumentierte Information

Die Durchführung des internen Audits sowie die Ergebnisse des internen Audits müssen als dokumentierte Information vorliegen.

Es müssen für jedes interne Audit die geltenden Auditkriterien definiert sein. Auditkriterien sind dokumentierte Informationen oder Anforderungen (Referenzgrundlage, Anforderungen bzw. Soll-Zustand) und dienen als Bezugsgrundlage. Auch der Umfang muss festgelegt werden. Sie können beispielsweise entweder nur ein Projekt, ein Produkt, einen Prozess etc. oder alles, was vom QMS in einem bestimmten Zeitraum betroffen ist, auditieren.

Die ausgewählten Auditoren müssen geeignet sein, um das interne Audit durchzuführen. Sie müssen möglichst objektiv und unparteilich sein, damit sichergestellt wird, dass der Auditprozess möglichst objektiv durchgeführt wird. Auditoren sind dann objektiv, wenn sie ihre Bewertungen möglichst sachlich, unvoreingenommen und neutral abgeben. Unparteiisch sind Auditoren dann, wenn kein Interessenskonflikt besteht und sie unvoreingenommen sind. Sie müssen für ein internes Audit keine externe Person ins Haus holen, sondern Sie können dies auch intern beauftragen.

Eine Person, die ein Audit durchführt, sollte wie folgt sein:

- Unabhängig
- Objektiv
- Erfahren
- Fachlich qualifiziert
- Realistisch
- Methodisch qualifiziert
- Angemessen
- Analytisch
- Teamfähig
- Aufgeschlossen

(Gietl/Lobinger 2022)

Die zuständige Führung muss über die Auditergebnisse informiert werden. Die Auditergebnisse werden im Regelfall in einem Auditbericht (Bild 9.6) zusammengefasst, der der zuständigen Führung nachweislich zu übermitteln ist. Eine einfache Zusendung per E-Mail ist nicht zu empfehlen, denn damit suggerieren Sie eine mangelnde Wertigkeit. Und wenn Sie bei der Belegschaft Qualitätsbewusstsein fördern wollen, dann gehört auch dazu, dass solche Aspekte zelebriert werden und die Arbeit, die alle in die Umsetzung eines QMS stecken, damit wertgeschätzt wird.

Korrekturmaßnahmen, die sich bei einem internen Audit ergeben, müssen in einem festgelegten Zeitraum umgesetzt werden (siehe Abschnitt 10.2). Unnötig oder „ungerechtfertigt" ist eine Verzögerung dann, wenn die Gründe hierfür nicht oder nur ungenügend nachvollziehbar sind.

Änderungs- und Verbesserungsmaßnahmen Bereich: Auditbericht: Datum:						
Bewertung	**Feststellung**	**Korrekturmaßnahme**	**Verantwortlich**	**Termin**	**Erledigt**	**Prüfung**
A	Lager chaotisch	Sortieren Aufräumen Unnötiges entfernen	Maier	März	Ja	Ja, wirksam
...	...	...	...	...	...	...
A: Kritische Abweichung gegenüber Normvorgaben K: Korrekturmaßnahme(n) gegenüber Vorgaben V: Empfohlene Verbesserungsmaßnahme(n)						

Bild 9.6 Beispiel eines Auditberichts

Unterstützende Werkzeuge (Auswahl)

- Qualitätsaudits
- Projektmanagement
- Befragungstechniken
- Qualitative und quantitative Verfahren

Tabelle 9.4 fasst die wichtigen Aspekte zu diesem Normabschnitt zusammen.

Tabelle 9.4 Interne Audits durchführen – Normabschnitt 9.2 umsetzen

Leitfragen ▪ Führen wir regelmäßig interne Audits durch? ▪ Können wir nachweisen, ob wir die Anforderungen des QMS und der ISO 9001 erfüllen, das QMS effektiv umgesetzt und aufrechterhalten wird? ▪ Identifizieren wir dabei auch notwendige Verbesserungen sowie Risiken?
Ziel: Durchführung von internen Audits
Umsetzungshinweis Legen Sie ein Auditprogramm fest, wann Sie wo ein internes Audit durchführen möchten. In einem Überwachungszyklus von drei Jahren müssen alle Bereiche einmal auditiert werden.

Tabelle 9.4 Interne Audits durchführen – Normabschnitt 9.2 umsetzen *(Fortsetzung)*

Bereiten Sie für die einzelnen Audits eine Auditplanung (Zeitplan) sowie Auditcheck- und -fragelisten vor. Berücksichtigen Sie dabei, dass die zu prüfenden Auditkriterien zum einen von der Norm und zum anderen von der Organisation selbst kommen (dokumentierte Information/QM-Handbuch, Verfahrensanweisung, Arbeitsanweisung, Rechtsrahmen etc.). Führen Sie die internen Audits durch und dokumentieren Sie die Auditergebnisse während des Audits in Ihre Auditcheckliste. Führen Sie Ihre Auditfeststellungen in einem Auditbericht zusammen und legen Sie nach einer Ursachenanalyse Maßnahmen zur Beseitigung fest. Archivieren Sie Ihre Aufzeichnungen zum Audit. Wenn sinnvoll, dann sollte für die Durchführung interner Audits eine Verfahrensanweisung mit einer klaren Regelung der Abläufe hierzu erstellt werden. In Kleinunternehmen reicht auch eine kleine Regelung im QM-Handbuch bzw. eine entsprechende Dokumentation. Auditoren sollten so ausgewählt und Audits so durchführt werden, dass die Objektivität und Unparteilichkeit des Auditprozesses sichergestellt sind. Maßnahmen, die sich aus Auditfeststellungen ergeben, müssen ohne ungerechtfertigte Verzögerung umgesetzt werden. (Weghorn 2022)
Mögliche Auditnachweise ▪ Verfahrensanweisung zu internen Audits ▪ Auditprogramm (z. B. Ein-Jahrespläne, Drei-Jahrespläne) ▪ Auditpläne (z. B. Tagesagenda) ▪ Auditkriterien (z. B. Checklisten) ▪ Auditaufzeichnungen (z. B. ausgefüllte Checklisten, Auditberichte) ▪ Auditauswertungen (Schwerpunktanalyse) ▪ Auditberichte ▪ Maßnahmenpläne zur Einführung von Korrekturmaßnahmen ▪ Berichte über die Wirksamkeit der Korrekturmaßnahmen ▪ Qualifikationsnachweise der internen Auditoren ▪ Erfahrungsaustausch von internen Auditoren (Gietl/Lobinger 2022)

9.3 Das Management bewertet

Die Managementbewertung (Bild 9.7) ist eine Bewertung der Eignung, Angemessenheit sowie Wirksamkeit des QMS und sie muss auch das QMS hinsichtlich der Unterstützung der strategischen Ausrichtung bewerten. Durchgeführt werden muss sie von der obersten Führungsebene (z. B. Vorstand, Geschäftsführung), die unterstützende Personen hinzuziehen kann.

Die Meetings zu einer Managementbewertung müssen geplant, in ihnen müssen Entscheidungen getroffen und definierte Maßnahmen dokumentiert werden. Dabei stehen folgende Fragen im Zentrum:

> Passt das, wie wir es tun (Eignung)? Passt das, was wir tun, oder ist es zu wenig/zu viel (Angemessenheit)? Setzen wir unsere Pläne um und erzielen wir die gewünschten Ergebnisse (Wirksamkeit)? Wie bewerten wir unser QMS? Unterstützt uns das QMS oder hindert es uns eher (strategische Ausrichtung)? Wie bewerten wir unseren Umgang mit Veränderungen, die Maßnahmen, die wir durchführen, die Kundenzufriedenheit sowie die Leistung unserer externen Anbieter? Welche Verbesserungsmöglichkeiten leiten sich daraus ab?

Dokumentierte Information

Die Ergebnisse der Managementbewertung müssen als dokumentierte Information vorliegen.

Bild 9.7 Der Abschnitt 9.3 der ISO 9001 im Überblick

9.3.1 Allgemeines

Die Führung muss das QMS bewerten. Das Ziel dabei ist, festzustellen, ob das QMS weiterhin passt oder ob Anpassungen notwendig sind. Die ISO verlangt die Durchführung in „geplanten Abständen". Sinnvoll ist eine Durchführung alle sechs bis zwölf Monate. Wenn Ihr Geschäft sehr schnelllebig ist oder irgendwas Disruptives passiert, dann sollten Sie die Pausen zwischen den Bewertungen nicht zu lange machen, um noch rechtzeitig gegensteuern zu können bzw. damit notwendige Anpassungen am QMS vorgenommen werden können. Zu empfehlen ist auch, dass die Managementbewertung mit den Strategiemeetings kombiniert wird.

Das QMS muss in „geplanten Abständen" von der Führung bewertet werden. Analysiert werden muss, ob sich das QMS noch eignet und ob es angemessen sowie effektiv ist. Es muss ebenfalls überprüft werden, ob das QMS noch zur strategischen Ausrichtung passt.

Unterstützende Werkzeuge (Auswahl)

- Workshops
- Branchenvergleiche
- Trendanalysen

9.3.2 Eingaben

Entscheidungen sollten möglichst faktenbasiert erfolgen, d.h., auch bei der Managementbewertung müssen Sie Zahlen, Daten, Informationen betrachten. Sie müssen Trends, das Wettbewerbsumfeld oder Ihre eigenen Stärken und Schwächen sowie alle bisherigen Überprüfungen (z.B. interne Audits), Analysen, Fehlerberichte etc. berücksichtigen.

Managementbewertung

Bewertet werden müssen im Sinne der ISO 9001:

- Stand von bereits beschlossenen Maßnahmen
- Veränderungen der internen und externen Themen
- Rückmeldungen der Stakeholder
- Grad und Entwicklung der Kundenzufriedenheit
- Erreichen der Qualitätsziele
- Prozessleistung
- Konformität der Produkte/Dienstleistungen

- Fehler (Nichtkonformitäten)
- Korrekturmaßnahmen
- Überwachungsergebnisse
- Messergebnisse
- Interne und externe Auditergebnisse
- Leistung externer Anbieter
- Angemessenheit der Ressourcen
- Maßnahmen zum Umgang mit Chancen und Risiken
- Verbesserungsmöglichkeiten

Bei der Managementbewertung muss der Status der Maßnahmen, die bei vorherigen Managementbewertungen beschlossen wurden, bewertet werden. Also, wie ist der Stand von bereits beschlossenen Maßnahmen? Wurden sie wirklich umgesetzt? Waren sie erfolgreich (Wirksamkeit)? Welche wurden nicht umgesetzt? Etc. Hilfreich sind hier die Ergebnisse des internen Audits.

Verändern sich interne und externe Themen (Normabschnitt 4), die das QMS betreffen wie beispielsweise Fachkräftemangel oder technologische Entwicklungen, dann müssen diese Veränderung bei der Managementbewertung berücksichtigt werden.

Auch die Rückmeldungen der Stakeholder müssen bei der Managementbewertung berücksichtigt werden. Sie sind ein Indikator für die Wirksamkeit des QMS. Bei Rückmeldungen der Stakeholder kann es sich beispielsweise um Informationen bezüglich Behördenauflagen, gesetzliche Änderungen, geänderte Vorgaben der Eigentümer, Rückmeldungen von Mitarbeitenden bzw. Ergebnisse einer Mitarbeiterbefragung, Informationen von Partnern, Informationen aus der Konzernzentrale etc. handeln.

Ebenso müssen der Grad und die Entwicklung der Kundenzufriedenheit bei der Managementbewertung berücksichtigt werden. Informationen zur Kundenzufriedenheit sind beispielsweise Reklamationen, positive Kundenrückmeldungen, Lieferantenbewertungen von Kunden, Ergebnisse der Kundenbefragungen.

Die Managementbewertung muss das Erreichen der Qualitätsziele berücksichtigen. Inwieweit konnten Ziele erreicht werden? Wenn Ziele nicht erreicht wurden, warum wurden sie nicht erreicht? Welche Konsequenzen ziehen wir daraus?

Auch die Prozessleistung muss bewertet werden. Wie haben sich beispielsweise Prozesskennzahlen entwickelt? Können Maßnahmen wie gewünscht umgesetzt werden? Klappt Abteilungsübergreifendes?

Die Konformität der Produkte und Dienstleistungen ist zentral und muss bewertet werden. Sind die Produkte im Ergebnis so wie gewünscht? Gibt es Ausschuss? Reklamationsquoten? Ist die Dienstleistungserbringung so wie gewünscht? Gibt es schlechte Bewertungen? Abweichungen von den geplanten Zahlen?

Bei der Managementbewertung müssen Fehler (Nichtkonformitäten) der Produkte oder Dienstleistungen berücksichtigt werden. Wo gibt es Probleme? Wurde effektiv dagegen gesteuert? Auch Korrekturmaßnahmen müssen bewertet werden. Waren diese (langfristig) erfolgreich? Wo gab es weiterhin Probleme?

Bewertet werden müssen ferner die Ergebnisse aus Überwachung und Messung. Zeigt bei der Überwachung eines kritischen Prozessschritts beispielsweise die Analyse der Ergebnisse, dass es immer wieder zu Verletzungen von Soll-Vorgaben kommt, dann ist klar, dass hier Handlungsbedarf besteht. Messergebnisse bilden sozusagen die Basis der „faktenbasierten Entscheidungsfindung". Messergebnisse können sowohl qualitativ als auch quantitativ sein.

Auch die Auditergebnisse müssen bewertet werden. Sie bilden das zentrale Element der Managementbewertung. Alle genannten Aspekte werden auch im Audit „abgehandelt". Allerdings werden im Audit noch keine Konsequenzen gezogen, sondern es wird erst einmal nur geprüft. Bei der Managementbewertung steht die Führung in der Pflicht, auf Basis der Bewertung der Ergebnisse Maßnahmen abzuleiten.

Ebenso muss die Leistung der externen Anbieter berücksichtigt werden. Gibt es beispielsweise Qualitätsprobleme mit Lieferanten? Gibt es Lieferprobleme? Oder was lernen wir daraus, wenn die Leistung eines externen Anbieters besser ist als unsere eigene?

Sie müssen auch sicherstellen, dass die Angemessenheit der Ressourcen berücksichtigt wird. Passen die Ressourcen noch? Braucht es neue Maschinen? Neue Software-Updates? Neues Personal? Etc.

Bei der Managementbewertung muss zudem berücksichtigt werden, ob die durchgeführten Maßnahmen zum Umgang mit Chancen und Risiken erfolgreich waren (siehe Abschnitt 6.1), ob mit ihnen die gewünschten Ergebnisse erzielt wurden. Wenn nicht, warum? Welche Konsequenzen lassen sich daraus ziehen?

Wie können die Produkte und Dienstleistungen besser werden, damit sie auch weiterhin für Kunden attraktiv sind? Gibt es Optimierungsmöglichkeiten bei den Prozessen? Schwachstellen? Schnittstellenproblematiken? Verschwendung? Unklarheiten? Sie müssen sicherstellen, dass bei der Managementbewertung Verbesserungsmöglichkeiten berücksichtigt werden.

Unterstützende Werkzeuge (Auswahl)

- Workshops
- Zahlen, Daten, Fakten

9.3.3 Ergebnisse

In der Managementbewertung müssen im Ergebnis enthalten sein:

- Entscheidungen zu Verbesserungsmöglichkeiten und Verbesserungsmaßnahmen
- Änderungsmöglichkeiten und Änderungsmaßnahmen des QMS
- Entscheidungen zu einer Änderung des Ressourcenbedarfs und entsprechende Maßnahmen

Die Ergebnisse der Managementbewertung müssen Entscheidungen zu Verbesserungsmöglichkeiten enthalten. Wo können wir noch besser werden? Zu diesen Verbesserungsmöglichkeiten müssen konkrete Maßnahmen formuliert werden: Was setzen wir genau um, um besser zu werden? Beispielsweise könnten ein Reklamationsmanagement eingeführt, KVP-Projekte, 5S oder dergleichen umgesetzt werden.

Es müssen Entscheidungen zu einer Änderung des QMS getroffen werden. Was müssen wir genau ändern? Wo gibt es beispielsweise die meisten Reklamationen? Passen die Prozesse noch? Und auch hier müssen konkrete Maßnahmen formuliert werden: Was wollen wir konkret tun, um die Fehler zu reduzieren, die Chancen zu ergreifen etc.? Es könnte beispielsweise eine Person eingestellt werden, die ausschließlich für QM zuständig ist, es könnte ein umfassendes Prozessmanagement eingeführt werden.

Bei der Managementbewertung muss auch der Ressourcenbedarf berücksichtigt werden. Wie ist der Stand? Sind weitere oder andere Ressourcen nötig? Wo hakt's? Braucht es eine eigene Qualitätsstelle? Neue oder andere Maschinen? Wie gehen wir konkret vor, um den veränderten Ressourcenbedarf zu decken? Können wir die benötigten Ressourcen verbindlich zusichern?

Dokumentierte Information

Die Ergebnisse der Managementbewertung, also die getroffenen Entscheidungen und die definierten Maßnahmen, sind zu dokumentieren.

Unterstützende Werkzeuge (Auswahl)

- Maßnahmenplanung
- Ressourcenmanagement
- Kompetenzmatrix
- Kommunikationstechniken

Tabelle 9.5 fasst die wichtigen Aspekte zu diesem Normabschnitt zusammen.

Tabelle 9.5 Managementbewertung durchführen und Maßnahmen ableiten – Normabschnitt 9.3 umsetzen

Leitfragen ▪ Passt das, wie wir es tun (Eignung)? Passt das, was wir tun, oder ist es zu wenig/zu viel (Angemessenheit)? ▪ Setzen wir unsere Pläne um und erzielen wir die gewünschten Ergebnisse (Wirksamkeit)? ▪ Wie bewerten wir unser QMS? Unterstützt uns das QMS oder hindert es uns eher (strategische Ausrichtung)? ▪ Wie bewerten wir unseren Umgang mit Veränderungen, die Maßnahmen, die wir durchführen, die Kundenzufriedenheit sowie die Leistung unserer externen Anbieter? ▪ Welche Verbesserungsmöglichkeiten leiten sich daraus ab?
Ziel: Durchführung einer Managementbewertung und Ableitung von Maßnahmen

Umsetzungshinweis
Legen Sie fest, in welchen Abständen Sie eine Managementbewertung durchführen werden, z. B. als dokumentierte Information oder im QM-Handbuch. In den meisten Organisationen erfolgt dies einmal jährlich.
Führen Sie in der Managementbewertung folgende Informationen aus anderen Bereichen der Norm in einem finalen Gesamtbericht der obersten Leitung zum QMS zusammen, der die fortdauernde Eignung, Angemessenheit, Wirksamkeit und strategische Ausrichtung sicherstellen soll:
▪ Status von Maßnahmen vorheriger Managementbewertungen
▪ Veränderungen bei externen und internen Themen
▪ Informationen über die Qualitätsleistung, einschließlich Entwicklungen und Indikatoren bei:
  ▪ Kundenzufriedenheit
  ▪ Erfüllung der Qualitätsziele
  ▪ Prozessleistung/Produkt-/Dienstleistungs-Konformität
  ▪ Nichtkonformitäten/Korrekturmaßnahmen
  ▪ Ergebnissen aus Überwachung und Messung
  ▪ Auditergebnisse
  ▪ Leistung externer Anbieter/interessierte Parteien
  ▪ Angemessenheit und Eignung von Ressourcen
  ▪ Wirksamkeit von Maßnahmen zur Behandlung von Risiken und Chancen
  ▪ Möglichkeiten zur Verbesserung
Stellen Sie sicher, dass Ihre Managementbewertung Entscheidungen und Maßnahmen enthält zu folgenden Punkten
▪ Möglichkeiten der Verbesserung
▪ Jeglichem Änderungsbedarf am QMS
▪ Ressourcenbedarf
Bewahren Sie die Managementbewertungen als Nachweis der Ergebnisse der Überprüfung durch das Management auf.
(Weghorn 2022)

Mögliche Auditnachweise
Protokoll zur Managementbewertung
Nachweis von Inputs:

- Ergebnisse der Lieferantenbewertung
- Kundenzufriedenheitsanalysen
- Prozesskennzahlen (KPI)
- Quote umgesetzter Korrekturmaßnahmen
- Risiko- und Chancenentwicklung
- Ressourcenbedarf und -einsatzpläne
- SWOT-Analysen
- Berichte interner Audits
- Ergebnisse von Prozessaudits und/oder Produktaudits
- Investitionsplanungen etc.

Nachweise zu Ergebnissen der Managementbewertung:

- Geschäftsplan
- Strategiepläne
- Investitionspläne
- Personalpläne
- Neue Ziele
- Projekte
- Maßnahmenliste

(Gietl/Lobinger 2022)

9.4 Die Anforderungen der ISO 14001

In der ISO 14001 ist dieser Abschnitt wie folgt gegliedert:

- 9.1 Überwachung, Messung, Analyse und Bewertung
  - 9.1.1 Allgemeines
  - 9.1.2 Bewertung der Einhaltung von Verpflichtungen
  - 9.1.3 Internes Auditprogramm
- 9.2 Internes Audit
- 9.3 Managementbewertung

Überwachung, Messung, Analyse und Bewertung

Die ISO 14001 verlangt, dass die Umweltleistung überwacht, gemessen, analysiert und bewertet wird. Dabei kann das Unternehmen selbst entscheiden, was überwacht und gemessen wird. Zudem muss auch überprüft und bewertet werden, ob und wie die bindenden Verpflichtungen eingehalten wurden.

Welche Methoden dabei eingesetzt werden, liegt in der Hand des Unternehmens. Die verwendeten Methoden sollten allerdings im UMS festgehalten werden. Wichtig ist, dass die Ergebnisse „zuverlässig, reproduzierbar und rückverfolgbar“ sind.

Bewertet werden müssen:

- Umweltleistung
- Wirksamkeit des UMS
- Einhaltung der bindenden Verpflichtungen

Wie bei der ISO 9001 muss klar sein, was wie wann überwacht, gemessen, analysiert und bewertet wird. Die ISO 14001 schreibt dazu, dass eine Organisation bei der Auswahl, was gemessen werden soll,

- den Fortschritt der Umweltziele,
- die bedeutenden Umweltaspekte,
- die bindenden Verpflichtungen sowie
- die Ablaufsteuerungen (Prozesse)

berücksichtigen sollte.

Es müssen dabei folgende Aspekte sichergestellt werden:

- Definition von Kriterien, anhand derer die Umweltleistung bewertet wird (einschließlich „angemessener Kennzahlen“)
- Terminierung der Überwachung, Messung, Analyse und Bewertung der Umweltleistung
- Einsatz kalibrierter oder geprüfter Überwachungs- und Messgeräte (mit „angemessener“ Wartung)
- Interne und externe Kommunikation der für die Umweltleistung wichtigen Informationen
- Implementierung der für die „Bewertung der Erfüllung (der) bindenden Verpflichtungen notwendigen Prozesse“
- Terminierung der Bewertung der „Einhaltung der Verpflichtungen“ (wie oft und wann bewertet wird, ist „von der Wichtigkeit der Anforderung, Schwankungen von Betriebszuständen, Änderungen bei bindenden Verpflichtungen und der bisherigen Leistung“ abhängig)
- Bewerten der Einhaltung der Verpflichtungen und ggf. Maßnahmen ableiten
- Commitment und Kompetenz zur Einhaltung der Verpflichtungen (Aufrechterhalten des Wissens und Verständnisses)
- Definition und Umsetzen von Maßnahmen, falls Gefahr droht, dass rechtliche Verpflichtungen nicht eingehalten werden (z. B. bei Gesetzesänderungen)

- Korrektur von Nichtkonformitäten, die sich auf die Einhaltung von Verpflichtungen beziehen

Es sollte zudem klar sein, dass an die Person oder die Personen berichtet wird, die verantwortlich und auch entscheidungsbefugt sind.

Internes Audit

Wie bei der ISO 9001 muss auch bei der ISO 14001 regelmäßig („in geplanten Abständen“) ein internes Audit durchgeführt werden. Dabei muss überprüft werden, ob das UMS „wirksam verwirklicht und aufrechterhalten wird“ sowie die unternehmensspezifischen Anforderungen und die Anforderungen der ISO 14001 erfüllt.

Die Anforderungen an die Auditoren sind die gleichen wie bei der ISO 9001. Ebenso der Umgang mit Nichtkonformitäten, die beim Audit ermittelt werden, sowie die Berücksichtigung früherer Audits.

Auch beim Audit des UMS ist wichtig zu überprüfen, ob mit den getroffenen Maßnahmen auch wirklich das erreicht wurde, was erreicht werden sollte.

Sie müssen im Sinne der ISO 14001 ein oder mehrere interne Auditprogramme durchführen („aufbauen, verwirklichen und aufrechterhalten“). Dabei müssen Sie folgende Fragen beantworten:

- Wie oft soll das Audit durchgeführt werden?
- Was soll auditiert werden?
- Welche Kriterien gelten?
- Welche Methoden sollen eingesetzt werden?
- Wer ist für was verantwortlich?
- Welche Anforderungen gibt es an die Planung?
- Wer berichtet wie an wen? Ist dabei sichergestellt, dass auch an die verantwortliche Führung berichtet wird?
- Sind Objektivität und Unparteilichkeit sichergestellt? (Gut wäre, wenn die Auditoren nichts mit der auditierten Tätigkeit zu tun hätten, es sollte keine Interessenskonflikte oder vorgefasste Meinungen geben.)
- Werden die Ergebnisse früherer interner und/oder externer Audits berücksichtigt? Welche Nichtkonformitäten wurden ermittelt? Waren die daraufhin eingeleiteten Maßnahmen effektiv (wirksam)?
- Werden die Prozesse entsprechend ihrer umweltbezogenen Bedeutung berücksichtigt?
- Werden Nichtkonformitäten („angemessen“) korrigiert?

Managementbewertung

Auch bei der ISO 14001 steht die Führung (oberste Leitung) in der Pflicht, das UMS regelmäßig zu bewerten. Das Ziel dabei ist, dass sichergestellt wird, dass sich das UMS

- eignet (Passt es zu den Prozessen, zum Unternehmen, zur Unternehmenskultur, zum Geschäftsmodell?), dass es
- angemessen (Werden die Anforderungen der ISO 14001 erfüllt und ist die Umsetzung „angemessen"?) und
- wirksam (Werden die geplanten Ergebnisse erreicht?)

ist. Zu empfehlen ist, dass diese Bewertung gemeinsam mit der Bewertung des QMS im Rahmen von Jahresabschlusssitzungen oder dergleichen zusammengelegt wird.

Checkliste Managementbewertung

Diese Punkte müssen im Ergebnis der Managementbewertung berücksichtigt werden:

- Wird der Stand der Maßnahmen vorheriger Bewertungen berücksichtigt?
- Werden Veränderungen, die das UMS betreffen, berücksichtigt? Dabei kann es sich um Veränderungen
  - der internen und externen Einflussfaktoren (Themen),
  - der Anforderungen der Stakeholder,
  - der „bedeutenden Umweltaspekte" oder
  - der ermittelten Chancen und Risiken

  handeln.
- Wird berücksichtigt, inwieweit die Umweltziele erreicht wurden? Werden Maßnahmen formuliert, wenn Umweltziele nicht erreicht werden?
- Wird die erreichte Umweltleistung berücksichtigt? Ausgewertet werden hierzu Nichtkonformitäten und entsprechende Korrekturmaßnahmen, Überwachungs- und Messergebnisse, Auditergebnisse sowie die Erfüllung der bindenden Verpflichtungen.
- Wird die Angemessenheit der Ressourcen berücksichtigt? Wird berücksichtigt, dass eventuell durch die Änderungen eine Anpassung der Ressourcen notwendig wird? Und werden entsprechende Maßnahmen definiert?
- Wird das Feedback (Beschwerden) relevanter Stakeholder bewertet und werden ggf. entsprechende Maßnahmen abgeleitet?

- Werden Möglichkeiten der fortlaufenden Verbesserung definiert und entsprechende Maßnahmen abgeleitet? Dazu gehört, dass nach Möglichkeiten gesucht werden soll, „die Integration des UMS mit anderen Geschäftsprozessen zu verbessern, falls benötigt“.
- Decken die formulierten Maßnahmen wirklich alles ab, was sich durch die Änderungen ergeben hat?
- Werden Folgerungen für die übergeordnete strategische Ausrichtung abgeleitet?
- Werden „Schlussfolgerungen zur fortdauernden Eignung, Angemessenheit und Wirksamkeit des UM-Systems“ abgeleitet?

Dokumentierte Information

Die Ergebnisse aus Überwachung, Messung, Analyse und Bewertung der Umweltleistung sowie aus der Bewertung der Einhaltung der Verpflichtungen müssen als dokumentierte Information vorliegen.

Ebenso muss nachgewiesen werden, dass ein Auditprogramm umgesetzt wurde. Die Ergebnisse des Audits müssen dabei ebenfalls als dokumentierte Information vorliegen.

Auch die Ergebnisse der Managementbewertung müssen als dokumentierte Information vorliegen.

10 Verbesserung: Der alles antreibende Zyklus

Verbesserung ist eine „Tätigkeit zur Verbesserung der Leistung“ und kann sich auf die Verbesserung von Produkten, Dienstleistungen, Prozessen, Systemen oder Tätigkeiten beziehen.

Beim Abschnitt Verbesserung geht es um Chancen der Verbesserung in Bezug auf Produkte und Dienstleistungen sowie der Leistung und Wirksamkeit des QMS. Im Sinne der Norm muss sichergestellt sein, dass ein fortlaufender Verbesserungsprozess umgesetzt wird. Dabei muss Unerwünschtes verhindert, korrigiert oder verringert werden (Bild 10.1).

Das Ziel dabei: Erhöhung der Kundenzufriedenheit!

Im Zentrum steht der PDCA-Zyklus. Dazu gehört, dass Sie klar definieren, anhand welcher Kriterien Sie messen, ob das Gewünschte erreicht wird, wie Sie das Gewünschte erreichen wollen, wann und wie Sie das Ganze messen. Fehlerbehebung ist nicht die Suche nach einem Schuldigen, sondern eine Chance zur Verbesserung. Zum Verbesserungszyklus gehört also eine bestimmte Geisteshaltung, der Wille, tatsächlich besser werden zu wollen und risikobasiert zu denken.

Nachfolgende Fragen stehen im Zentrum; diese Fragen könnten auch so bei einem Audit gestellt werden:

- Welche Möglichkeiten der Verbesserung können wir definieren und umsetzen? Wie können wir dabei die Anforderungen erfüllen und die Kundenzufriedenheit erhöhen?
- Wie gehen wir mit Fehlern (Nichtkonformitäten) um? Welche Nachweise gibt es hierzu? Wie lernen wir daraus?

- Wie stellen wir sicher, dass unser QMS fortlaufend verbessert wird (Eignung, Angemessenheit und Wirksamkeit)? Und wie können wir dies nachweisen?

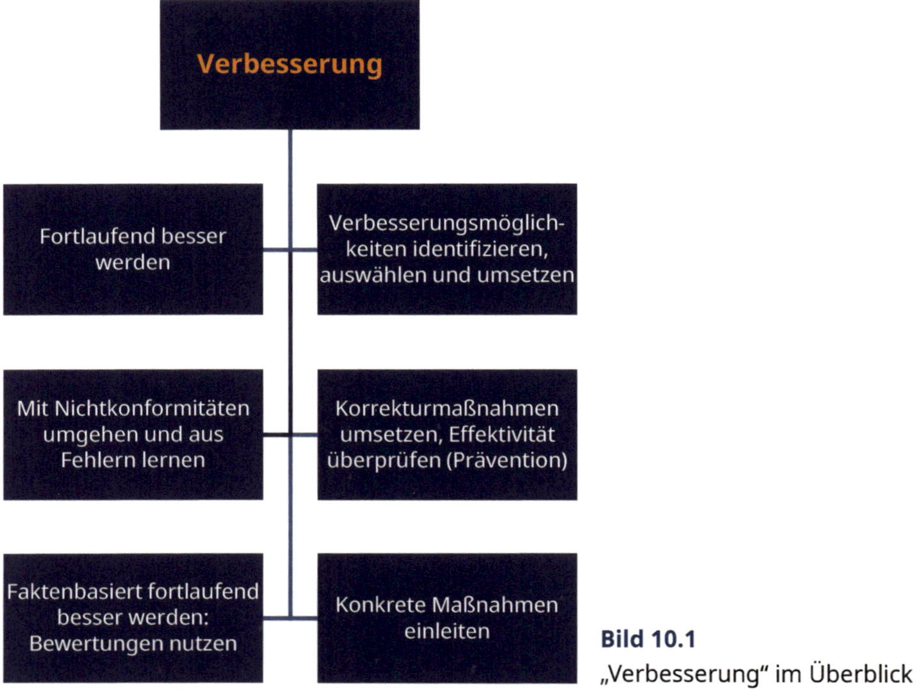

Bild 10.1
„Verbesserung" im Überblick

10.1 Allgemeines

Zentral bei der ISO 9001 ist das Streben nach Verbesserung (Bild 10.2). Dementsprechend bildet der PDCA-Zyklus die Basis: planen, umsetzen, messen/bewerten und Verbesserungsmaßnahmen ableiten – ein sich fortlaufend wiederholender und nie endender Prozess.

Neben diesem routinemäßig durchgeführten Verbesserungsprozess schließt die ISO auch Verbesserungsmaßnahmen mit ein, die sich u.a. aus „bahnbrechende[r] Veränderung, Innovation und Umorganisation" ergeben können. Es geht also auch um Innovation und Change Management.

Das Ziel im Sinne der ISO 9001 muss immer sein, Kundenanforderungen zu erfüllen. Und Kundenanforderungen bleiben nicht statisch, sondern verändern sich.

Im Zentrum dieses Abschnitts stehen folgende Fragen:

> Können wir unsere heutigen Kundenanforderungen erfüllen? Können wir die Erfordernisse und Erwartungen von morgen erfüllen? Erhöhen wir mit unseren Maßnahmen die Kundenzufriedenheit? Können wir mit unseren Verbesserungsmöglichkeiten Risiken minimieren und die Leistung und Effektivität des QMS erhöhen?

Es gibt viele Methoden, die auf Verbesserung abzielen. Die ISO schreibt nicht vor, welche Methode Sie umsetzen sollen.

Bild 10.2 Der Abschnitt 10.1 der ISO 9001 im Überblick

Im Detail verlangt die ISO in diesem Abschnitt folgende Aspekte:

- Sie müssen Verbesserungsmöglichkeiten definieren. Diese können sich aus notwendigen Korrekturen, aus dem kontinuierlichen Verbesserungsprozess heraus oder aufgrund von Veränderungen am Markt etc. ergeben. Eine Verbesserungsmöglichkeit wäre beispielsweise die Einführung eines Reklamationsmanagements.
- Auf das Definieren müssen eine Bewertung und Auswahl der Verbesserungsmöglichkeiten sowie die Umsetzung des Ausgewählten erfolgen. Bei der Umsetzung unterstützen beispielsweise Projektmanagement oder die Anwendung von Design Thinking.

- Sie müssen bei jeder definierten Verbesserungsmaßnahme sicherstellen, dass Ihre Produkte/Ihre Dienstleistungen stets die definierten Anforderungen erfüllen, beispielsweise mittels Qualitätssicherungsmaßnahmen.
- Auch zukünftige Erfordernisse und Erwartungen Ihrer Stakeholder müssen erfüllt werden. Hier helfen beispielsweise Szenarioanalysen, Trendbeobachtungen, Stakeholderanalysen, Einbezug der Kunden in die Entwicklung.
- Sie müssen bei jeder definierten Verbesserungsmaßnahme sicherstellen, dass Ihre Produkte oder Dienstleistungen einen Beitrag zur Erhöhung der Kundenzufriedenheit leisten. Mithilfe von regelmäßigen Kundenbefragungen, Auswertung der Verkaufszahlen oder Reklamationsquoten und Betrachtung der Entwicklung können Sie beispielsweise erkennen, inwieweit dies der Fall ist.
- Zudem müssen Sie mögliche Risiken berücksichtigen. Bei der Korrektur, dem Verringern oder Verhindern der unerwünschten Auswirkungen helfen beispielsweise Qualitätssicherungsmaßnahmen, Qualitätskontrollen, Warnsysteme oder Notfallpläne.
- Die Verbesserungsmöglichkeiten müssen außerdem die Leistungsfähigkeit des QMS steigern. Dies bedeutet, dass es auch eine Verbesserung des QMS geben muss, beispielsweise durch Prozessoptimierung oder durch Reduzierung von Verschwendung.
- Zudem müssen die Verbesserungsmöglichkeiten die Effektivität (Wirksamkeit) des QMS steigern. Hier kann ein Kennzahlensystem wie die Balanced Scorecard unterstützen.

Unterstützende Werkzeuge (Auswahl)

- Kontinuierlicher Verbesserungsprozess (KVP)
- Projektmanagement
- Design Thinking
- Anforderungsmanagement
- Stakeholderanalysen

Tabelle 10.1 fasst die wichtigen Aspekte zu diesem Normabschnitt zusammen.

Tabelle 10.1 Fortlaufend besser werden – Normabschnitt 10.1 umsetzen

Leitfragen ▪ Halten wir den PDCA-Zyklus ein? ▪ Ist uns klar, was planen, umsetzen, messen/bewerten und Verbesserungsmaßnahmen ableiten konkret bedeutet?
Ziel: Chancen zur Verbesserung nutzen, um Anforderungen zu erfüllen und Kundenzufriedenheit zu verbessern

Umsetzungshinweis

Legen Sie einen Abschnitt im QM-Handbuch fest, in dem Sie beschreiben, wie Sie Chancen zur Verbesserung bestimmen und auswählen, die folgende Punkte umfassen:

- Verbesserung von Produkten/Dienstleistungen
- Verhindern/Verringern von unerwünschten Auswirkungen
- Verbesserung der Leistung und Wirksamkeit des QMS

Die Verbesserung kann dabei reaktiv (z. B. Korrektur, Korrekturmaßnahme), schrittweise (z. B. fortlaufende Verbesserung), sprunghaft (z. B. Durchbruch), kreativ (z. B. Innovation) oder durch Umorganisation erfolgen.

Kennzeichnen Sie Maßnahmen und Entscheidungen in Ihrer Risikoanalyse, die Chancen zur Verbesserung enthalten.

(Weghorn 2022)

Mögliche Auditnachweise

- Verbesserungsprojekte
- Six-Sigma-Projekte
- KVP-Workshops
- KVP-Datenbank (Maßnahmenübersicht)
- Übergreifende Verbesserungsgruppen
- Mitarbeiterfokusgruppen
- Benchmarking
- Verbesserungs- und Vorschlagswesen
- Anreizsysteme für Verbesserungen
- CIRS-Meldungen oder Beinahe-Fehlermeldesystem (CIRS: Critical Incident Reporting System)
- FMEA und Risikoanalysen
- SWOT-Analysen für Prozesse/Abteilungen

(Gietl/Lobinger 2022)

10.2 Mit Nichtkonformitäten umgehen

Eine Nichtkonformität ist ein Fehler. Eine Korrekturmaßnahme ist nach ISO 9000 eine „Maßnahme zum Beseitigen der Ursache einer Nichtkonformität und zum Verhindern des erneuten Auftretens“. Eine Korrektur dient dazu, dass der Fehler beseitigt wird. Beim Bäcker wäre beispielsweise eine Nichtkonformität, dass eine Torte, die süß sein soll, sauer ist. Die Ursachenanalyse ergibt, dass versehentlich Essig anstatt Sirup verwendet wurde. Als Korrekturmaßnahme wird nun der Essig in Flaschen mit besonderer Kennzeichnung abgefüllt und die Lagerung erfolgt in einem anderen Regalfach. Zudem erhält die Belegschaft eine Schulung in Bezug auf die Wirkung unterschiedlicher Zutaten.

In diesem Normabschnitt (Bild 10.3) stehen folgende Fragen im Zentrum:

> Wie können wir verhindern, dass ein Fehler erneut auftritt? Wie können wir die Fehlerursachen beseitigen? Wie lernen wir aus Fehlern? Gibt es vergleichbare Fehler oder könnten vergleichbare Fehler auftreten? Beeinflussen die erkannten Fehler und die als notwendig erachteten Korrekturmaßnahmen die definierten Chancen und Risiken oder das QMS?

Ein Fehler kann beispielsweise durch ein Audit erkannt werden, durch eine Kundenreklamation, Unstimmigkeiten bei Nachfolgetätigkeiten, das Verfehlen von Zielen etc.

Tritt ein Fehler bzw. eine Nichtkonformität ein (auch aufgrund von Reklamationen), dann müssen Sie im Sinne der ISO reagieren und Maßnahmen ergreifen. Diese Maßnahmen müssen „angemessen“ sein, also zu den möglichen Auswirkungen des Fehlers, zu Ihrem Unternehmen, zu Ihrem QMS passen. Die Art der Nichtkonformität, die definierten Korrekturmaßnahmen sowie die Ergebnisse der Korrekturmaßnahmen müssen dokumentiert werden.

Bild 10.3 Der Abschnitt 10.2 der ISO 9001 im Überblick

Wie notwendig sind Korrekturmaßnahmen? Ist eine Gefährdung des Lebens vorhanden oder geht es darum, dass auf der Verpackung das Firmenlogo etwas blass ausschaut? Je nachdem wie kritisch die Nichtkonformität ist, muss eine unterschiedliche Bewertung dieser erfolgen. Unterstützen können hier beispielsweise das Vier-Augen-Prinzip, Checklisten oder eine Risikoanalyse.

Bei diesem Normabschnitt gibt es einige Anforderungen, die mit „falls zutreffend" beginnen:

- Falls zutreffend, müssen Sie bei Eintritt eines Fehlers Überwachungsmaßnahmen umsetzen, beispielsweise durch Überwachungssysteme oder anhand von Stichproben.
- Falls zutreffend, müssen Sie bei Eintritt eines Fehlers Korrekturmaßnahmen ergreifen, beispielsweise durch Reparatur oder Geldrückerstattung für den Kunden.
- Falls zutreffend, müssen Sie bei Eintritt eines Fehlers definieren, wie Sie mit den Folgen des Fehlers umgehen, beispielsweise durch Neuentwicklung, Kostenerstattung, besondere Kommunikationsstrategie etc.

Bei Eintritt eines Fehlers müssen Sie den Fehler überprüfen und analysieren sowie die Ursachen, warum der Fehler aufgetreten ist, ermitteln. Das Ziel dabei ist, dass die Nichtkonformität nicht erneut oder an anderer Stelle auftritt. Dazu müssen Maßnahmen, die die Fehlerursachen beseitigen sollen, definiert und bewertet werden. Hier können beispielsweise (digitale) Prüfverfahren, Risikoanalysen, Betrachtung der Wechselwirkungen, Betrachtung der Prozessketten, Materialprüfungen oder Ursache-Wirkungs-Analysen unterstützen.

Zudem müssen Sie überprüfen, ob weitere vergleichbare Fehler bestehen oder auftreten könnten. Besteht der Fehler bei einem anderen Produkt, einer anderen Dienstleistung, einem anderen Prozess etc., oder könnte er erneut auftreten? Ist dies der Fall, dann müssen die definierten Korrekturmaßnahmen auch diese Fehlerbeseitigung berücksichtigen. Je häufiger sich bestimmte ähnliche Fehler wiederholen (könnten), desto wichtiger sind Maßnahmen, die den Fehlereintritt verhindern.

Wird ein Fehler festgestellt, dann müssen Sie Maßnahmen definieren und umsetzen, die den Eintritt des Fehlers in Zukunft verhindern. Das Ziel muss sein, dass ein Fehler nicht mehr eintritt.

Die Wirksamkeit der Maßnahmen im Umgang mit dem Fehler muss überprüft werden. Zeigen die umgesetzten Korrekturmaßnahmen den gewünschten Effekt? Wie wirksam sind sie? Wenn der gewünschte Effekt nicht erzielt wird, müssen weitere Ursachenanalysen und Korrekturmaßnahmen umgesetzt werden.

Eingetretene Fehler wirken sich auf den in der Planung definierten Umgang mit Risiken aus. Die Wahrscheinlichkeit ist hoch, dass diese Maßnahmen nicht ausreichend waren, sonst wäre die Nichtkonformität nicht eingetreten. Die früher definierten Maßnahmen im Umgang mit Risiken müssen daher überprüft werden. Wenn notwendig, dann müssen bei einem Fehlereintritt (Nichtkonformität) die in der Planung definierten Maßnahmen im Umgang mit Risiken angepasst werden. Wo und was muss geändert werden, damit der Fehler in Zukunft nicht mehr eintritt?

Eingetretene Fehler wirken sich auf den in der Planung definierten Umgang mit Chancen aus, daher müssen auch diese überprüft und, wenn notwendig, angepasst werden. Aus Risiken können sich Chancen ergeben, beispielsweise durch eine bessere

Kundenbetreuung nach der Auslieferung des Produkts. Bei Eintritt eines Fehlers müssen die definierten Maßnahmen im Umgang mit Chancen überprüft werden.

Wenn notwendig, dann müssen Sie auch Ihr QMS anpassen. Eine Anpassung ist dann notwendig, wenn die Wirksamkeit oder Leistungsfähigkeit des QMS beeinflusst wird.

Die Maßnahmen, die für den Umgang mit einem Fehler eingeleitet werden, müssen angemessen sein. Je kritischer der Fehler, desto umfangreicher bzw. desto wichtiger die Korrekturmaßnahmen.

Dokumentierte Information

Die Art des Fehlers sowie die Korrekturmaßnahmen, die bei Eintritt einer Nichtkonformität definiert wurden, müssen dokumentiert werden, beispielsweise durch eine Beschreibung, eine Verfahrensanweisung oder eine Prozessdarstellung.

Ebenso müssen die Ergebnisse der eingeleiteten Maßnahmen im Umgang mit der Nichtkonformität als dokumentierte Information vorliegen, beispielsweise durch einen Soll-Ist-Vergleich der Kennzahlen.

Unterstützende Werkzeuge (Auswahl)

- Maßnahmenmanagement
- Fehlermanagement
- 8D
- FMEA
- Poka Yoke
- Q7 (Sieben Qualitätswerkzeuge)
- M7 (Sieben Managementwerkzeuge)
- Qualitätszirkel

Tabelle 10.2 fasst die wichtigen Aspekte zu diesem Normabschnitt zusammen.

Tabelle 10.2 Aus Nichtkonformitäten lernen und Korrekturmaßnahmen definieren – Normabschnitt 10.2 umsetzen

Leitfragen
▪ Wie können wir verhindern, dass ein Fehler erneut auftritt? Wie können wir die Fehlerursachen beseitigen? ▪ Wie lernen wir aus Fehlern? ▪ Gibt es vergleichbare Fehler oder könnten vergleichbare Fehler auftreten? ▪ Beeinflussen die erkannten Fehler und die als notwendig erachteten Korrekturmaßnahmen die definierten Chancen und Risiken oder das QMS?

Ziel: Regelung zum Umgang mit Nichtkonformitäten und Definition von Korrekturmaßnahmen

Umsetzungshinweis

Beschreiben Sie in Form einer Verfahrensanweisung oder im QM-Handbuch, welche Regelungen greifen, wenn Nichtkonformitäten (Fehler) auftreten – einschließlich solcher, die sich aus Reklamationen ergeben. Maßnahmen müssen den Auswirkungen entsprechend angemessen sein.

Prüfen Sie Ihre Beschreibung auf folgende Punkte, die in der Regelung enthalten sein müssen:

- Beschreibung der Maßnahmen (Sofortmaßnahmen (Korrektur) und Ursachenbeseitigung (Korrekturmaßnahmen)/Umgang mit den Folgen)
- Bewertung der Notwendigkeit einer Ursachenforschung (Wann reichen Sofortmaßnahmen aus, wann müssen Korrekturmaßnahmen eingeleitet werden?)
- Prüfung der Wirksamkeit der ergriffenen Maßnahmen
- Wenn erforderlich – Einfließen der Ergebnisse in die vorhandene Risikoanalyse
- Wenn erforderlich – Einleitung von Änderungen am QMS

Führen Sie ein Instrument ein (z. B. Formblatt), über das aufgetretene Nichtkonformitäten entsprechend obiger Regelung dokumentiert werden. Dabei müssen folgende Informationen enthalten sein:

- Beschreibung der Nichtkonformität (Was, Wann, Wer, Wie viel, Womit, Wie)
- Art der Nichtkonformität (Klassifizierung)
- Getroffene Maßnahmen
- Ergebnisse der Maßnahmen einschließlich Wirksamkeit

Hinweis zur Abgrenzung von Normabschnitt 8.7 (Steuerung nichtkonformer Ergebnisse): Dieser Abschnitt erweitert die Anforderungen auf alle möglichen Fehler in der Organisation, während Abschnitt 8.7 auf die gezielte Lenkung fehlerhafter Produkte im Bereich Fertigung/Dienstleistungserbringung abzielt.

(Weghorn 2022)

Mögliche Auditnachweise

- Verfahrensanweisung oder Prozessbeschreibung zum Umgang mit Fehlern
- Verfahrensanweisung oder Prozessbeschreibung zur Festlegung und Verfolgung von Korrekturmaßnahmen
- Fehlerprotokolle
- Korrekturmaßnahmenlisten
- Ursachenanalysen (5 Why, Ishikawa-Diagramm, Kraftfeldanalyse)
- Prozessbeschreibung Reklamationsbearbeitung
- 8D-Report

(Gietl/Lobinger 2022)

10.3 Fortlaufend verbessern

Fortlaufende Verbesserung (Bild 10.4) ist im Sinne der ISO die fortlaufende Umsetzung des PDCA-Zyklus. In diesem Abschnitt wird nochmal explizit auf die Umsetzung des PDCA-Zyklus hingewiesen.

Es stehen folgende Fragen im Zentrum:

> Wie können wir sicherstellen, dass wir fortlaufend die Eignung, Angemessenheit und Wirksamkeit unseres QMS verbessern? Gibt es Chancen und/oder Verbesserungsmöglichkeiten oder Notwendigkeiten dazu, die wir berücksichtigen müssen? Und wie stellen wir sicher, dass hierbei die Analyse- und Bewertungsergebnisse sowie die Managementbewertung einfließen?

Bild 10.4 Der Abschnitt 10.3 der ISO 9001 im Überblick

Damit ein fortlaufender Verbesserungsprozess wirklich gelingt, ist ein entsprechendes Qualitätsbewusstsein notwendig. Die Unternehmenskultur muss so sein, dass sich Mitarbeitende einbringen können und sich trauen, auf Missstände hinzuweisen. Zentral ist auch hier das risikobasierte Denken, also dass Folgen, Auswirkungen, sich eventuell ergebende Möglichkeiten mitbedacht werden.

Der fortlaufende Verbesserungsprozess ist kein Kapitel für sich, das angehängt und dann singulär erledigt wird, sondern spielt bei allem mit rein. Egal was Sie machen, Sie sollten immer im Kopf behalten:

Der PDCA-Zyklus ist nie abgeschlossen, sondern eine Endlosschleife, die keinen Anfang und kein Ende hat!

Ein QMS muss wirksam sein und die Leistungsfähigkeit Ihres Unternehmens erhöhen. Um dies festzustellen, brauchen Sie klare Messkriterien, und Sie müssen immer wieder überprüfen, ob das Geplante auch passt, und nötig werdende Anpassungen vornehmen. Dabei sollten Sie stets drei Aspekte beachten: risikobasiertes Denken, Erhöhung der Kundenzufriedenheit, Streben nach Verbesserung.

Die Eignung, die Wirksamkeit sowie die Angemessenheit des QMS müssen fortlaufend verbessert werden. Unterstützen kann hier beispielsweise die Umsetzung von Prozessmanagement, das Definieren von Indikatoren, die Sie regelmäßig überprüfen und dann Ihre Maßnahmen entsprechend anpassen, oder die Einführung von QM-Methoden wie beispielsweise 5S.

Bei jeder Verbesserungsmaßnahme müssen die Ergebnisse der Analysen und Bewertungen einschließlich der Managementbewertung berücksichtigt werden (faktenbasierte Entscheidungsfindung). Es muss immer klar sein, warum und auf welchen Daten diese Entscheidung basiert. Gibt es beispielsweise eine große Nachfrage nach einem bestimmten Produkt, die das Angebot übersteigt, dann würde eine Aufstockung der entsprechenden Produktionsraten auf Basis dieser Nachfragezahlen erfolgen.

Unterstützende Werkzeuge (Auswahl)

- Prozessmanagement
- Kontinuierlicher Verbesserungsprozess (KVP)
- Wissensmanagement
- Verfahrensanweisungen

Tabelle 10.3 fasst die wichtigen Aspekte zu diesem Normabschnitt zusammen.

Tabelle 10.3 Fortlaufenden Verbesserungsprozess sicherstellen – Normabschnitt 10.3 umsetzen

Leitfragen

- Wie können wir sicherstellen, dass wir fortlaufend die Eignung, Angemessenheit und Wirksamkeit unseres QMS verbessern?
- Gibt es Chancen und/oder Verbesserungsmöglichkeiten oder Notwendigkeiten dazu, die wir berücksichtigen müssen?
- Wie stellen wir sicher, dass hierbei die Analyse- und Bewertungsergebnisse sowie die Managementbewertung einfließen?

Ziel: Fortlaufende Verbesserung der Eignung, Angemessenheit und Wirksamkeit

Umsetzungshinweis

Formulieren Sie eine dokumentierte Information oder legen Sie einen Abschnitt im QM-Handbuch fest, in dem Sie beschreiben, wie Sie die Eignung, Angemessenheit und Wirksamkeit Ihres QMS fortlaufend verbessern. Beschreiben Sie kurz die Werkzeuge und Methoden, auf die Sie Ihren KVP gründen (Audits, Datenanalysen, KVP-Berichtsanalysen etc.). Stellen Sie auf Basis der festgelegten Methoden und Werkzeuge im Rahmen der Managementbewertung (siehe Abschnitt 9.3) dar, wo es im zurückliegenden Zeitraum in der Organisation Verbesserungen gab und wie diese bewertet werden. Die Aussagen gründen sich in der Regel hauptsächlich auf Ergebnisse aus Kapitel 9 und 10.

(Weghorn 2022)

Mögliche Auditnachweise

- Projektpläne
- Protokolle und Trends zu Zielvorgaben
- Fortschrittsberichte
- Managementreview
- Verfahrensanweisung oder Prozessbeschreibung zum Umgang mit Fehlern
- Verfahrensanweisung oder Prozessbeschreibung zur Festlegung und Verfolgung von Korrekturmaßnahmen
- Fehlerprotokolle
- Korrekturmaßnahmenlisten
- Ursachenanalysen (5 Why, Ishikawa-Diagramm, Kraftfeldanalyse)
- Prozessbeschreibung Reklamationsbearbeitung
- 8D-Report

(Gietl/Lobinger 2022)

10.4 Die Anforderungen der ISO 14001

In der ISO 14001 ist dieser Abschnitt wie folgt gegliedert:

- 10.1 Allgemeines
- 10.2 Nichtkonformität und Korrekturmaßnahmen
- 10.3 Fortlaufende Verbesserung

Zu Abschnitt 10.1 steht in der ISO 14001 der Hinweis, dass eine Organisation, um die geplanten Ergebnisse des UMS zu erreichen, Verbesserungsmöglichkeiten formulieren muss und die entsprechenden Maßnahmen umgesetzt werden müssen. Dabei sollten die Ergebnisse aus der „Analyse und Bewertung der Umweltleistung, der Bewertung der Einhaltung von Verpflichtungen, internen Audits und Managementbewertung" berücksichtigt werden.

Tritt eine Nichtkonformität ein, müssen Sie auch im Sinne der ISO 14001 darauf reagieren. „Falls zutreffend", muss überwacht, korrigiert, mit den Folgen umgegangen und müssen negative Umweltauswirkungen minimiert werden. Wie bei der ISO 9001 ist auch hier das Ziel, dass sich die Nichtkonformität nicht wiederholt. Dazu müssen die Nichtkonformität überprüft und eine Ursachenanalyse durchgeführt werden. Ebenso muss definiert werden, ob weitere vergleichbare Nichtkonformitäten vorhanden sind oder eventuell auftreten könnten. Sie müssen „angemessene" Maßnahmen formulieren und umsetzen, die ein weiteres Auftreten verhindern. Dabei müssen Sie überprüfen, ob die ergriffenen Maßnahmen wirksam sind. Wenn nötig, müssen Sie Ihr UMS entsprechend anpassen.

Auch im Sinne der ISO 14001 muss eine Organisation „die Eignung, Angemessenheit und Wirksamkeit ihres Umweltmanagementsystems fortlaufend verbessern, um die Umweltleistung zu verbessern". Welche Maßnahmen dabei wann wie umgesetzt werden, kann das Unternehmen selbst bestimmen. Auch ob die Umweltleistung nur durch einige Elemente oder insgesamt durch das UMS verbessert wird, bleibt den Unternehmen überlassen.

Bei einer Verbesserung kann es sich beispielsweise um „Korrekturmaßnahmen, fortlaufende Verbesserung, bahnbrechende Veränderung, Innovation und Neuorganisation" handeln.

Dokumentierte Information

Analog zur ISO 9001 müssen auch bei der ISO 14001 die Art des Fehlers sowie die Korrekturmaßnahmen, die bei Eintritt einer Nichtkonformität definiert wurden, dokumentiert werden. Ebenso müssen die Ergebnisse der eingeleiteten Maßnahmen im Umgang mit der Nichtkonformität als dokumentierte Information vorliegen.

11 Anhang der ISO 9001

Anhang A

Der Anhang A der ISO 9001 enthält Hinweise zu der Struktur und zu der Terminologie: Weder die Struktur noch die Terminologie sind bindend. Im Sinne der Norm müssen Sie auch keine Stakeholder (interessierte Parteien) berücksichtigen, die Sie als nicht relevant für Ihr QMS eingestuft haben. Es besteht keine Pflicht, ein Risikomanagement umzusetzen. Wie Sie damit umgehen, welche Maßnahmen etc. Sie ergreifen, ist von der Art des Risikos, der Art des Unternehmens, den Auswirkungen usw. abhängig. Die ISO gibt hier keine Vorgaben.

Im Anhang wird nochmal betont, dass Sie Ihren Kontext (Normabschnitt 4) verstehen müssen und risikobasiertes Denken (vorausschauend, vorbeugend denken) zu fördern ist, was eine höhere Flexibilität in den Anforderungen an Prozesse, dokumentierte Information und Verantwortlichkeiten ergibt.

Ein weiterer Hinweis im Anhang betrifft die Deklarierung von nicht zutreffenden Anforderungen. Hier wird nochmal betont, dass die „Entscheidung zu keinem Misserfolg beim Erreichen der Konformität von Produkten und Dienstleistungen führt".

Aus dem Anhang ergeben sich keine weiteren Maßnahmen.

Anhang B

Der Anhang B der ISO 9001 informiert über weitere Normen, die über die ISO 9001 hinausgehen bzw. diese ergänzen. Dabei ist die ISO 9001 eine von drei zentralen Normen, die vom ISO/TC 176 erarbeitet wurden:

> „ISO 9000, Quality management systems – Fundamentals and vocabulary, liefert den wesentlichen Hintergrund für das richtige Verständnis und die richtige Umsetzung der vorliegenden Internationalen Norm. Die Grundsätze des Qualitätsmanagements, die während der Erarbeitung der vorliegenden Internationalen Norm berücksichtigt worden sind, werden in ISO 9000 ausführlich beschrieben. Diese

Grundsätze sind keine Anforderungen an sich, sondern sie bilden die Grundlage für die Anforderungen, die in der vorliegenden Internationalen Norm festgelegt sind. ISO 9000 legt außerdem die Begriffe und Konzepte fest, die in dieser Internationalen Norm verwendet werden.

ISO 9001 (die vorliegende Internationale Norm) legt Anforderungen fest, die hauptsächlich darauf ausgelegt sind, Vertrauen in die Produkte und Dienstleistungen zu schaffen, die von einer Organisation bereitgestellt werden, und dadurch die Kundenzufriedenheit zu erhöhen. Ihre richtige Umsetzung kann auch andere Vorteile für die Organisation mit sich bringen, z.B. eine verbesserte interne Kommunikation, ein besseres Verständnis und eine bessere Steuerung der Prozesse einer Organisation.

ISO 9004, Managing for the sustained successcsc of an organization – A quality management approach, liefert Leitlinien für Organisationen, die sich dazu entscheiden, über die Anforderungen der vorliegenden Internationalen Norm hinaus zu arbeiten, um ein breiteres Themenspektrum abzudecken, was zur Verbesserung der Gesamtleistung der Organisation führen kann. ISO 9004 enthält Leitlinien für ein Verfahren zur Selbstbewertung einer Organisation, um den Reifegrad ihres Qualitätsmanagementsystems bewerten zu können."

Nachfolgende Normen können Sie dabei unterstützen, Ihr „Qualitätsmanagementsystem, dessen Prozesse und dessen Tätigkeiten aufzubauen bzw. festzulegen, oder beim Bestreben sie zu verbessern":

- ISO 10001, Quality management – Customer satisfaction – Guidelines for codes of conduct for organizations,
- ISO 10002, Quality management – Customer satisfaction – Guidelines for complaints handling in organizations
- ISO 10003, Quality management – Customer satisfaction – Guidelines for dispute resolution external to organizations
- ISO 10004, Quality management – Customer satisfaction – Guidelines for monitoring and measuring
- ISO 10005, Quality management systems – Guidelines for quality plans
- ISO 10006, Quality management systems – Guidelines for quality management in projects
- ISO 10007, Quality management systems – Guidelines for configuration management
- ISO 10008, Quality management – Customer satisfaction – Guidelines for business-to-consumer electronic commerce transactions
- ISO 10012, Measurement management systems ISO/TR 10013

- ISO 10014, Quality management – Guidelines for realizing financial and economic benefits
- ISO 10015, Quality management – Guidelines for training
- ISO/TR 10017, Guidance on statistical techniques for ISO 9001:2000
- ISO 10018, Quality management – Guidelines on people involvement and competence
- ISO 19011, Guidelines for auditing management systems

12 Die zentralen ISO-Begriffe im Verbesserungszyklus

Die ISO 9001 ist ein Managementsystem, das eine strukturierte Vorgehensweise liefert, bei der komplexe und unterschiedlichste Managementaufgaben zusammenhängend dargestellt werden und diese mit der Unternehmensstrategie verbindet. Die QM-Grundsätze bilden dabei die Basis.

Versuchen Sie bei allem, was Sie machen,

- die Erhöhung der Kundenzufriedenheit im Blick zu behalten,
- sich der zentralen Rolle der Führung bewusst zu sein und diese Rolle wahrzunehmen,
- Personen (Belegschaft) wertzuschätzen und sie soweit wie nur irgendwie möglich einzubinden. Betroffene müssen zu Beteiligten werden!
- in Prozessen zu denken und zu handeln,
- bei allem den Verbesserungsansatz mit zu beachten,
- immer auf Fakten bei Entscheidungen zuzugreifen,
- auch bei Lieferanten, Dienstleistern etc. auf Kooperation und Win-Win-Situationen zu setzen.

Begriffe und Werkzeuge

Begriffe, die Sie kennen müssen

- Anforderung
- Maßnahme
- Konformität

Werkzeuge, die Sie anwenden müssen

- Kennzahlen (Leistungsindikatoren) einsetzen
- Fortlaufend überwachen, messen und prüfen
- Wirksamkeit erreichen (Effektivität)
- Risikobasiert denken

Diese Aspekte beziehen alle Ebenen mit ein, von der einzelnen Maßnahme bis hin zum Erreichen der Unternehmensziele!

Immer im Zentrum: Erhöhung der Kundenzufriedenheit und das Streben nach Verbesserung.

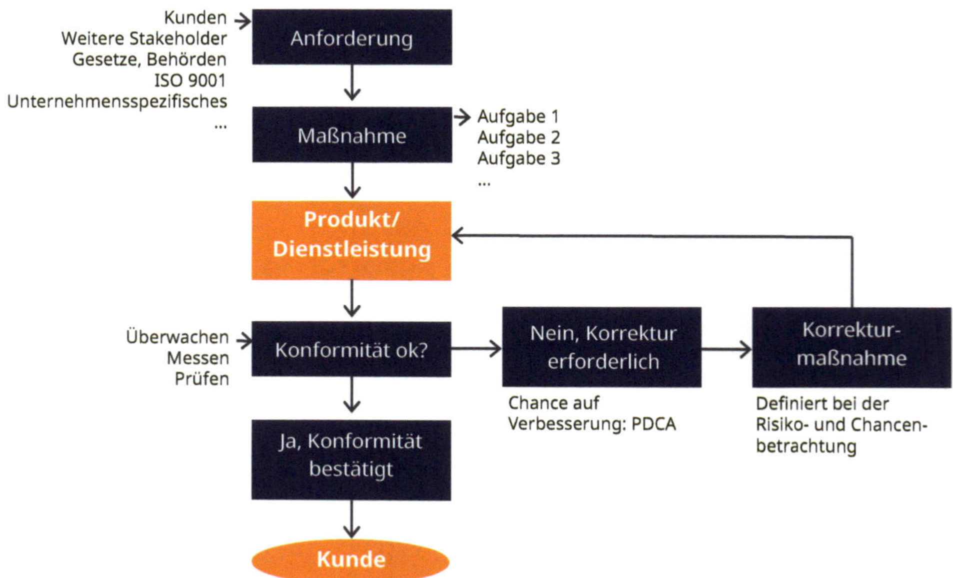

Bild 12.1 Die Begriffe im Zusammenspiel

12.1 Anforderung

„Der Hauptschwerpunkt des Qualitätsmanagements liegt in der Erfüllung der Kundenanforderungen und dem Bestreben, die Kundenerwartungen zu übertreffen."

(ISO 9001)

Der Begriff „Anforderung" gehört zu den zentralen Begriffen der ISO 9001. Etwas verkürzt formuliert, ist die ISO 9001 ein Rahmenwerk, das darauf abzielt, Anforderungen zu erfüllen. In Abschnitt 4 der Norm ermitteln Sie die Anforderungen Ihrer Stakeholder. Stakeholder sind beispielsweise Gesellschaft, Behörden oder Belegschaft. Die Mitarbeitenden haben beispielsweise die Anforderungen, dass es Karrieremöglichkeiten gibt oder dass die Bezahlung fair ist. Besonders wichtig sind die Anforderungen (Erwartungen) Ihrer Kunden. Sie bilden den Input des QMS. Ihre Produkte und Dienstleistungen müssen darauf ausgerichtet sein, die Anforderungen der Kunden zu erfüllen.

Wenn Sie besonders viele Kundenanforderungen zu bewältigen haben, dann empfiehlt sich ein spezielles Anforderungsmanagement.

Auf Basis Ihrer Stakeholderanalyse leiten Sie die Anforderungen Ihrer Stakeholder ab, die Sie erfüllen wollen. Wenn es dabei bestehende Standards oder Normen gibt, dann müssen Sie diese berücksichtigen. Beispielsweise sind in der Medizintechnik eine Vielzahl von Standards zu berücksichtigen.

Wenn es keine solchen Standards gibt oder die vorliegenden Ihnen als unzureichend erscheinen, Sie also besser sein wollen, dann können Sie die Standards selbst festlegen. Ihre selbst festgelegten Standards bestimmen dann, wann ein Produkt oder eine Dienstleistung die Anforderungen erfüllt. Sie können also auch selbst die Anforderungen festlegen.

Behördliche oder gesetzliche Anforderungen müssen Sie erfüllen. Sie müssen wissen, wann was für Sie zutrifft und welche Auflagen es gibt. Dazu gehört beispielsweise auch, dass Sie Arbeitsschutzmaßnahmen umsetzen müssen.

Wenn Sie eine Zertifizierung nach ISO 9001 wünschen, dann muss Ihr QMS die Anforderungen der ISO 9001 erfüllen. Bei allen Produkten und Dienstleistungen, die vom QMS erfasst werden, müssen die zutreffenden Anforderungen erfüllt werden, ein willkürliches Ausklammern oder „pauschale Ausschlüsse" von Normanforderungen oder ganzen Abschnitten der Norm sind nicht möglich.

Aspekte, die für Ihr Unternehmen nicht zutreffen, können allerdings als „nicht zutreffend" deklariert und damit ausgeschlossen werden. Deklarieren Sie Normanforderungen als „nicht zutreffend", dann müssen Sie diesen Ausschluss nachvollziehbar begründen. Diese Begründung oder Begründungen müssen dokumentiert vorliegen.

Gibt es beispielsweise keine Führungspersonen, keine Entwicklungsabteilung, keine Messmittel etc., dann können entsprechende Anforderungen als „nicht zutreffend“ deklariert werden. Das bedeutet aber nicht, dass die entsprechenden Normenpunkte in voller Gänze nicht zutreffen.

Wird eine Anforderung als „nicht zutreffend“ deklariert, muss die Organisation trotzdem fähig sein, das QMS erfolgreich umzusetzen und die Kundenzufriedenheit zu steigern. Es muss also gesichert sein, dass die adressierten Produkte und Dienstleistungen „konform“ zu der ISO 9001 und zu Ihrem QMS sind. Die Festlegung, ob eine Anforderung „nicht zutreffend“ ist, erfolgt bei der Definition des Anwendungsbereichs.

Nicht zutreffende Anforderungen der ISO 9001 können mit Begründung ausgeschlossen werden.

Eine Anforderung wie beispielsweise, dass mit einem Smartphone auch telefoniert werden kann, kann als „üblicherweise vorausgesetzt“ definiert werden. Solche Anforderungen müssen Sie im Sinne der Norm erfüllen.

Drei unterschiedliche Wege der Anforderungen

- Aus Sicht der Stakeholder (einschließlich behördlicher Anforderungen)
- Aus Sicht des Unternehmens: Anforderungen, die Sie selbst definiert haben
- Aus Sicht der ISO 9001

Wird eine Anforderung nicht oder unzureichend erfüllt, dann ist sie nicht konform. Sie müssen Maßnahmen definieren, wie Sie mit Nichtkonformitäten umgehen wollen.

12.2 Angemessenheit

Die Norm verlangt, dass das QMS angemessen ist und dass diese Angemessenheit fortlaufend verbessert wird. Eine eindeutige Erläuterung, was „Angemessenheit“ bedeutet, liefert die ISO jedoch nicht.

„Angemessen“ ist ein Begriff, der auf Basis von Fakten formuliert werden muss und vorausschauende Planung erfordert (risikobasiertes Denken).

Ein Pfeiler der ISO 9001 ist, dass Entscheidungen faktenbasiert getroffen werden müssen. Wenn es also in Ihrer Branche beispielsweise üblich sein sollte, dass ein kleiner Fehler mit einer sofortigen Rücknahme der Ware beantwortet wird, dann wäre dies auch für Sie eine angemessene Korrekturmaßnahme bei einer Nichtkonformität. Nicht angemessen wäre beispielsweise, wenn Sie auf das Risiko, dass sich ein für Sie sehr unbedeutender Kunde anderweitig orientieren könnte, mit kosten- und zeitintensiven Maßnahmen reagieren, die weit mehr Einsatz verlangen, als der Kunde im Ergebnis je bringen könnte. Wenn Sie allerdings erwarten, dass dieser Kunde Ihnen massiv schaden oder dass er Folgeaufträge etc. mit sich bringen könnte, dann wäre diese Reaktion wieder angemessen.

Um angemessene Maßnahmen zu definieren, müssen Sie also einerseits alle notwendigen Fakten rund um die Maßnahme kennen und zugleich die vorhandenen und möglichen Auswirkungen bewerten können. Auch für die Bewertung der Auswirkungen braucht es die Unterstützung durch Fakten.

Eine angemessene Maßnahme muss messbar, spezifisch und realisierbar sein.

Zudem sollten Sie bei dem Begriff „Angemessenheit“ berücksichtigen, welche Strategie Sie verfolgen. Wird dabei die fortlaufende Verbesserung unterstützt? Wird die Kundenzufriedenheit gesteigert? Wird die Konformität der Produkte und Dienstleistungen weiterhin gewährleistet?

Angemessen bedeutet, dass etwas passt, dass es dem Maß entspricht. Ein Wort, das Spielraum für Interpretationen lässt: Sie können selbst bestimmen, was für Ihr Unternehmen angemessen ist und was nicht. Diskutieren Sie am besten im Team, was für Ihr Unternehmen angemessen ist und was nicht.

12.3 Dokumentierte Information

Die dokumentierte Information soll gewährleisten, dass alle Informationen genauso vorliegen und verfügbar sind, um die Aufgaben zu erfüllen und die beabsichtigen Ergebnisse zu erzielen. Ist der Nachweis von Ergebnissen erforderlich, sollten die Informationen sicher aufgehoben werden.

Beispiel einer Verfahrensanweisung

„Dokumentierte Informationen aufrechterhalten und lenken

Mit dieser Anweisung wird die Lenkung und Aufrechterhaltung einer dokumentierten Information festgelegt. Bei der Erstellung müssen die Vorlage XY sowie das Online-Tool ‚DokuFein' eingesetzt werden.

In unserem monatlichen Teammeeting wird der Bedarf einer dokumentierten Information einschließlich eines möglichen Änderungsbedarfs einer vorhandenen Dokumentation ermittelt und eine für die Umsetzung verantwortliche Person (‚Ersteller') bestimmt.

Der Ersteller ist für die Ermittlung und inhaltliche Erstellung der dokumentierten Information verantwortlich. Er ermittelt den hierfür benötigten Ressourcenbedarf ggf. im Team. Die Freigabe und Sicherstellung der benötigten Ressourcen und Befugnisse erfolgt durch die verantwortliche Führungskraft. Der Ersteller ist zudem verantwortlich

- *für den Zeitplan der Umsetzung,*
- *ggf. für die Zusammenstellung des Teams,*
- *für die Auswahl der Methoden,*
- *für die Art und Weise der Kommunikation (z. B. via E-Mail oder im Rahmen eines Meetings).*

Ebenso verantwortlich ist der Ersteller, dass jedes Dokument folgende Elemente enthält:

- *Benennung des Dokuments, ID-Nummer*
- *Geltungsbereich*
- *Stand, Version, Erstellung, Aktualisierung*
- *Verantwortlichkeiten*
- *Verteiler*
- *Freigabeverfahren, Überprüfung und Genehmigung*
- *Aufbewahrungsfrist*

Die Speicherung des finalen Dokuments erfolgt im Ordner XY1, der täglich durch die IT gesichert wird.

Externe Dokumente werden entsprechend ihrem Inhalt den Vorgängen zugeordnet und archiviert.

Ungültige Dokumente und veraltete Versionen werden archiviert. Erfolgt keine gesonderte Kennzeichnung werden diese Dokumente nach zehn Jahren vernichtet."

Eine dokumentierte Information muss von einer Organisation gelenkt und aufrechterhalten werden. Sie bezieht sich auf das Qualitätsmanagementsystem, einschließlich der damit verbundenen Prozesse, auf alle Informationen, die für den Betrieb der Organisation erstellt wurden (Dokumentationen) sowie auf die Nachweise der erzielten Ergebnisse (Aufzeichnungen). Damit alle Prozesse in einer Organisation durchgeführt werden können, müssen alle dafür notwendigen Dokumente vorliegen.

Eine dokumentierte Information

- bezieht sich auf das Managementsystem bzw. auf die Prozesse, unterstützt die Durchführung der Prozesse und gewährleistet, dass die Prozesse wie geplant umgesetzt werden können,
- stellt das Funktionieren der Organisation sicher und
- dient zum Nachweis der erzielten Ergebnisse.

Bei einer dokumentierten Information kann es sich beispielsweise um Protokolle, Formblätter, Checklisten, Aufgabenbeschreibungen, Workflows, Datenbank-Anwendungen, dokumentierte Verfahren, Flow Charts, Recherchen, Herstellerangaben, Kalibriernachweise, Ergebnisse der Messmittelfähigkeitsuntersuchungen, Ergebnisse von Vergleichsmessungen, Verifizierung und Validierungen von Checklisten, Sehtestergebnisse, Teilnahmebestätigung von Seminaren, Personenzertifizierung etc. handeln.

Aufrechterhalten bedeutet im Sinne der Norm, dass die Dokumente, die als dokumentierte Information vorliegen, gepflegt werden, beispielsweise wenn es ein Formular für die Fehlererfassung gibt, dass dieses Formular immer bei der Fehlererfassung verwendet wird und auf dem neuesten Stand ist.

Bei dokumentierter Information, die von Externen stammt, müssen notwendige Aktualisierungen auch von diesen Externen vorgenommen werden.

Zwingende formale Vorgaben gibt es zwar nicht, dennoch sollte auf eine klare und konsistente Kennzeichnung geachtet werden (z. B. Festhalten des Datums, des/der Verantwortlichen, Referenznummer). Es sollten ein angemessenes Format (z. B. Sprache, Version der Software) und ein passendes Medium (z. B. digital, Ausdruck) gewählt werden. Die Eignung und Angemessenheit der dokumentierten Information sollten sichergestellt und folgende Fragen geklärt werden:

- Stehen die Informationen zur Verfügung, wenn sie gebraucht werden?
- Wer hat Zugriff? Ist es sinnvoll, den Zugriff einzuschränken (z. B. nur Leserechte)?
- Wie werden die Informationen verteilt?
- Wo sind sie abgespeichert oder abgelegt?

- Sind sie auffindbar?
- Ist die Verwendung klar definiert?
- Ist sichergestellt, dass Änderungen eingepflegt werden?
- Sind Aufbewahrung und Erhaltung sichergestellt? Ist sichergestellt, dass die Informationen nicht verloren gehen?
- Werden dokumentierte Informationen, die von externen Quellen stammen, angemessen gekennzeichnet und gelenkt?

Wenn eine Anforderung für die Organisation ohne Belang, also „nicht zutreffend“ ist, kann diese Anforderung als „nicht zutreffend“ eingestuft werden. Wird eine Anforderung als „nicht zutreffend“ eingestuft, heißt das nicht, dass der gesamte Normabschnitt als „nicht zutreffend“ eingestuft werden kann. Diese Einstufung muss dabei schriftlich begründet werden.

Ist eine Organisation so klein, dass die Prozesse auch ohne Dokumentation durchgeführt werden können, kann die Dokumentation der Prozesse entfallen.

Inhalte und Aufbau eines QM-Handbuchs/einer dokumentierten Information (Beispiel)

- Titel, z. B. „QM-Handbuch zur Umsetzung der ISO 9001“
- Anschrift der Firma, Kontaktdaten, Logo
- Datum, Freigabestatus des Handbuchs/der dokumentierten Information (einschließlich Verantwortlichkeiten, Zugriffsrechte, Überprüfungs-/Genehmigungsverfahren), Version
- Ziele, Zweck, Sinn des Handbuchs/der dokumentierten Information
- Anwendungsbereich
- Qualitätsmanagementbeauftragte, Organigramm
- Informationen zum Unternehmen: Beschreibung, Geschichte, Umsatz, Mitarbeiteranzahl („Wir über uns“)
- Strategie, Vision, Mission, Unternehmenspolitik
- Qualitätspolitik, Qualitätsziele, Verpflichtungserklärung der Führung („Aufrechterhaltung, Weiterentwicklung und Verbesserung des Qualitätsmanagementsystems sowie der Erfüllung zutreffender Anforderungen“), Freigabe durch Geschäftsführung
- Relevante Stakeholder, relevante interne und externe Einflussfaktoren (Umfeld des Unternehmens)
- Prozesse und Ressourcen (wertschöpfende Prozesse, Führungsprozesse, Unterstützungsprozesse und was zur Umsetzung nötig ist), Prozesslandschaft, Prozessbeschreibungen, Prozessvisualisierungen, Verfahrensanweisungen, Aufgabenbeschreibungen

- Messung, Analyse und Verbesserungen (Wie werden Wirksamkeit und die Umsetzung des PDCA-Zyklus sichergestellt?)
- Personen: Kompetenzen, Wissen, Kommunikation, Verantwortlichkeiten, Befugnisse
- Mitgeltende Unterlagen (Verfahrensanweisungen, Kompetenznachweise, Einarbeitungspläne, Stellenprofile, Schulungspläne, Kommunikationsmatrix etc.)

Im Sinne der Norm müssen Sie die Informationen über interne und externe Themen (intern: innerhalb des Unternehmens; extern: außerhalb des Unternehmens wie z. B. Konkurrenz), Zweck und strategische Ausrichtung der Organisation sowie interessierte Parteien ‚nur' bestimmen, überwachen und überprüfen. Informationen zu den Chancen und Risiken müssen Sie berücksichtigen, bestimmen, planen und bewerten. Diese Informationen müssen nicht als dokumentierte Information vorliegen, d. h., sie könnten beispielsweise nur mündlich vorhanden sein. Allerdings müssen Sie bei der Zertifizierung nachweisen, dass Sie sich um diese Aspekte gekümmert haben.

Dokumentieren Sie so viel wie nötig und so wenig wie möglich! Sie könnten dabei daran denken, was die ISO verlangt, aber sinnvoller ist es, daran zu denken, was gebraucht wird, was für Ihr Unternehmen passt.

Wichtig ist, dass Sie im Sinne der ISO stets zwei Aspekte beachten: Kundenzufriedenheit erhöhen und das Streben nach Verbesserung!

Was dokumentiert werden muss

4.3 Anwendungsbereich
- Anwendungsbereich, Produkte und Dienstleistungen, nicht zutreffende Anforderungen
- Der Anwendungsbereich muss aufrechterhalten werden und auf dem neuesten Stand sein. In dieser Dokumentation müssen enthalten sein:
  - Alle Produkte und Dienstleistungen, auf die sich das Qualitätsmanagementsystem bezieht
  - Stichhaltige Begründungen für die Anforderungen, die die Organisation als „nicht zutreffend" eingestuft hat

4.4 Prozesse
- Dokumentierte Information, um die Durchführung der Prozesse zu unterstützen
- Nachweise, dass Prozesse wie geplant durchgeführt werden

5.2.2 Qualitätspolitik
Veröffentlichen Sie die Qualitätspolitik beispielsweise im Internet.

6.2.1 Qualitätsziele
Ziele sind zentral! Binden Sie auch das Controlling mit ein.

Was dokumentiert werden muss

7.1.5 Überwachungs- und Messmittel

- Nachweis, dass Ressourcen zur Überwachung und Messung geeignet sind
- Grundlage für die Kalibrierung oder Verifizierung, wenn keine Normale (Standard) vorhanden ist
- Messgeräte müssen in bestimmten Abständen oder vor der Anwendung gegen Messstandards verifiziert oder kalibriert werden, wenn
  - eine gesetzliche oder behördliche Anforderung vorhanden ist,
  - dies von einer interessierten Partei (z. B. Kunde) erwartet wird oder
  - dies von der Organisation als wesentlicher Beitrag zur Schaffung von Vertrauen in die Messergebnisse angesehen wird.
- Liegt kein Standard vor, muss dokumentiert werden, wie die Kalibrierung/Verifizierung durchgeführt wurde und welche Ergebnisse dabei erzielt wurden.
- Die Eignung der Ressourcen zur Überwachung und Messung muss als dokumentierte Information vorliegen.

7.2 Kompetenz

- Angemessene dokumentierte Information als Nachweis der Kompetenz von Personen aufbewahren
  z. B. Schulungsnachweise, Personenzertifikate, Tagungs- und Messebesuche, Qualifikationsnachweise
- Werden Maßnahmen zur Kompetenzerweiterung durchgeführt (z. B. Trainings oder Jobrotation), dann ist zu prüfen, ob die Maßnahmen zu einem Erfolg geführt haben (Wirksamkeit).

7.5 Dokumentierte Information

Es muss dokumentiert werden, was die ISO 9001 fordert und das, was die „Organisation als notwendig für die Wirksamkeit des Qualitätsmanagementsystems bestimmt" hat.
Der Umfang kann dabei unterschiedlich sein und ist abhängig von

- der Größe der Organisation und der Art ihrer Tätigkeiten, Prozesse, Produkte und Dienstleistungen
- der Komplexität ihrer Prozesse und deren Wechselwirkungen
- der Kompetenz der Personen

8.1 Betriebliche Planung und Steuerung

Prozesse zur … Bereitstellung von Produkten und Dienstleistungen … planen, verwirklichen und steuern, indem:

> … dokumentierte Information im erforderlichen Umfang bestimmt und erhalten werden, so dass man darauf vertrauen kann, dass die Prozesse wie geplant durchgeführt wurden und um die Konformität von Produkten und Dienstleistungen mit Anforderungen nachzuweisen
>
> z. B. Prozesslandkarte, Beschreibung der wertschöpfenden Prozesse als Flussdiagramm, Verfahrensabläufe

Was dokumentiert werden muss
8.2 Produkt/Dienstleistungsanforderungen 8.2.3.2 Dokumentierte Information aufbewahren bzgl. Ergebnisse der Überprüfung von Anforderungen und zu jeglichen neuen Anforderungen an Produkte und Dienstleistungen 8.2.4 Bei Änderungen von Anforderungen an Produkte und Dienstleistungen sicherstellen, dass dokumentierte Informationen angepasst werden Die Anforderungen an das Produkt/die Dienstleistung müssen als dokumentierte Information vorliegen (z. B. Pflichtenheft, Protokoll).
8.3 Entwicklung 8.3.2 Entwicklungsplanung – benötigte dokumentierte Information, um zu bestätigen, dass Entwicklungsanforderungen erfüllt wurden 8.3.3 Dokumentierte Information über Entwicklungseingaben aufbewahren 8.3.4 Dokumentierte Information zu Überprüfungen, Verifizierung und Validierung und notwendige Maßnahmen zu Problemen aufbewahren 8.3.6 Dokumentierte Information über Entwicklungsänderungen, die Ergebnisse der Überprüfungen, Befugnis zu den Änderungen, eingeleitete Maßnahmen zur Vorbeugung nachteiliger Auswirkungen
8.4 Extern bereitgestellte Prozesse, Produkte und Dienstleistungen 8.4.1 Ergebnisse von Beurteilungen, Auswahl, Leistungsüberwachung, Neubeurteilung von externen Anbietern und von aus Beurteilungen abgeleiteten Maßnahmen
8.5 Produktion und Dienstleistungserbringung 8.5.1 Falls zutreffend, Verfügbarkeit von dokumentierter Information, die die Merkmale der Produkte und Dienstleistungen festlegen, durchzuführende Tätigkeiten, die zu erzielenden Ergebnisse 8.5.2 Wenn Rückverfolgbarkeit eine Anforderung darstellt, dokumentierte Information aufbewahren Ist Rückverfolgbarkeit gefordert, müssen alle Dokumente vorliegen, die zur Aufrechterhaltung der Rückverfolgbarkeit notwendig sind. 8.5.3 Dokumentierte Information zu verlorengegangenem, beschädigtem oder anderweitig für unbrauchbar befundenem Kundeneigentum 8.5.6 Dokumentierte Information über die Ergebnisse der Überprüfung von Änderungen, der Personen, die Änderungen genehmigt haben, und jegliche notwendige Tätigkeiten
8.6 Freigabe von Produkten und Dienstleistungen Dokumentierte Information aufbewahren zur Freigabe von Produkten und Dienstleistungen inklusive Konformität mit Annahmekriterien und Rückverfolgbarkeit von Personen, welche Freigabe autorisiert haben
8.7 Steuerung nichtkonformer Ergebnisse 8.7.2 Dokumentierte Informationen, die Nichtkonformität beschreiben, eingeleitete Maßnahmen, erhaltene Sonderfreigaben von den zuständigen Stellen, die die Entscheidung über die Maßnahme in Hinblick auf die Nichtkonformität treffen Tätigkeiten, die hinsichtlich der nichtkonformen Prozessergebnisse, Produkte und Dienstleistungen durchgeführt wurden, müssen dokumentiert werden.

Was dokumentiert werden muss
9.1 Überwachung, Messung ... 9.1.1 Geeignete dokumentierte Informationen als Nachweis der Ergebnisse der Überwachung, Messung, Analyse und Bewertung Es muss sichergestellt sein, dass die Überwachungs- und Messtätigkeiten in Übereinstimmung mit den Anforderungen umgesetzt werden.
9.2 Internes Audit 9.2.2 Dokumentierte Information als Nachweis der Verwirklichung des Auditprogramms und der Ergebnisse des Audits
9.3 Managementbewertung Dokumentierte Information als Nachweis der Ergebnisse der Managementbewertung
10.2 Nichtkonformität ... Dokumentierte Information aufbewahren als Nachweis ▪ der Art der Nichtkonformität sowie daraufhin getroffener Maßnahmen und ▪ der Ergebnisse jeder Korrekturmaßnahme. Die Benennungen können frei gewählt werden und sollten sich danach richten, was für die Abläufe am besten geeignet ist (z. B. „Aufzeichnung" anstatt „Dokumentation", „Partner" anstatt „externer Anbieter")

(Koubek 2015)

12.4 Konformität

Ein zentrales Ziel ist, dass „beständig Produkte und Dienstleistungen" geliefert werden, die die „Kundenanforderungen und zutreffende gesetzliche und behördliche Anforderungen erfüllen". Ebenso müssen die Anforderungen des QMS sowie die Anforderungen der ISO erfüllt werden.

Diese Ziele müssen sozusagen „abgesichert" werden. Und das geschieht mithilfe des Konformitätsbegriffs. Konformität bezieht sich darauf, dass festgelegte Anforderungen erfüllt werden (konform zu etwas sind). Im Sinne der ISO bedeutet Konformität,

- dass die Produkte und Dienstleistungen die definierten Anforderungen erfüllen, also das erfüllen, was sie erfüllen sollen,
- dass die Anforderungen des QMS erfüllt werden und
- dass das QMS die Anforderungen der ISO 9001 erfüllt.

Ein Audit kann dementsprechend als eine Überprüfung der Konformität und eine Zertifizierung kann als Bescheinigung der Konformität zur ISO 9001 übersetzt werden.

Die Norm fordert, dass die Konformität von Produkten und Dienstleistungen nachgewiesen wird, und dies muss durch entsprechende Mess- und Überwachungstätigkeiten erfolgen.

Sie müssen Ressourcen festlegen und bereitstellen, um die Konformität nachweisen zu können. Dazu gehört die Festlegung von geeigneten Überwachungs-, Mess- und Prüfmitteln. Die Norm schreibt hierfür keine speziellen Methoden vor, allerdings müssen Sie die Eignung der verwendeten Vorgehensweise(n) schriftlich nachweisen. Wichtig dabei ist, dass ein zuverlässiges und reproduzierbares Messergebnis erzielt wird.

Wird eine festgelegte Anforderung nicht erfüllt, dann liegt eine Nichtkonformität vor. Das Ergebnis einer Prüfung kann Konformität oder Nichtkonformität oder einen Grad von Konformität aufzeigen.

Eine Nichtkonformität ist ein Fehler, der eine Korrektur und ggf. eine Korrekturmaßnahme erforderlich macht. Eine Korrektur korrigiert den Fehler (Sofortmaßnahme); eine Korrekturmaßnahme zielt darauf ab, den Fehler von vorneherein zu verhindern, also die Ursachen zu beheben.

Beim risikobasierten Denken sollten mögliche Fehler im Vorfeld durchdacht und entsprechende Maßnahmen, wie damit umzugehen ist (Vorbeuge- und Korrekturmaßnahmen), definiert werden.

Bei der Zertifizierung wird auf Nichtkonformitäten geachtet (bzw. danach gesucht). Liegt eine größere Nichtkonformität vor, beispielsweise dass ein kompletter Abschnitt der Norm ignoriert wird oder dass die Kernprozesse nicht durchgeführt werden können, dann handelt es sich um eine kritische Abweichung. Die Zertifizierung erfolgt nur dann, wenn keine kritischen Abweichungen festgestellt werden.

Ist etwas konform zum QMS, dann bedeutet dies auch gleichzeitig, dass die Unternehmensstrategie und die Qualitätsziele umgesetzt werden.

12.5 Kundenzufriedenheit

„Der Hauptschwerpunkt des Qualitätsmanagements liegt in der Erfüllung der Kundenanforderungen und dem Bestreben, die Kundenerwartungen zu übertreffen.“

(ISO 9001)

Die Kundenzufriedenheit ist die subjektive Wahrnehmung des externen Kunden, inwieweit seine Bedürfnisse befriedigt werden. Sie kann interpretiert werden als das messbare Ergebnis der Kundenorientierung. Im Sinne der ISO muss die Kundenzufriedenheit laufend erfasst, beobachtet, gemessen und bewertet werden.

Die Basis der Kundenzufriedenheit bildet die Kundenorientierung. Kundenorientierung bedeutet, dass sämtliche Tätigkeiten und Abläufe (Prozesse bzw. Geschäftsprozesse) eines Unternehmens auf die Wünsche, Anforderungen und Erwartungen eines Kunden ausgerichtet werden.

Es kann sich dabei um einen externen Kunden handeln, beispielsweise ein Brötchenkäufer in einer Bäckerei, oder um einen internen Kunden handeln, beispielsweise der Vertrieb, der auf Informationen von der Technik angewiesen ist, oder der nächste Bearbeitende am Fließband.

Die Stakeholderanalyse sowie die Ermittlung der internen und externen Einflussfaktoren (Themen) sind eng mit der Kundenorientierung verknüpft und sollten nicht losgelöst voneinander betrachtet werden.

Bei einer kunden- oder serviceorientierten Geisteshaltung ist es fast egal, ob es sich um interne oder externe Kunden handelt. Wichtig ist die Fähigkeit, die Perspektive des Kunden (der nachfolgenden Abteilung etc.) einzunehmen und seine Bedürfnisse möglichst optimal zu befriedigen bzw. zu übertreffen.

Beim Thema Kundenzufriedenheit stehen folgende Fragen im Zentrum:

- Wer sind unsere Kunden?
- Was wünschen oder erwarten unsere Kunden?
- Können wir die Anforderungen unserer Kunden erfüllen?
- Wie können wir die Kundenzufriedenheit steigern?
- Haben wir alle Mittel, um die Kundenzufriedenheit zu erhöhen? Wenn nein, was fehlt?
- Können wir unsere Kunden in den Entwicklungsprozess einbinden?
- Welche Merkmale muss das Produkt/die Dienstleistung haben, damit die Kunden begeistert sind?

- Wie messen wir die Kundenzufriedenheit?
- Wie bewerten wir die Kundenzufriedenheit?
- Haben wir unsere Prozesse kundenorientiert ausgerichtet?

Subjektiv, relativ und in ständiger Veränderung

Kundenzufriedenheit ist davon abhängig, wie ein Kunde das Produkt oder die Dienstleistung wahrnimmt und die unterschiedlichen Aspekte wie Preis, Nutzen, Kosten, Funktionen, Image des Produkts oder des Anbieters, Freundlichkeit des Verkaufspersonals, Verständlichkeit und vieles andere mehr bewertet. Kundenzufriedenheit kann sich auch individuell sehr unterscheiden, ein Kunde ist zufrieden und der nächste bei identischer Behandlung hoch unzufrieden. Kundenzufriedenheit ist in einen Kontext eingebunden und verändert sich über die Zeit. Ein Glas Wasser kann in der Wüste sehr zufrieden machen, in der Cocktailbar vielleicht nicht so sehr.

Kodak ist ein berühmtes Beispiel dafür, welche Konsequenzen es geben kann, wenn die Veränderung der Kundenbedürfnisse von einem Unternehmen nicht wahrgenommen werden. Kodak, ehemals Weltmarktführer, hat an seinen analogen Kameras festgehalten, im festen Glauben, dass sich Digitalkameras nicht in der Breite durchsetzen werden. Diese Einschätzung führte zur Insolvenz.

Zu wissen, was Kunden wünschen, wie sie sich verändern, was die Bedürfnisse, Erwartungen und Anforderungen sind, ist für jedes Unternehmen überlebensnotwendig!

Die Kundenzufriedenheit ist ein wichtiger Indikator dafür, ob ein Unternehmen Änderungsbedarf hat und ob die Produkte oder Dienstleistungen so sind, dass die Erwartungen erfüllt werden.

Im Sinne der ISO muss ein Unternehmen auch immer danach streben, die Kundenzufriedenheit zu verbessern, und dazu muss immer klar sein, welche Erwartungen, Wünsche, Bedürfnisse, Anforderungen Kunden haben.

Kundenorientierung – Quelle der Verbesserung

Begreifen sich die unterschiedlichen Abteilungen oder Mitarbeitenden im Unternehmen als gegenseitige Dienstleister – als interne Kunden („Kunde/Lieferant") – verbessern sich Abläufe, Fehler reduzieren sich, Verbesserungsmöglichkeiten werden leichter erkannt, die Motivation der Beteiligten steigt etc. Für eine Belegschaft, für ein Team bringt das Verständnis, sich in einer Dienstleistungskette zu befinden, enorme Vorteile.

Kundenorientierung ist die Basis für Qualität!

Kundenorientierung lässt sich allerdings nicht mit einem einfachen Schalterdrehen umsetzen. Sie muss von der Unternehmenskultur getragen werden. Führungskräfte müssen sie vorleben und die Strukturen müssen so sein, dass jedem Mitarbeitenden möglich ist, die Kundenorientierung in der Praxis zu leben.

Hat beispielsweise ein Mitarbeitender im Vertrieb eine kundenorientierte Geisteshaltung, dann wird diese Person eine Kundenreklamation nicht als lästiges Übel, sondern als Chance zur Verbesserung wahrnehmen, den reklamierenden Kunden ernst nehmen, respektvoll behandeln und die Reklamation beheben. Zudem wird dieser Vertriebsmitarbeitende Mittel und Wege finden, die Fehlerursache der Beschwerde langfristig zu beseitigen. Dafür ist notwendig, dass die dazu nötigen Möglichkeiten vorhanden sind, sich Verantwortungsbewusstsein, Flexibilität, Mitdenken in der Form „auszahlen", dass tatsächlich eine Beseitigung des Fehlers angegangen wird und der Mitarbeitende auch den Entscheidungsspielraum gegenüber dem Kunden hat, passend zu reagieren.

Wird kundenorientiertes Verhalten belohnt, monetär oder durch Lob, verfestigt sich dieses Verhalten und hat Beispielwirkung.

Werden Schwachstellen erkannt, dann muss das Personal in Bezug auf Kundenorientierung geschult werden. Jedes QMS ist auf kundenorientiertes Verhalten der davon betroffenen Belegschaft angewiesen. Dieses gehört zu den unbedingt notwendigen Kompetenzen, die die Beteiligten haben müssen.

Nicht kundenorientiertes Verhalten muss sanktioniert werden.

Checkliste Kundenorientierung

- Randbedingungen und Anforderungen ermitteln und definieren (z. B. eigene Stärken/Schwächen, Wettbewerb, Produkt- und Dienstleistungsspezifisches, Prozesse)
- Entscheidungsspielräume (Befugnisse) und Verantwortlichkeiten des beteiligten Personals definieren
- Prozesse und Strukturen definieren (z. B. agile Arbeitsweisen, Projektmanagement als Standard, autonome Arbeitsgruppen)
- Messkriterien definieren, Überwachung/Kontrolle sicherstellen, bewerten, Verbesserungsmöglichkeiten ableiten

Zusammenhang Kundenzufriedenheit und Bedürfnisbefriedigung

Im Rahmen der ISO muss jedes Produkt und jede Dienstleistung das erfüllen, was ein Kunde üblicherweise erwartet. Ein Brötchen darf nicht gesundheitsschädigend sein, sollte eine bestimmte Größe haben etc. Zudem muss danach gestrebt werden, die Kundenzufriedenheit zu erhöhen. Die Erhöhung der Kundenzufriedenheit wird erreicht, wenn die Anforderungen übertroffen werden. Das kann auch durch eine besonders freundliche Brötchenverkäuferin passieren.

Das Kano-Modell (benannt nach dem Erfinder des Modells, Noriaki Kano; Bild 12.2) veranschaulicht den Zusammenhang zwischen Anforderung und Bedürfnisbefriedigung. Kano unterscheidet drei Arten von Anforderungen, und zwar in Abhängigkeit ihres Einflusses auf die Zufriedenheit:

- Basisanforderungen werden als selbstverständlich vorausgesetzt, ein Auto muss fahren, ein Smartphone muss telefonieren können etc. Werden Basisanforderungen erfüllt, dann ist ein Kunde noch nicht zufrieden, aber er ist zumindest nicht unzufrieden. Werden Basisanforderungen nicht erfüllt, dann führt dies zu Unzufriedenheit. Im Sinne der ISO handelt es sich bei Basisanforderungen um die „üblicherweise vorausgesetzten“ Anforderungen.
- Leistungsanforderungen sind Anforderungen, die beschreiben, was ein Produkt oder eine Dienstleistung leisten muss, was ein Kunde erwartet. Auch Leistungsanforderungen müssen aus Sicht des Kunden erfüllt werden. Ein Auto muss fahren und einigermaßen schnell beschleunigen können, muss sicher sein, ebenso dürfen sich Smartphones nicht entzünden, brauchen eine gute Kamera, Speicherplatz, das Brötchen muss schmecken wie erwartet etc. Werden Leistungsanforderungen nicht erfüllt, dann führt dies zu Unzufriedenheit und die Erfüllung zu Zufriedenheit.
- Begeisterungsanforderungen werden vom Kunden nicht erwartet, gehen über die Erwartungen hinaus und führen dazu, dass sich die Kundenzufriedenheit erhöht. Sind diese nicht vorhanden, führen sie auch nicht zur Unzufriedenheit, da sie vom Kunden nicht erwartet werden. Eine Begeisterungsanforderung könnte beispielsweise sein, wenn das Smartphone sich automatisch mit dem Thermomixer verbindet und das Essen gleichzeitig mit der Ankunft daheim fertig wäre. Apple ist ein Beispiel dafür, wie es ein Unternehmen immer wieder schafft, Begeisterung bei Kunden auszulösen. Und auch ein Bespiel dafür, wie sich die Kundenbindung an ein Unternehmen durch die Erfüllung von Begeisterungsanforderungen erhöhen kann.

Was mal eine Begeisterungsanforderung war, kann sich schnell zur Basisanforderung entwickeln. Die Kamera beim Smartphone ist ein Beispiel hierfür. Bei den ersten Smartphones hat die Möglichkeit, Fotos zu machen, große Begeisterung bei den Kunden ausgelöst und sie waren bereit, viel Geld dafür zu bezahlen. Heute gehören Kameras zum Standard eines jeden Smartphones und für Kunden ist es selbstverständlich, dass diese im Smartphone integriert sind.

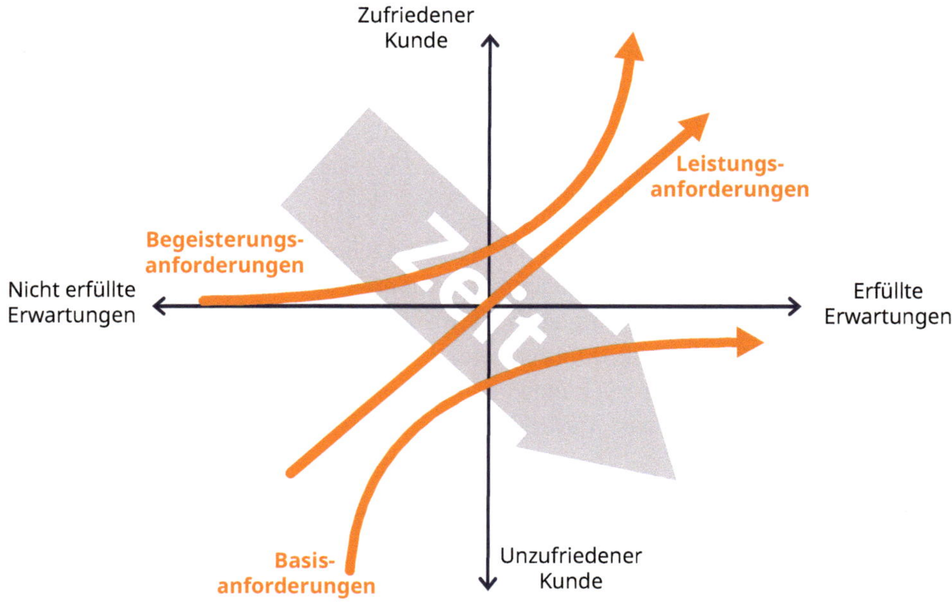

Bild 12.2 Das Kano-Modell (Hermann/Fritz 2021)

Erfassen, bewerten und Konsequenzen ableiten

Um wettbewerbsfähig zu bleiben, muss ein Unternehmen immer wieder überprüfen, ob sich Anforderungen ändern und wie sich die Kundenzufriedenheit entwickelt.

Es gibt viele Möglichkeiten, die Kundenzufriedenheit zu erfassen. Kunden können direkt befragt oder beobachtet werden, aber sie kann auch indirekt ermittelt werden, beispielsweise durch Reklamationsquoten, Besuchsberichte, Absatzzahlen, Wiedereinkaufsraten, mittels Auswertung von Marktforschungsstudien, Trendanalysen etc.

Für schriftliche Befragungen bieten sich Online-Tools an, die meistens leicht zu bedienen sind und kostengünstig zur Verfügung stehen.

Im Sinne der Norm müssen Sie die Kundenzufriedenheit messen. Wie Sie dies machen, bleibt Ihnen überlassen.

Ermittlung der Kundenzufriedenheit

- Messung vorbereiten, Indikatoren bestimmen (z. B. Befragung, Reklamationsquoten, Umsatzentwicklung)
- Daten erfassen, analysieren und bewerten
- Verbesserungsmöglichkeiten definieren und umsetzen

12.6 Leistungsindikatoren

Ein Leistungsindikator ist eine Kennzahl, die sich auf eine Leistung bezieht und ein messbares Ergebnis liefert. Dieses kann sich auf Produkte, Dienstleistungen, Tätigkeiten, Systeme oder Organisationen beziehen, dabei qualitativ oder quantitativ sein.

Sie müssen im Sinne der ISO Kennzahlen definieren, mit denen Sie die Leistung Ihres Unternehmens bzw. Ihrer Prozesse überwachen und messen können. Dabei müssen Sie sicherstellen, dass die erfassten Daten und Informationen ausreichend präzise und verlässlich sind. Wie die Daten und Informationen analysiert und bewertet werden, schreibt die ISO nicht vor, lediglich, dass die Verfahren „geeignet" sein müssen.

Nur wenn Sie klare und messbare Ziele definieren, können Sie feststellen, ob Sie diese Ziele erreicht haben! Mithilfe von zuverlässigen und validen Kennzahlen können Sie erkennen, ob Sie auf dem richtigen Weg sind, sich fortlaufend verbessern oder ob Sie gegensteuern müssen.

Sie müssen neben den Kennzahlen auch definieren, wie Sie mit Abweichungen umgehen wollen (risikobasiertes Denken). Aussagekräftige Kennzahlen oder Leistungsindikatoren bilden die Basis eines fortlaufenden Verbesserungsprozesses!

Kennzahlen müssen faktenbasiert ermittelt werden. Sie müssen zu Ihrem Unternehmen und zu Ihrer Branche passen. Dabei sollten Sie beachten, dass die Soll-Kennzahlen wie jede Definition von Zielen auch den SMART-Kriterien entsprechen, also spezifisch, messbar, attraktiv, realistisch und terminierbar sind.

Auch bei binären Ergebnissen wie z. B. „ja/nein" oder „Maßnahme umgesetzt/nicht umgesetzt" handelt es sich um Kennzahlen.

Beispiele

- Anzahl Gutteile
- Durchlaufzeit
- Nutzungsgrad
- Prozessfähigkeitsindex
- Maschinenverfügbarkeit
- Zeit für Auftragsbearbeitung
- Anzahl termingerechter Aufträge
- Lieferzeit

- Kundenzufriedenheitsindex
- Dauer zur Marktreife
- Anzahl Entwurfsänderungen
- Entwicklungskosten
- Anzahl geschulter Mitarbeitender

Erarbeiten Sie Ihre Kennzahlen am besten in einem interdisziplinären Team. Zumeist liegen im Controllingbereich bereits Kennzahlen vor. Formulieren Sie Ihre Kennzahlen nicht losgelöst voneinander. Unterstützung bietet hier auch die Balanced Scorecard.

12.7 Maßnahmen

Alle Maßnahmen, die sich auf Qualität beziehen, müssen im Einklang mit den Qualitätszielen stehen. Die ISO bezieht den Begriff Maßnahme auf folgende Aspekte:

- Umsetzung Normanforderung
- Umsetzung Anforderung QMS
- Umsetzung Anforderung Stakeholder
- Umsetzung behördliche und gesetzliche Anforderungen

Es geht bei einer Maßnahme im Sinne der Norm immer um die Erfüllung einer Anforderung. Die ISO verwendet hierbei das Wort „durchführen". Eine Maßnahme muss durchgeführt werden und erfordert dementsprechend ein Handeln („Act").

Bei jeder Definition einer Maßnahme, die sich aus Ihrem QMS und Ihren Produkten oder Dienstleistungen ergibt, sollten Sie immer auch die Chancen zur Verbesserung und das Streben, die Kundenzufriedenheit zu erhöhen, berücksichtigen. Maßnahmen, die sich aus Ihrem Kontext ergeben, könnten beispielsweise heißen „Kooperationen mit Lieferanten ausbauen" oder „5S in der Verwaltung einführen".

Wichtig ist, dass Sie nicht planlos Ihr Geschäft verfolgen, sondern dass Sie jederzeit steuernd eingreifen können. Um Ihre Prozesse steuern zu können, müssen Sie Steuerungsmaßnahmen definieren. Das betrifft alle Ihre Prozesse, auch diejenigen, die Sie an externe Partner ausgelagert haben. Sie müssen also:

- Definieren, was zu tun ist.
- Sicherstellen, dass das, was zu tun ist, so getan wird und getan werden kann, dass es passt, dabei definieren, wann es passt (messbare Kennzahl; auch ja/nein ist eine Kennzahl). Dabei wissen, wie Sie mit Abweichungen umgehen.
- Überwachen, messen, prüfen und bewerten, ob es auch wirklich passt (wirksam ist).

In Bezug auf das risikobasierte Denken fordert die ISO, dass Sie immer wissen, was Sie tun müssen, wenn etwas nicht so läuft, wie erwartet. Dazu gehört, dass Sie Vorbeugemaßnahmen definieren, also Maßnahmen, die bereits im Vorfeld mögliche negativen Auswirkungen verhindern oder abmindern sollen, bzw. dass mögliche Chancen erkannt und genutzt werden. Ebenso müssen Sie Korrekturmaßnahmen definieren, also Maßnahmen, die einen Fehler (Nichtkonformität) abmildern oder beheben.

Jede definierte Maßnahme muss „angemessen" sein, das heißt, zu Ihrem Geschäft und zu dem jeweiligen Aspekt passen. Ein großes Risiko mit verheerenden Auswirkungen muss beispielsweise stärker aufgefangen werden, als ein kleines Risiko mit sehr wenig Auswirkungen.

Alle Maßnahmen müssen auch hinsichtlich ihrer Wirksamkeit bewertet werden: Also, erzielen die Maßnahmen den Effekt, der geplant war? Dazu muss klar sein, wann eine Maßnahme diesen Effekt erzielt. Zu jeder Maßnahme braucht es also Indikatoren (Kennzahlen), die anzeigen, ob der gewünschte Effekt erzielt wurde.

Maßnahmen müssen so formuliert werden, dass sie die Konformität gewährleisten, also konform zur Norm, zum QMS und zu den definierten Anforderungen sind.

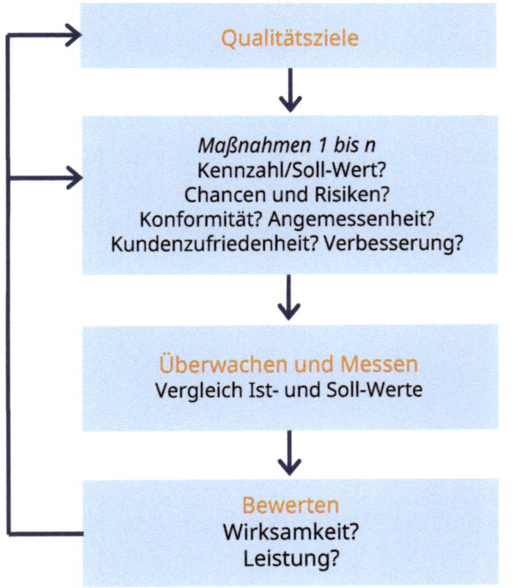

Zentrale Fragen bei der Formulierung einer Maßnahme:

- Wie messen wir, ob die Maßnahme den gewünschten Effekt erzielt?
- Welche Risiken und Chancen ergeben sich aus der Maßnahme?
- Wird mit der Maßnahme die Konformität gewahrt? Werden die gewünschten Anforderungen an die Produkte/Dienstleistungen, des QMS und der ISO 9001 erfüllt?
- Ist die Maßnahme angemessen? Passt sie zum anvisierten Ziel?
- Leistet die Maßnahme einen Beitrag zur Verbesserung der Kundenzufriedenheit?
- Trägt die Maßnahme zur kontinuierlichen Verbesserung bei?

Bild 12.3 Auch bei jeder Maßnahme findet der PDCA-Zyklus Anwendung

12.8 Risikobasiertes Denken

> *„Risikobasiertes Denken ermöglicht einer Organisation, diejenigen Faktoren zu bestimmen, die bewirken könnten, dass ihre Prozesse und ihr Qualitätsmanagementsystem von den geplanten Ergebnissen abweichen, vorbeugende Maßnahmen zur Steuerung umzusetzen, um negative Auswirkungen zu minimieren und den maximalen Nutzen aus sich bietenden Möglichkeiten zu ziehen“.*
>
> (ISO 9001)

Ein Risiko ist die Auswirkung einer Ungewissheit. Ist die Auswirkung positiv, handelt es sich um eine Chance. Ist die Auswirkung negativ, handelt es sich um ein Risiko.

Die Norm verlangt kein spezielles Risikomanagement. Allerdings verlangt sie, dass Sie vorausschauend handeln, dass Sie Risiken erkennen, wissen, wie Sie damit umgehen wollen, dass Sie diese am besten im Vorfeld verhindern, und wenn das nicht möglich ist, dass Sie die Auswirkungen beheben oder abschwächen.

Ein Risiko wäre beispielsweise, das ein Konkurrent ein wesentlich besseres Produkt zu günstigen Konditionen auf den Markt bringt. Wenn dieses Risiko bestünde, dann müssten Sie wissen, wie Sie damit umgehen, wenn der Fall tatsächlich eintreffen würde. Sie müssen im Vorfeld entsprechende Maßnahmen definieren. Eine Maßnahme wäre beispielsweise, dass Sie die entsprechende Produktlinie aufgeben und sich auf ein anderes Produkt konzentrieren. Eine Chance wäre beispielsweise für einen Wellness-Behandlungsanbieter, dass die Nachfragen nach Wellness-Behandlungen kurzfristig steigen und dieses Unternehmen im Falle des Eintritts in der Lage ist, diese Nachfragen sehr schnell zu erfüllen.

Bei allen Aspekten rund um die ISO sollten Sie immer im Hinterkopf behalten:

- Ist die Konformität gesichert?
- Steigern wir die Kundenzufriedenheit?
- Dient das Ganze der Verbesserung?

Sie müssen sich bei der Betrachtung von Risiken und Chancen folgende Fragen stellen:

- Was könnte passieren, was uns schadet?
- Was könnte passieren, was uns nutzt?
- Was können wir tun, damit wir keinen Schaden erleiden bzw. der Schaden möglichst klein ausfällt?
- Was können wir tun, damit wir den größtmöglichen Nutzen für uns erzielen?

Dabei sollten Sie faktenbasiert vorgehen – unabhängig davon, ob es sich um die generelle Risiko- und Chancenbetrachtung oder um den konkreten Umgang mit möglichen Fehlern (Nichtkonformitäten) handelt.

> *„Die Behandlung von sowohl Risiken als auch Chancen bildet eine Grundlage für die Steigerung der Wirksamkeit des Qualitätsmanagementsystems, für das Erreichen verbesserter Ergebnisse und für das Vermeiden von negativen Auswirkungen."*
>
> (ISO 9001)

Eng verknüpft mit dem risikobasierten Denken ist eine Steigerung der Resilienz des Unternehmens. Wenn immer wieder konsequent danach gefragt wird, welche Risiken und Chancen möglicherweise eintreten und wie darauf reagiert werden könnte, dann erhöht dies die Sicherheit im Umgang mit Ungeplantem. Je stärker dieses Bewusstsein in den Köpfen der Beteiligten verankert ist und je mehr entsprechende Maßnahmen definiert wurden, desto leichter können neue Bewältigungsstrategien entwickelt werden. Im Falle eines Eintritts ist dann immer klar, was zu tun ist.

12.9 Überwachen und Messen

Nur was gemessen werden kann, lässt sich verbessern!

Messen ist ein Vorgang, bei dem zu einem bestimmten Zeitpunkt eine bestimmte Größe gemessen wird, beispielweise Temperatur oder ja/nein. Beim Überwachen kommt noch eine zeitliche oder räumliche Dimension hinzu: Ein Produkt, eine Dienstleistung, ein Prozess etc. wird zu verschiedenen Zeitpunkten oder Stufen überwacht, das kann bei jedem hergestellten Produkt sein, wie es beispielsweise häufig bei der Fertigungsmesstechnik stattfindet, oder zu zufällig ausgewählten Zeitpunkten sein, wie es häufig bei Hotlines der Fall ist. Bei der Fertigungsmesstechnik wird eine bestimmte Größe wie Form etc. und bei Hotlines werden Aspekte wie Gesprächsdauer, Lautstärke etc. gemessen und zumeist automatisiert mit Soll-Werten verglichen. Weicht die Form in der Fertigungstechnik beispielsweise vom Soll-Wert ab, wird sie automatisch aussortiert.

Die ISO 9001 definiert Prüfen wie folgt:

> *„Überwachen und (sofern zutreffend) Messen von Prozessen und den daraus resultierenden Produkten und Dienstleistungen im Hinblick auf Politiken, Ziele, Anforderungen und geplante Tätigkeiten, sowie Berichterstattung über die Ergebnisse."*

Alle Aspekte rund um Ihr Geschäftsmodell müssen überwacht und gemessen werden. Beginnend bei der Beschaffung, z. B. Sicherheit, dass es keine Lieferantenausfälle gibt, und endend beim Kunden, z. B. mögliche Reklamationen oder weitere Serviceleistungen. Es müssen also alle Prozesse einschließlich der vor- und nachgelagerten Prozesse betrachtet werden.

Sie müssen bestimmen, was Sie wie und wann messen wollen und wie die Ergebnisse zu interpretieren sind. Dazu gehört, dass Sie aussagekräftige Soll-Kennzahlen (Leistungsindikatoren, Key Performance Indicators) festlegen, anhand derer Sie das Erreichte bewerten. Die Überwachungs- und Messergebnisse müssen aussagekräftig, gültig und zuverlässig sein.

Die ISO verlangt explizit, dass Sie folgende Aspekte überwachen und überprüfen:

- Qualitätsziele
- Externe und interne Themen
- Informationen über Stakeholder
- Anforderungen der Stakeholder
- Prozesse (einschließlich Wechselwirkungen)
- Änderungen
- Leistung der externen Anbieter
- Produktion und Dienstleistungserbringung
- Erfüllung der Kundenanforderungen/Erhöhung der Kundenzufriedenheit

Dabei müssen ausreichend Ressourcen zur Verfügung gestellt werden, so dass die Überwachungs- und Überprüfungstätigkeiten wie geplant umgesetzt werden können. Die Mittel dazu müssen geeignet sein.

Verifizierung und Validierung sind bestimmte Nachweise, die in Bezug auf die Anforderungen notwendig sind. Die ISO 9000 definiert Verifizierung und Validierung wie folgt:

- Eine Verifizierung ist eine „Bestätigung durch Bereitstellung eines objektiven Nachweises, dass festgelegte Anforderungen erfüllt worden sind.“
- Eine Validierung ist eine „Bestätigung durch Bereitstellung eines objektiven Nachweises, dass die Anforderungen für einen spezifischen beabsichtigten Gebrauch oder eine spezifische beabsichtige Anwendung erfüllt worden sind.“

Verifizierung heißt also, dass erst mal überprüft wird, ob der Prozess, das Produkt oder die Dienstleistung so ist, wie gewünscht. Validierung bezieht sich darauf, dass sich das Ganze auch in der Praxis bewährt. Diese zwei Aspekte spielen vor allem im

Normabschnitt 8 eine zentrale Rolle. Prozesse, Produktion und Dienstleistungserbringung müssen in „geeigneten“ Phasen verifiziert werden. Ist dies nicht möglich, dann muss eine Validierung erfolgen. Neuentwicklungen und extern Bereitgestelltes müssen verifiziert und validiert werden. Beim externen Eigentum verlangt die ISO nur die Verifizierung.

Auch Messmittel (Normabschnitt 7; technische Rückführbarkeit) müssen ggf. verifiziert werden.

Die für die Überwachung und das Messen bereitgestellten Ressourcen müssen für die „Überwachungs- und Messtätigkeiten geeignet sein“. Diese Eignung müssen Sie auch dokumentieren. „Geeignet“ ist etwas dann, wenn es seinen Zweck erfüllt, beispielsweise wenn ein Messmittel genau das misst, was es messen soll, und bei Wiederholungen das gleiche Ergebnis liefert (Zuverlässigkeit und Reproduzierbarkeit). Wie Sie die Eignung nachweisen, bleibt Ihnen überlassen, Sie müssen die Eignung im Sinne der Norm jedoch kontinuierlich sicherstellen.

Prüfen (überwachen und messen) bezieht alle Ebenen mit ein: von der Strategie bis zur konkreten Maßnahme.

12.10 Wirksamkeit und Leistung

Nur wenn eine Handlung den gewünschten Effekt erzielt, ist sie wirksam oder effektiv!

Das QMS muss wirksam sein. Wirksam bzw. effektiv ist ein QMS dann, wenn die Qualitätsziele erreicht, die Kundenzufriedenheit verbessert und die fortlaufende Verbesserung unterstützt, dabei die Konformität der Produkte und Dienstleistungen sichergestellt sowie gesetzliche und behördliche Anforderungen erfüllt werden.

In dem Begriff „Wirksamkeit“ ist implizit enthalten, dass auch die Leistung verbessert werden muss.

Sie müssen im Sinne der ISO überwachen, messen und bewerten, ob Ihr QMS wirksam (effektiv) ist, also das erfüllt, was es erfüllen soll, und sich dabei auch die Leistung verbessert.

Um die Wirksamkeit oder die Leistung des QMS zu ermitteln, müssen die einzelnen Qualitätsziele und der Umgang mit den Chancen und Risiken mit den dazugehörigen Maßnahmen betrachtet werden. Werden beispielsweise bei der Umfeldanalyse Lieferschwierigkeiten als mögliche Risiken erkannt, dann müssen Maßnahmen definiert werden, wie diese Risiken von vornherein verhindert oder ihre Auswirkungen zumindest minimiert werden. Eine Maßnahme könnte sein, einen weiteren Lieferanten zu suchen und mit diesem zusammenzuarbeiten. Ist dies gelungen und das Risiko ist nicht eingetreten, dann ist diese Maßnahme wirksam.

Ziele müssen messbar sein (auch ja/nein ist ein Maß), und nur wenn klar ist, welcher Soll-Wert erreicht werden soll, kann die Zielerreichung eindeutig nachgewiesen werden. Sie müssen also zu jedem Qualitätsziel eine Kennzahl definieren, beispielsweise „Reklamationsquote“, und einen dazugehörigen Soll-Wert, beispielsweise Reklamationsquote < 2 %. Wenn beispielsweise das „Senken der Reklamationsquote von 6 % auf < 2 % innerhalb des Kalenderjahres“ als Qualitätsziel definiert wurde, dann lässt sich eindeutig ermitteln, ob dieses Ziel in diesem Zeitraum erreicht wurde oder nicht.

Sie müssen für alle Bereiche, Prozesse, Funktionen, für die das QMS gelten soll, messbare Qualitätsziele definieren, den Umgang mit Chancen, Risiken, Abweichungen (Fehler, Nichtkonformitäten) und Wechselwirkungen regeln. Dafür müssen Maßnahmen definiert werden, mit denen die Qualitätsziele erreicht bzw. die Auswirkungen von Risiken verhindert oder vermindert und die Chancen genutzt werden. Dabei muss sichergestellt werden, dass die Maßnahmen hinsichtlich ihrer Wirksamkeit überwacht, gemessen, überprüft und bewertet werden.

Bei dem Beispiel „Senken der Reklamationsquote von 6 % auf < 2 % innerhalb des Kalenderjahres“ könnte dies bedeuten, dass es ein wöchentliches Meeting gibt, in dem die Entwicklung der Reklamationszahlen betrachtet wird. Wenn diese unverändert hoch bleiben, dann haben die bislang eingeleiteten Maßnahmen keinen Effekt erzielt und es muss korrigiert werden.

Verantwortlich für die Wirksamkeit des QMS und der Leistung ist im Sinne der Norm die oberste Leitung (Führung, Geschäftsführung). Die oberste Leitung „darf“ diese Verantwortung nicht delegieren. Bewertet werden die Wirksamkeit und damit auch die Leistung des QMS im Rahmen des jährlich stattfindenden Managementreviews. Die oberste Führungsebene muss hier beteiligt sein, sie kann aber auch Aufgaben abgeben. Die ISO geht hier davon aus, dass der obersten Führungsebene die für die Bewertung notwendigen Informationen von der Organisation zur Verfügung gestellt werden. Mit „Organisation“ ist eine nachrangige Führungsebene gemeint.

In Bezug auf Motivation und wirkliche Verantwortungsübernahme ist es sinnvoll, die Managementreviews gemeinsam mit den verantwortlichen Personen durchzuführen – unabhängig davon, ob sie zum Führungskreis gehören oder nicht.

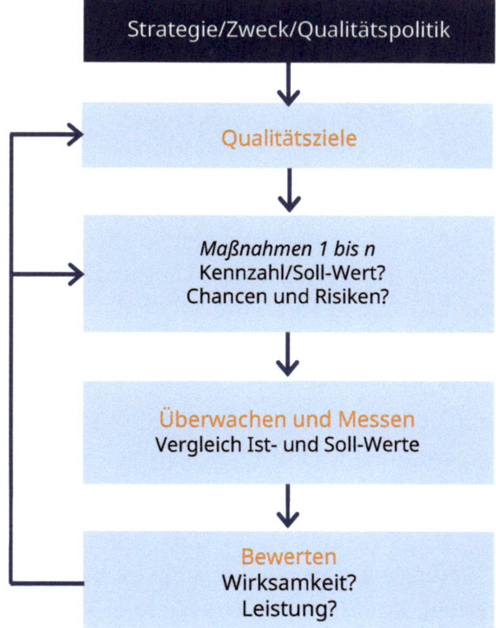

Bild 12.4
Zusammenhang zwischen Qualitätszielen und der Bewertung von Wirksamkeit und Leistung

12.11 Zutreffend und nicht zutreffend

In der Einleitung schreibt die ISO 9001:

> *„Alle in dieser Internationalen Norm festgelegten Anforderungen sind allgemeiner Natur und auf jede Organisation zutreffend, unabhängig von deren Art oder Größe oder von der Art der von ihr bereitgestellten Produkte und Dienstleistungen."*

Das bedeutet, erst mal müssen Sie alle Anforderungen erfüllen. Es kann allerdings sein, dass eine Anforderung der ISO nicht auf Ihr Unternehmen zutrifft: Wenn Sie beispielsweise nicht selber entwickeln oder wenn Sie mit keinem externen Anbieter zusammenarbeiten, dann können Sie diese Aspekte ausschließen. Wenn Sie einen Aspekt als „nicht zutreffend" deklarieren, dann müssen Sie diesen Ausschluss nachvollziehbar begründen. Als Begründung würde bei den zwei Beispielen „nicht vorhanden" ausreichen.

Wenn eine Anforderung nicht auf Ihr Unternehmen zutreffen sollte, dann müssen Sie dies beim Anwendungsbereich festlegen und die Begründung als dokumentierte Information verfügbar halten.

Wichtig ist, dass stets die Konformität der Produkte und Dienstleistungen aufrechterhalten sowie die Verbesserung der Kundenzufriedenheit erreicht werden kann. Erfolgt durch den Ausschluss einer Anforderung eine entsprechende Einschränkung, dann darf die Anforderung nicht ausgeschlossen werden.

Vor allem, wenn es nicht ganz klar ist, ob ein Aspekt ausgeschlossen werden kann, helfen die Fragen nach der Konformität und Kundenzufriedenheit. Ebenso der Blick auf die Grundsätze des QM. Auch die Frage, was passieren würde, wenn der Aspekt nicht ausgeschlossen werden würde, kann eventuell helfen (risikobasiertes Denken). Also lieber Aspekte nicht ausschließen, wenn's nicht klar ist ...

Die ISO 9001 selbst hat bei einigen Punkten „gilt nur, wenn zutreffend" eingefügt. Diese Aspekte sind allerdings in ihrer Aussage eindeutig, entweder sie treffen zu oder sie treffen nicht zu. Nachfolgend einige Beispiele:

- Alle Personen, die mit ihren Tätigkeiten die Wirksamkeit des QMS beeinflussen können, müssen dafür kompetent sein. Wenn sie das nicht sind, dann müssen entsprechende Maßnahmen eingeleitet werden, um diese Kompetenz zu erwerben. Wenn diese Kompetenz allerdings vorhanden ist, dann brauchen solche Maßnahmen nicht eingeleitet werden.
- Die dokumentierte Information muss so gestaltet sein, dass Prozesse wie geplant umgesetzt werden können und alle, die Zugriff brauchen, darauf Zugriff haben etc. Wenn beispielsweise mehrere Personen mit den gleichen Dokumenten arbeiten, dann braucht es eine ausgefeilte Lenkung der Dokumente mit Freigabeprozess etc. Wenn allerdings nur eine Person mit den Dokumenten arbeitet, der Verantwortliche gleichzeitig der Freigeber ist und die Prozesse wie geplant umgesetzt werden können, dann kann es einfach gehalten werden.
- Die ISO 9001 verlangt, dass die behördlichen und gesetzlichen Anforderungen erfüllt werden, allerdings nur jene, die auf das Unternehmen zutreffen.
- Nur dann, wenn Notfallmaßnahmen mit einem Kunden vereinbart wurden, müssen hierfür Anforderungen erstellt werden. Nur wenn neue Anforderungen definiert wurden, dann müssen diese als dokumentierte Information vorgehalten werden. Das „Messen" verlangt die ISO nur, wenn das Messen möglich ist.

13 Arbeitshilfen zum Download

Unter *plus.hanser-fachbuch.de* finden Sie folgende Arbeitshilfen zum Download:

- ISO: Anwendungsbereich festlegen
- ISO: Bewerten
- ISO: Maßnahmenplanung
- ISO: Prüfmittel
- ISO: Qualitätspolitik
- ISO: Stakeholderanalyse Ist-Analyse
- ISO: Stakeholderanalyse Teil 1
- ISO: Stakeholderanalyse Teil 2
- ISO: Themen ermitteln
- ISO: Überwachen und Messen
- ISO: Verantwortungsmatrix
- ISO: Wechselwirkung

Diese Tabellen können Sie direkt einsetzen und als Nachweise für ein externes Audit nutzen.

14 Literatur

Erschienen im Carl Hanser Verlag		
Backerra, Hendrik; Malorny, Christian; Schwarz, Wolfgang	Kreativitätstechniken	November 2019
Brückner, Claudia	Qualitätsmanagement und Fehlerkultur	Juni 2021
Brückner, Claudia	Qualitätsmanagement – Das Praxishandbuch für die Automobilindustrie	April 2019
Brunner, Anne	Die Kunst des Fragens	Dezember 2016
Brunner, Franz	Japanische Erfolgskonzepte	Oktober 2023
Danzer, Wolfgang	Qualitätsmanagement in der Produkt- und Prozessentwicklung	April 2016
Dunst, Michael; Vahs; Dietmar	Innovations- und Qualitätspotenziale optimal kombinieren	September 2021
Fritz, Jürgen	Datenbasierte Optimierung des Business Management Systems	Februar 2022
Füermann, Timo	Prozessmanagement	Juli 2014
Füermann, Timo; Dammasch, Carsten	Prozessmanagement	November 2008
Gassmann, Oliver; Frankenberger, Karolin; Choudry, Michaela	Geschäftsmodelle entwickeln	Dezember 2020

Erschienen im Carl Hanser Verlag		
Gassmann, Oliver; Sutter, Philipp	Praxiswissen Innovationsmanagement	Juli 2013
Geiger, Gerhard; Hering, Ekbert; Kummer, Rolf	Kanban	Juni 2020
Gerhards, Sandra; Baum, Bettina	Wissensmanagement	November 2019
Gietl, Gerhard; Lobinger, Werner	Leitfaden Qualitätsaudit	August 2022
Gorecki, Pawel; Pautsch, Peter	Praxisbuch Lean Management	Januar 2024
Gorecki, Pawel; Pautsch, Peter	Lean Management	November 2021
Hemmrich, Angela; Harrant, Horst	Projektmanagement	Dezember 2015
Herrmann, Joachim; Fritz, Holger	Qualitätsmanagement – Lehrbuch für Studium und Praxis	September 2021
Hofbauer, Helmut; Kauer, Alois	Einstieg in die Führungsrolle	April 2021
Hummel, Thomas; Malorny, Christian	Total Quality Management	April 2011
Jochem, Roland	Was kostet Qualität? – Wirtschaftlichkeit von Qualität ermitteln	Dezember 2018
Jung, Berndt; Schweißer; Stefan; Wappis, Johann	8D – Systematisch Probleme lösen	Juni 2020
Jung, Berndt; Schweißer; Stefan; Wappis, Johann	Qualitätssicherung im Produktionsprozess	November 2020
Kamiske, Gerd F.	Qualitätssicherung – Praxiswissen	September 2015
Kamiske, Gerd F.; Brauer, Jörg-Peter	Qualitätsmanagement von A – Z	August 2011
Kamiske, Gerd F.; Brauer, Jörg-Peter	ABC des Qualitätsmanagements	November 2020
Knon, Dieter; Janetz, Gabriele	Qualitätsmanagement in der Rehabilitation	Juni 2019
Knorr, Christine; Friedrich, Arno	QFD – Quality Function Deployment	April 2016

Erschienen im Carl Hanser Verlag		
Kohlen, Ralf; Müller, Rudolf A.	Quality Reinvented!	November 2020
Komus, Ayelt; Hofmann, Ralf	Praxisbuch Prozessmanagement	Juni 2018
Kostka, Claudia	Change Management	August 2016
Kostka, Claudia	Agiles Coaching	Juni 2019
Kostka, Claudia	Der Kontinuierliche Verbesserungsprozess	November 2017
Kostka, Claudia	Change Management	September 2017
Koubek, Anni	Praxisbuch ISO 9001:2015	Oktober 2015
Koubek, Anni	DIN EN ISO 9001:2015 umsetzen	Januar 2018
Koubek, Anni; Pötz, Wolfgang	Integrierte Managementsysteme	Mai 2014
Kroslid, Dag; Ohnesorge, Doris; Pohl, Johannes	5S – Arbeitsumgebung, Prozesse und Projekte optimieren	November 2020
Kubenz, Lukas; Pötters, Patrick	Lean Office	November 2018
Lang, Michael; Wagner, Reinhard (Hrsg.):	Das Change Management Workbook	Juli 2022
Lang, Michael; Wagner, Reinhard;	Der Weg zum projektorientierten Unternehmen – Wissen für Entscheider	August 2019
Leyendecker, Bert; Pötters, Patrick	Shopfloor Management	November 2020
Lindner, Alexandra; Richter, Ivo	Wertstromdesign	Juni 2019
Lindner, Alexandra; Schwarz, Tilo	KATA	November 2020
Linß, Gerhard; Linß, Elske	Qualitätsmanagement – Grundlagen	Dezember 2023
Linß, Gerhard; Linß, Elske	Qualitätsmanagement – Methoden und Werkzeuge	April 2024
Linß, Gerhard; Linß, Elske; Greiner, Philipp; Illhardt, Sebastian	Qualitätsmanagement – Integrierte Managementsysteme	April 2024
Malorny, Christian; Langner, Marc-Alexander	Moderationstechniken	Oktober 2007

Erschienen im Carl Hanser Verlag		
Meister Holger; Meister, Uta	ISO 9001 in der Dienstleistung	Mai 2018
Müller,Götz	TWI – Training Within Industry	Juni 2018
Müller-Prothmann, Tobias; Dörr, Nora	Innovationsmanagement	November 2019
Neumann, Reiner	Die Kunst des Einfachen	November 2021
Osann, Isabell; Mattheis, Henrike; Götzenbrugger, René	Workbook Kreislaufwirtschaft	September 2021
Osann, Isabell; Mayer, Lena; Wiele, Inga	Design Thinking Schnellstart	Juli 2020
Peschke, Friedrich	Product Lifecycle Management (PLM)	September 2017
Petersen, Susanne	Führung und Zusammenarbeit in Managementsystemen	August 2016
Pfeufer, Hans-Joachim	FMEA – Fehler-Möglichkeits- und Einfluss-Analyse nach AIAG und VDA	Juli 2021
Preißner, Andreas	Balanced Scorecard anwenden	Juni 2019
Reiter, Markus; Sommer, Steffen	Perfekt schreiben	Juni 2013
Röd, Irina	Schritt für Schritt zum erfolgreichen Geschäftsmodell	April 2021
Rußegger, Johann; Koubek, Anni	Managementsysteme auditieren	Juni 2019
Scheibeler, Alexander; Scheibeler, Florian	Easy ISO 9001:2015 für kleine Unternehmen	August 2019
Schmelzer, Hermann; Sesselmann, Wolfgang	Geschäftsprozessmanagement in der Praxis	April 2020
Seghezzi, Hans-Dieter; Fahrni, Fritz; Friedli, Thomas	Integriertes Qualitätsmanagement	September 2013
Sommerhoff, Benedikt	QM im Wandel	April 2021
Sommerhoff, Benedikt; Wolter, Olaf	Agiles Qualitätsmanagement	Juni 2019
Sondermann, Jochen-Peter	Poka Yoke	November 2018
Stauss, Bernd; Seidel, Wolfgang	Beschwerdemanagement	Januar 2023

Erschienen im Carl Hanser Verlag		
Summerer, Alois; Maisberger, Paul	Teamwork agil gestalten – Das Mitmachbuch	August 2020
Theden, Philipp; Colsman, Hubertus;	Qualitätstechniken	November 2013
Vahs, Dietmar	Qualitätsbewusstsein schaffen	Juli 2019
Wagner, Karl Werner; Käfer, Roman	PQM – Prozessorientiertes Qualitätsmanagement	September 2023
Wagner, Karl Werner; Lindner, Alexandra	WPM – Wertstromorientiertes Prozessmanagement	März 2022
Wagner, Karl Werner; Patzak, Gerold	Performance Excellence – Der Praxisleitfaden zum effektiven Prozessmanagement	Februar 2020
Weghorn, Roland	QM-Atlas	Januar 2022
Weidner, Georg Emil	Qualitätsmanagement	April 2020
Winz, Gerald	Einführung ins Qualitätsmanagement	März 2023
Zeller, Elmar	Layered Process Audit (LPA)	Januar 2018
Zollondz, Hans-Dieter; Ketting, Michael; Pfundtner, Raimund	Lexikon Qualitätsmanagement: Handbuch des Modernen Managements auf der Basis des Qualitätsmanagements	Juni 2016

Erschienen im Beuth-Verlag		
DIN EN ISO 9001:2015-11	Qualitätsmanagementsysteme – Anforderungen (ISO 9001:2015). Deutsche und Englische Fassung EN ISO 9001:2015	November 2015
DIN EN ISO 14001:2015-11	Umweltmanagementsysteme – Anforderungen mit Anleitung zur Anwendung (ISO 14001:2015); Deutsche und Englische Fassung EN ISO 14001:2015	November 2015

15 Die Autorin

Lisa Hoffmann-Bäuml verantwortet im Carl Hanser Verlag den Fachbuchbereich „Wirtschaft". Mit Qualitätsmanagement beschäftigt sie sich seit über 20 Jahren und konnte hierbei von den größten Koryphäen des QM lernen.

Kontakt: *Lisa.Hoffmann@hanser.de*

16 Index

U

V

W

Z